普通高等学校建筑安全系列规划教材

建筑工程安全管理

主编　蒋臻蔚　李寻昌

北京

冶金工业出版社

2015

内 容 提 要

本书以安全管理知识为基础,与建筑工程相结合,对建筑工程安全管理的有关知识进行了详细阐述。主要内容包括安全管理方法,安全管理模式,职业病管理与工伤保险,建筑工程安全管理的原则与内容,建筑工程安全管理体系,建筑工程安全保险机制,建筑工程安全事故应急救援和调查处理,建筑工程安全管理经验等。

本书为高等院校安全工程、建筑工程、工程管理等相关专业的教材,也可供广大工程技术人员参考。

图书在版编目(CIP)数据

建筑工程安全管理/蒋臻蔚,李寻昌主编 . —北京:冶金工业出版社,2015.8
普通高等学校建筑安全系列规划教材
ISBN 978-7-5024-6969-6

Ⅰ.①建… Ⅱ.①蒋… ②李… Ⅲ.①建筑工程—安全管理—高等学校—教材 Ⅳ.①TU714

中国版本图书馆 CIP 数据核字(2015)第 155037 号

出 版 人 谭学余
地　　址　北京市东城区嵩祝院北巷 39 号　邮编　100009　电话　(010)64027926
网　　址　www. cnmip. com. cn　电子信箱　yjcbs@ cnmip. com. cn
责任编辑　杨　敏　美术编辑　吕欣童　版式设计　孙跃红
责任校对　卿文春　责任印制　牛晓波
ISBN 978-7-5024-6969-6
冶金工业出版社出版发行;各地新华书店经销;北京百善印刷厂印刷
2015 年 8 月第 1 版,2015 年 8 月第 1 次印刷
787mm×1092mm　1/16;13.75 印张;330 千字;205 页
30.00 元
冶金工业出版社　投稿电话　(010)64027932　投稿信箱　tougao@ cnmip. com. cn
冶金工业出版社营销中心　电话　(010)64044283　传真　(010)64027893
冶金书店　地址　北京市东四西大街 46 号(100010)　电话　(010)65289081(兼传真)
冶金工业出版社天猫旗舰店　yjgycbs. tmall. com
(本书如有印装质量问题,本社营销中心负责退换)

普通高等学校建筑安全系列规划教材
编审委员会

序

　　人类所有生产生活都源于生命的存在，而安全是人类生命与健康的基本保障，是人类生存的最重要和最基本的需求。安全生产的目的就是通过人、机、物、环境、方法等的和谐运作，使生产过程中各种潜在的事故风险和伤害因素处于有效控制状态，切实保护劳动者的生命安全和身体健康。它是企业生存和实施可持续发展战略的重要组成部分和根本要求，是构建和谐社会，全面建设小康社会的有力保障和重要内容。

　　当前，我国正处在大规模经济建设和城市化加速发展的重要时期，建筑行业规模逐年增加，其从业人员已成为我国最大的行业劳动群体；建筑项目复杂程度越来越高，其安全生产工作的内涵也随之发生了重大变化。总的来看，建筑安全事故防范的重要性越来越大，难度也越来越高。如何保证建筑工程安全生产，避免或减少安全事故的发生，保护从业人员的安全和健康，是我国当前工程建设领域亟待解决的重大课题。

　　从我国建设工程安全事故发生起因来看，主要涉及人的不安全行为、物的不安全状态、管理缺失以及环境影响等几大方面，具体包括设计不符合规范、违章指挥和作业、施工设备存在安全隐患、施工技术措施不当、无安全防范措施或不能落实到位、未作安全技术交底、从业人员素质低、未进行安全技术教育培训、安全生产资金投入不足或被挪用、安全责任不明确、应急救援机制不健全等等，其中，绝大多数事故是从业人员违章作业所致。造成这些问题的根本原因在于建筑行业中从事建筑安全专业的技术和管理人才匮乏，建设工程项目管理人员缺乏系统的建筑安全技术与管理基础理论，以及安全生产法律法规知识；对广大一线工作人员不能系统地进行安全技术与事故防范基础知识的教育与培训，从业人员安全意识淡薄，缺乏必要的安全防范意识以及应急救援能力。

　　近年来，为了适应建筑业的快速发展及对安全专业人才的需求，我国一些高等学校开始从事建筑安全方面的教育和人才培养，但是由于安全工程专业设置时间较短，在人才培养方案、教材建设等方面尚不健全。各高等院校安全工程专业在开设建筑安全方向的课程时，还是以采用传统建筑工程专业的教材为主，因这类教材从安全角度阐述建筑工程事故防范与控制的理论较少，并不完全适应建筑安全类人才的培养目标和要求。

随着建筑工程范围的不断拓展，复杂程度不断提高，安全问题更加突出，在建筑工程领域从事安全管理的其他技术人员，也需要更多地补充这方面的专业知识。

为弥补当前此类教材的不足，加快建筑安全类教材的开发及建设，优化建筑安全工程方向大学生的知识结构，在冶金工业出版社的支持下，由长安大学组织，西安建筑科技大学、西安科技大学、中国人民武装警察部队学院、天津城建大学、天津理工大学等兄弟院校共同参与编纂了这套"建筑安全工程系列教材"，包括《建筑工程概论》、《建筑结构设计原理》、《地下建筑工程》、《建筑施工组织》、《建筑工程安全管理》、《建筑施工安全专项设计》、《建筑消防工程》以及《工程地质学及地质灾害防治》等。这套教材力求结合建筑安全工程的特点，反映建筑安全工程专业人才所应具备的知识结构，从地上到地下，从规划、设计到施工等，给学习者提供全面系统的建筑安全专业知识。

本套系列教材编写出版的基本思路是针对当前我国建设工程安全生产和安全类高等学校教育的现状，在安全学科平台上，运用现代安全管理理论和现代安全技术，结合我国最新的建设工程安全生产法律、法规、标准及规范，系统地论述建设工程安全生产领域的施工安全技术与管理，以及安全生产法律法规等基础理论和知识，结合实际工程案例，将理论与实践很好地联系起来，增强系列教材的理论性、实用性、系统性。相信本套系列教材的编纂出版，将对我国安全工程专业本科教育的发展和高级建筑安全专业人才的培养起到十分积极的推进作用，同时，也将为建筑生产领域的实际工作者提高安全专业理论水平提供有益的学习资料。

祝贺建筑安全系列教材的出版，希望它在我国建筑安全领域人才培养方面发挥重要的作用。

2014 年 7 月于西安

前　言

我国建筑企业具有从业人员流动性强的特点，一线生产工人受教育的程度相对较低，安全生产管理体系不够健全，专职安全管理人员整体偏少，难以满足建筑工程安全施工的整体需求。尤其是随着建筑业的持续快速发展，建筑行业从业人员越来越多，从而导致建筑工程的安全生产形势日益严峻，建筑业已经成为我国所有工业部门中仅次于采矿业的事故多发行业。在全社会高度重视安全生产工作的今天，如何采取切实有效的措施，加强安全人才队伍建设，培养和造就一支规模宏大、结构合理、素质优良、勇于创新、乐于奉献的高水平安全管理人才队伍，已成为建筑行业面临的一个重大而紧迫的课题。

安全管理是企业生产管理的重要组成部分，是一门综合性学科。其作用是运用现代安全管理原理、方法和手段，分析和研究各种不安全因素，从技术上、组织上和管理上采取有力的措施，消除各种安全隐患，防止事故的发生。建筑工程安全管理是建设行政主管部门、建筑安全监督管理机构、建筑施工企业及有关单位，结合建筑工程自身的特点，综合应用安全生产管理的理论和方法，对建筑安全生产过程中的安全工作进行计划、组织、指挥、控制、监督、调节和改进等一系列致力于满足生产安全的管理活动。建筑施工行业具有生产流动性大、产品形式多样、施工技术复杂、露天和高处作业多、机械化程度低等特点。这些特点使得建筑工程安全管理有其自身的特殊性，因此建筑企业安全管理人员既需要掌握一般安全管理的知识体系，也需要掌握建筑工程安全管理的知识体系。

为满足当前建筑工程安全管理人才培养的需要，长安大学安全工程系组织编写了本教材。本教材以安全管理知识为基础，与建筑工程相结合，力求将建筑工程安全管理方面的内容系统地介绍给读者，并尽可能反映当前建筑工程安全管理的新进展。

本教材由长安大学蒋臻蔚、李寻昌担任主编。其中第 1 章由长安大学崔福庆、蒋臻蔚编写，第 2、5 章由蒋臻蔚编写，第 3、4 章由天津理工大学关文玲编写，第6章由李寻昌编写，第7、9章由天津理工大学赵代英编写，第8章由长安大学崔福庆编写。

在本教材的编写过程中，参阅了大量的文献资料（包括电子文献），在此对原作者表示衷心的感谢。本教材的出版得到了长安大学的资助，在此表示感谢，同时感谢有关领导给予的关心和大力支持。

由于编者水平有限，书中不足之处在所难免，敬请各位读者批评指正。

编　者

2015 年 5 月

目 录

1 绪 论

通过长期的安全生产实践活动，以及对安全科学与事故理论的研究，人们已清楚地认识到，要有效地预防生产与生活中的事故、保障人类的安全生产和生活，有三大安全对策：一是安全工程技术对策，这是技术系统本质安全化的重要手段；二是安全教育对策，这是人因安全素质的重要保障措施；三是安全管理对策，这是解决人、机、环境协调发展综合工程的重要途径。因此，安全管理学是安全科学技术体系中的重要分支学科，也是人类预防事故的三大安全对策的重要方面。

1.1 安全管理的意义、原则及内涵

安全管理是管理者对安全生产进行的计划、组织、指挥、协调和控制的一系列活动，以保护劳动者和设备在生产过程中的安全，保证生产系统的良性运行，促进企业改善管理、提高效益，保障生产的顺利开展。

根据海因里希和皮特森在《工业事故预防》一书中的论述内容，安全管理即为事故预防。由于事故的直接原因有物的不安全状态和人的不安全行为两个方面，所以预防事故必须采用工程技术手段和行为控制手段分别解决上述两个直接原因导致的问题。因此，广义上的安全管理就是事故预防，包括安全工程技术和安全行为控制两个方面。

安全管理可以理解为帮助把安全工作做得更好的工作。在通常情况下，事故是发生在一个或多个组织之内的，所以安全行为控制就可以分为组织之内的个人和组织两个层面的行为控制。在个人层面，包含一次性行为（不安全动作）、个人习惯性行为（安全知识、意识和习惯）两个阶段的行为控制；在组织层面，包含安全管理体系和安全文化两个阶段的行为控制。所以安全管理所对应的行为控制是在两个层面、四个阶段上进行的。

1.1.1 安全管理的意义

安全工作的根本目的是保护广大劳动者和设备的安全，防止伤亡事故和设备危害事故，保护国家和集体财产不受损失，保证生产和建设的正常进行。为了实现这一目的，需要开展三方面的工作，即安全管理、安全技术和劳动卫生工作。而这三者中，安全管理又起着决定性的作用，其意义是重大的。

（1）做好安全管理是防止伤亡事故和职业危害的根本对策。任何事故的发生不外乎四个方面的原因，即人的不安全行为、物的不安全状态、环境的不安全条件和安全管理的缺陷。而人、物和环境方面出现问题的原因常常是安全管理出现失误或存在缺陷。因此，可以说安全管理缺陷是事故发生的根源，是事故发生的深层次的本质原因。生产中伤亡事故统计分析也表明，80%以上的伤亡事故与安全管理缺陷密切相关。因此，要从根本上防止事故发生，必须从加强安全管理做起，不断改进安全管理技术，提高安全管理水平。

（2）做好安全管理是贯彻落实"安全第一、预防为主、综合治理"方针的基本保证。

"安全第一、预防为主、综合治理"是我国安全生产的根本方针，是多年来实现安全生产的实践经验的科学总结。为了贯彻落实这一方针，一方面需要各级领导有高度的安全责任感和自觉性，千方百计实施各种防止事故和职业危害的对策；另一方面需要广大职工提高安全意识，自觉贯彻执行各项安全生产的规章制度，不断增强自我防护意识。所有这些都有赖于良好的安全管理工作。只有合理设立目标，健全安全生产管理体系，科学地规划、计划和决策，加强监督监察、考核激励和安全宣传教育，综合运用各种管理手段，才能够调动各级领导和广大职工的安全生产积极性，才能使安全生产方针得以真正贯彻执行。

（3）安全技术和劳动卫生措施要靠有效的安全管理才能发挥应有的作用。安全技术指各专业有关安全的专门技术，如防电、防水、防火、防爆等安全技术。劳动卫生指对尘毒、噪声、辐射等各方面物理及化学危害因素的预防和治理。毫无疑问，安全技术和劳动卫生措施对于从根本上改善劳动条件、实现安全生产具有巨大作用。然而这些纵向单独分科的硬技术基本上是以物为主的，是不可能自动实现的，需要人们计划、组织、监督、检查，进行有效的安全管理活动，才能发挥它们应有的作用。再者，单独某一方面的安全技术，其安全保障作用是有限的。"三分技术，七分管理"已经成为当代社会发展的必然趋势，安全领域当然也不能例外。

（4）做好安全管理，有助于改进企业管理，全面推进企业各方面工作的进步，促进经济效益的提高。安全管理是企业管理的重要组成部分，与企业的其他管理密切联系、互相影响、互相促进。为了防止伤亡事故和职业危害，必须从人、物、环境以及它们的合理匹配这几方面采取对策，包括人员素质的提高，作业环境的整治和改善，设备与设施的检查、维修、改造和更新，劳动组织的科学化以及作业方法的改善等。为了实现这些方面的对策，势必加强对生产、技术、设备、人事等的管理，进而对企业各方面工作提出越来越高的要求，从而推动企业管理的改善和工作的全面进步。企业管理的改善和工作的全面进步反过来又为改进安全管理创造了条件，促使安全管理水平不断得到提高。

实践表明，一个企业安全生产状况的好坏可以反映出企业的管理水平。企业管理得好，安全工作也必然受到重视，安全管理也比较好；反之，安全管理混乱，事故不断，职工无法安心工作，领导人也经常要分散精力去处理事故，在这种情况下，就无法建立正常、稳定的工作秩序，企业管理就较差。

安全管理和企业管理的改善，劳动者积极性的发挥，必然会大大促进劳动生产率的提高，从而带来企业经济效益的增长。反之，如果事故频繁发生，不但会影响职工的安全与健康，挫伤职工的生产积极性，导致生产效率的降低，还会造成设备的损坏，无谓地消耗许多人力、财力、物力，带来经济上的巨大损失。

1.1.2　安全管理的原则

根据国家相关法律法规和日常工作经验总结，要做好企业的安全管理，必须遵循以下原则。

1.1.2.1　"安全第一、预防为主、综合治理"的原则

"安全第一、预防为主、综合治理"是我国安全生产的一贯方针，也是世界各国普遍遵循的原则。

安全第一是指在看待和处理安全同生产和其他工作的关系上，要突出安全，要把安全

放在一切工作的首要位置。当生产和其他工作同安全发生矛盾时，安全是主要的、第一位的，生产和其他工作要服从于安全，做到不安全不生产、隐患不处理不生产、安全措施不落实不生产。预防为主是指在事故预防与事故处理关系上，以预防为主，防患于未然。针对企业安全生产所涉及的一切方面、一切工作环节和不安全因素，依靠管理、装备和培训等有效的防范措施，把事故消灭在萌芽状态。

1.1.2.2　管生产必须管安全的原则

管生产必须管安全的原则是我国安全生产最基本的准则之一，起着十分重要的作用。

坚持管生产必须管安全的原则，企业法人和各级行政正职是安全生产的第一责任人，对本单位、本部门的安全生产负全责。其他管理人员都必须在承担生产责任的同时对职责范围内的安全工作负责。

为确保企业生产过程中的安全，各级生产管理人员必须同时管理安全，正确处理安全与生产的关系，保证安全法律法规、制度和安全技术措施的贯彻落实，真正做到不安全不生产。

1.1.2.3　安全生产人人管理、自我管理的原则

企业生产依靠全体职工，企业安全管理必须建立在广泛的群众基础之上，依靠全体职工的自我管理，充分调动职工安全生产的积极性。要提高职工的安全意识和安全技能，促使其在自身的职责范围内，自觉执行安全制度和劳动纪律，遵守工艺规范和操作规程，自我发现、防范、控制不安全因素。

各部门要结合自己的业务，对本部门的安全生产负责，使安全管理贯穿于企业生产建设的全过程，真正实行全员、全面、全过程、全天候安全管理，防止和控制各类事故，实现安全生产。

1.1.2.4　"三同时"原则

"三同时"原则指建设工程的安全设施必须和主体工程同时设计、同时施工、同时投入生产和使用。这是党和政府多年来一直倡导的安全生产原则。

坚持"三同时"原则，可以促使企业按照安全规程和行业技术规范的要求，投资安全设施，避免因投资不足而随意砍掉安全设施，保证安全设施按质按量按时完成，为安全生产创造物质基础。

执行"三同时"原则必须做到下列几方面：有关部门在组织建设项目可行性论证时，必须同时对生产安全条件进行论证，不具备安全生产条件的不能立项；设计单位在编制初步设计文件时，应同时编制安全设施的设计文件，不得随意降低安全设施的标准；建设单位在编制建设项目计划和财务计划时，应将安全设施所需投资一并纳入计划，同时编报；施工单位必须按照施工图纸和设计要求施工，确保安全设施与主体工程同时施工，同时投入使用。

1.1.2.5　"四不放过"原则

"四不放过"原则是指发生事故后，要做到事故原因没查清不放过；当事人未受到处理不放过；群众未受到教育不放过；整改措施未落实不放过。"四不放过"原则是我国事故管理的基本经验和原则，其出发点是预防事故。要充分利用事故这种反面教材，开展典型案例教育，总结研究事故发生规律，为制定安全技术措施提供依据。

1.1.3　安全管理的内涵

人们根据实践经验，按时序和方法的沿革，把管理总结成为两种对称的方法：一是传统科学管理（简称传统管理），二是现代系统管理（简称现代管理或系统管理）。这既是企业管理的两个发展阶段，也是安全生产管理的发展阶段。按照时间顺序，安全管理可划分为两个历史阶段，1640～1940 年的传统科学管理阶段、1940 年到现在的现代系统管理阶段。这两种安全管理方法都是以安全生产活动为对象，以安全生产管理基本理论知识作指导，实现安全生产的实践技术。后者是在前者的基础上发展起来的，现在两者都在不断地完善和发展，都在被广泛地应用。

1.1.3.1　传统安全管理的特点及内容

A　特点

传统安全管理主要是依靠方针、政策、法规、制度，凭经验直觉，靠强制命令，办法是人管人，工作以"事后"为主。

传统安全管理，虽然能总结事故教训，防止同类事故重复发生，起到促进安全生产的作用，但有其局限性、事后性和表面性，在当今新要求、新科技、新工艺、新材料、新设备的及时实施与推广应用上显得不足或无能为力。

B　内容

（1）贯彻执行安全生产方针、政策、法规和制度；

（2）职工的工时、休假制度，对女工和未成年人的特殊保护；

（3）职工伤亡事故的处理、登记、报告、统计和分析；

（4）安全生产责任制、业务保安制；

（5）工程质量检查、验收及安全生产检查监督；

（6）新、扩、改建工程项目"三同时"要求制度；

（7）劳保用品（个体防护用品、保健食品等）的发放、管理；

（8）安全技术措施费的提取和使用；

（9）安全调度及安全生产奖惩；

（10）质量达标准、安全创水平管理；

（11）安全生产教育和安全技术培训；

（12）事故预防措施。

1.1.3.2　现代安全管理的特点及内容

A　特点

现代安全管理主要是在传统安全管理的基础上，注重系统化、整体化、横向综合化，运用新科技和系统工程的原理与方法，完善系统，达到本质安全化，工作以"事前"为主。

系统安全管理是指采用系统工程方法，从安全系统的危险认识入手，通过对系统本身的分析、预测、评价来认识问题，从而采取调整工艺设备、操作管理、生产周期和费用投资等相应措施，消除或控制危险因素，使系统优化，将事故减少到最低限度，并达到最佳安全状态的一种管理方法。

B 内容

（1）系统安全分析：为了充分认识系统中存在的危险，就要对系统进行细致的分析，只有分析得准确，才能在安全评价中得到正确的答案。

（2）安全评价：系统安全分析的目的，就是为了安全评价。通过分析了解系统中存在的潜在危险和薄弱环节，以及发生事故的概率和可能的严重程度等，进行定性或定量的评价。

（3）采取相应的安全措施：根据评价的结果，可以对系统进行调整，对薄弱环节加以修正和加强。采取安全措施，主要是预防事故的发生或控制事故损失的扩展。前者是在事故发生之前，尽可能避免事故的发生；后者是在事故已经发生时，尽量使事故损失控制在最低点。

1.2 安全生产管理的发展历程和基本原理

安全生产管理随着安全科学技术和管理科学的发展而发展，系统安全工程原理和方法的出现，使安全生产管理的内容、方法和原理都有了很大的拓展。

1.2.1 安全管理的发展历程

人类要生存、要发展，就需要认识自然、改造自然，通过生产活动和科学研究，掌握自然变化规律。科学技术的不断进步，生产力的不断发展，使人类生活越来越丰富，但也产生了威胁人类安全与健康的安全问题。

人类"钻木取火"的目的是利用火，如果不对火进行管理，火就会给使用火的人们带来灾难。公元前 27 世纪，古埃及第三王朝在建造金字塔时，组织 10 万人用 20 年的时间开凿地下甬道和墓穴及建造地面塔体。对于如此庞大的工程，生产过程中没有管理是不可想象的。在古罗马和古希腊时代，维护社会治安和救火的工作由禁卫军和值班团承担。到公元 12 世纪，英国颁布了《防火法令》，17 世纪颁布了《人身保护法》，安全管理有了自己的内容。

我国早在先秦时期，《周易》一书中就有"水火相济"、"水在火上，既济"的记载，说明了用水灭火的道理。自秦人开始兴修水利以来，几乎历朝历代都设有专门管理水利的机构。到北宋时代，消防组织已相当严密。据《东京梦华录》一书记载，当时的首都汴京消防组织相当完善，消防管理机构不仅有地方政府，而且由军队担负值勤任务。

18 世纪中叶，蒸汽机的发明引起了工业革命，大规模的机器化生产开始出现，工人们在极其恶劣的作业环境中从事超过 10 小时的劳动，工人的安全和健康时刻受到机器的威胁，伤亡事故和职业病不断出现。为了确保生产过程中工人的安全与健康，人们采取了很多种手段改善作业环境，一些学者也开始研究劳动安全卫生问题。安全生产管理的内容和范畴有了很大发展。

20 世纪初，现代工业兴起并快速发展，重大生产事故和环境污染相继发生，造成了大量的人员伤亡和巨大的财产损失，给社会带来了极大危害，使人们不得不在一些企业设置专职安全人员从事安全管理工作，一些企业主不得不花费一定的资金和时间对工人进行安全教育。到了 20 世纪 30 年代，很多国家设立了安全生产管理的政府机构，发布了劳动安全卫生的法律法规，逐步建立了较完善的安全教育、管理、技术体系，现代安全生产管理初具雏形。

进入 20 世纪 50 年代，经济的快速增长使人们的生活水平迅速提高，创造就业机会、改进工作条件、公平分配国民生产总值等问题，引起了越来越多经济学家、管理学家、安全工程专家和政治家的注意。工人强烈要求不仅要有工作机会，还要有安全与健康的工作环境。一些工业化国家，进一步加强了安全生产法律法规体系建设，在安全生产方面投入大量的资金进行科学研究，产生了一些安全生产管理原理、事故致因理论和事故预防原理等风险管理理论，以系统安全理论为核心的现代安全管理方法、模式、思想、理论基本形成。

到 20 世纪末，随着现代制造业和航空航天技术的飞速发展，人们对职业安全卫生问题的认识也发生了很大变化，安全生产成本、环境成本等成为产品成本的重要组成部分，职业安全卫生问题成为非官方贸易壁垒的利器。在这种背景下，"持续改进"、"以人为本"的健康安全管理理念逐渐被企业管理者所接受，以职业健康安全管理体系为代表的企业安全生产风险管理思想开始形成，现代安全生产管理的内容更加丰富，现代安全生产管理理论、方法、模式及相应的标准、规范更加成熟。

现代安全生产管理理论、方法、模式是 20 世纪 50 年代进入我国的。在 20 世纪 60 ~ 70 年代，我国开始吸收并研究事故致因理论、事故预防理论和现代安全生产管理思想。20 世纪 80 ~ 90 年代，开始研究企业安全生产风险评价、危险源辨识和监控，一些企业管理者开始尝试安全生产风险管理。20 世纪末，我国几乎与世界工业化国家同步研究并推行了职业健康安全管理体系。进入 21 世纪以来，我国有些学者提出了系统化的企业安全生产风险管理理论雏形，认为企业安全生产管理是风险管理，管理的内容包括危险源辨识、风险评价、危险预警与监测管理、事故预防与风险控制管理及应急管理等。该理论将现代风险管理完全融入到了安全生产管理之中。

1.2.2　安全生产管理的基本原理与原则

安全生产管理作为管理的主要组成部分，遵循管理的普遍规律，既服从管理的基本原理与原则，又有其特殊的原理与原则。

安全生产管理原理是从生产管理的共性出发，对生产管理中安全工作的实质内容进行科学分析、综合、抽象与概括所得出的安全生产管理规律。

安全生产原则是指在生产管理原理的基础上，指导安全生产活动的通用规则。

1.2.2.1　系统原理

A　系统原理的含义

系统原理是现代管理学的一个最基本原理。它是指人们在从事管理工作时，运用系统的理论、观点和方法，对管理活动进行充分的系统分析，以达到管理的优化目标，即用系统论的观点、理论和方法来认识和处理管理中出现的问题。

所谓系统是指由相互作用和相互依赖的若干部分组成的有机整体。任何管理对象都可以作为一个系统。系统可以分为若干个子系统，子系统可以分为若干个要素，即系统是由要素组成的。按照系统的观点，管理系统具有 6 个特征，即集合性、相关性、目的性、整体性、层次性和适应性。

安全生产管理系统是生产管理的一个子系统，包括各级安全管理人员、安全防护设备与设施、安全管理规章制度、安全生产操作规范和规程以及安全生产管理信息等。安全贯穿于生产活动的方方面面，安全生产管理是全方位、全天候且涉及全体人员的管理。

B　运用系统原理的原则

（1）动态相关性原则。动态相关性原则告诉我们，构成管理系统的各要素是运动和发展的，它们相互联系又相互制约。显然，如果管理系统的各要素都处于静止状态，就不会发生事故。

（2）整分合原则。高效的现代安全生产管理必须在整体规划下明确分工，在分工基础上有效综合，这就是整分合原则。运用该原则，要求企业管理者在制定整体目标和进行宏观决策时，必须将安全生产纳入其中，在考虑资金、人员和体系时，都必须将安全生产作为一项重要内容考虑。

（3）反馈原则。反馈是控制过程中对控制机构的反作用。成功、高效的管理，离不开灵活、准确、快速的反馈。企业生产的内部条件和外部环境在不断变化，所以必须及时捕获、反馈各种安全生产信息，以便及时采取行动。

（4）封闭原则。在任何一个管理系统内部，管理手段、管理过程等必须构成一个连续封闭的回路，才能形成有效的管理活动，这就是封闭原则。封闭原则告诉我们，在企业安全生产中，各管理机构之间、各种管理制度和方法之间，必须具有紧密的联系，形成相互制约的回路，才能有效。

1.2.2.2　人本原理

A　人本原理的含义

在管理中必须把人的因素放在首位，体现以人为本的指导思想，这就是人本原理。以人为本有两层含义：一是一切管理活动都是以人为本展开的，人既是管理的主体，又是管理的客体，每个人都处在一定的管理层面上，离开人就无所谓管理；二是管理活动中，作为管理对象的要素和管理系统各环节，都是需要人掌管、运作、推动和实施的。

B　运用人本原理的原则

（1）动力原则。推动管理活动的基本力量是人，管理必须有能够激发人的工作能力的动力，这就是动力原则。对于管理系统，有 3 种动力，即物质动力、精神动力和信息动力。

（2）能级原则。现代管理认为，单位和个人都具有一定的能量，并且可以按照能量的大小顺序排列，形成管理的能级，就像原子中电子的能级一样。在管理系统中，建立一套合理能级，根据单位和个人能量的大小安排其工作，发挥不同能级的能量，保证结构的稳定性和管理的有效性，这就是能级原则。

（3）激励原则。管理中的激励就是利用某种外部诱因的刺激，调动人的积极性和创造性。以科学的手段，激发人的内在潜力，使其充分发挥积极性、主动性和创造性，这就是激励原则。人的工作动力来源于内在动力、外部压力和工作吸引力。

（4）行为原则。需要与动机是人的行为的基础，人类的行为规律是需要决定动机，动机产生行为，行为指向目标，目标完成需要得到满足，于是又产生新的需要、动机、行为，以实现新的目标。安全生产工作重点是防治人的不安全行为。

1.2.2.3　预防原理

A　预防原理的含义

安全生产管理工作应该做到预防为主，通过有效的管理和技术手段，减少和防止人的不安全行为和物的不安全状态，从而使事故发生的概率降到最低，这就是预防原理。在可能发生人身伤害、设备或设施损坏以及环境破坏的场合，事先采取措施，防止事故发生。

B　运用预防原理的原则

（1）偶然损失原则。事故后果以及后果的严重程度，都是随机的、难以预测的。反复发生的同类事故，并不一定产生完全相同的后果，这就是事故损失的偶然性。偶然损失原则告诉我们，无论事故损失的大小，都必须做好预防工作。

（2）因果关系原则。事故的发生是许多因素互为因果连续发生的最终结果，只要诱发事故的因素存在，发生事故是必然的，只是时间或迟或早而已，这就是因果关系原则。

（3）3E原则。造成人的不安全行为和物的不安全状态的原因可归结为4个方面：技术原因、教育原因、身体和态度原因以及管理原因。针对这4个方面的原因，可以采取3种防止对策，即工程技术（Engineering）对策、教育（Education）对策和法制（Enforcement）对策，即所谓3E原则。

（4）本质安全化原则。本质安全化原则是指从一开始和从本质上实现安全化，从根本上消除事故发生的可能性，从而达到预防事故发生的目的。本质安全化原则不仅可以应用于设备、设施，还可以应用于建设项目。

1.2.2.4　强制原理

A　强制原理的含义

采取强制管理的手段控制人的意愿和行为，使个人的活动、行为等受到安全生产管理要求的约束，从而实现有效的安全生产管理，这就是强制原理。所谓强制就是绝对服从，不必经被管理者同意便可采取控制行动。

B　运用强制原理的原则

（1）安全第一原则。安全第一就是要求在进行生产和其他工作时把安全工作放在一切工作的首要位置。当生产和其他工作与安全工作发生矛盾时，要以安全为主，生产和其他工作要服从于安全，这就是安全第一原则。

（2）监督原则。监督原则是指在安全工作中，为了使安全生产法律法规得到落实，必须明确安全生产监督职责，对企业生产中的守法和执法情况进行监督。

1.3　建筑工程安全管理的特点

建筑行业是安全事故多发行业之一，由安全事故带来的生命和财产损失是巨大的，因此，改善建筑行业的安全状况、确保建筑行业安全生产的意义十分重大。建筑安全事故的发生是多种因素综合作用的结果，但绝大多数的事故与安全管理有关，可以说，科学有效的安全管理是建筑行业安全生产的有力保障。建筑工程安全管理具有如下特点：

（1）建筑工程安全管理具有高度的适应性和灵活性。建筑施工场所的很多因素都具有很大的流动性。施工队伍随工程项目地点的不同而不断流动，作业环境恶劣，安全可变因素多（比如天气的变化、交通的变化、地质环境的不同等）。大多数建筑施工单位的一线工作人员都不是正式的员工，人员的流动性也很大。施工的流动性造成了施工设施、防护设施的临时性，容易使施工人员产生麻痹思想，忽视这些设施的质量，使安全隐患不能及时消除。同时施工期不会固定在某一季节，往往要经历较长时间，防护措施要根据时间的不同而不同。这些都使得生产过程更加复杂，也极易在施工中引发安全事故。建筑项目的流动性特点存在不确定性，要求项目的组织管理对安全生产具有高度的适应性和灵活性。

（2）建筑施工现场存在的不安全因素复杂多变。建筑施工本身的作业特性让它具有较高的危险性，如高处作业、交叉作业等。由于需要多个单位多个工种的相互合作，这样就增加了作业的技术难度。建筑产品的固定性造成在有限的场地和空间内集中了大量的人力、材料和机具，当场地窄小时，由于多层次的主体交叉作业，很容易造成物体打击等伤亡事故。施工作业大部分在室外进行，容易受天气的影响，工作条件较差，而且劳动强度高，体力消耗大，更容易因疏忽造成事故。同时建筑企业数量多，其技术水平、人员素质、技术装备和资金实力等参差不齐。这些使得建筑安全生产管理的难度增加，管理层次增多，管理关系变得复杂。而当前的安全管理和控制手段较单一，很多依赖经验、安全检查等方式，技术标准难以统一，难以形成详细的、统一的管理标准。

（3）法律法规还不健全，具体实施起来存在着困难。由于建筑生产的多样性、环境的多变性、人员的复杂性，要管好建筑施工安全生产必须借助强有力的法律支持，并通过法律的权威性来统一建筑生产的多样性。同时由于建筑施工的特点，仅借助法律手段还不够，还要通过国家、行业和地方的相关政策和法规，以及行业的技术标准，来共同约束建筑企业，以确保对建筑施工生产实施有效的安全管理。真正落实安全管理制度的企业很有限，不少企业看重生产、轻视安全的问题没有根本解决。很多企业在生产经营中采取了层层转包的方式，把一个工程划分成数个小项目由不同的人承包建设，本应该由建筑总承包单位对安全生产负总责的，总承包单位推卸给小承包商。如此一来就导致安全管理脱节，安全责任难以明确，安全生产责任制无法落实。

1.4　本课程的主要内容和特点

本课程的主要内容包括两个方面，一方面是安全管理的原理和方法，另一方面是建筑工程安全管理的相关内容。前一方面的内容是后一方面内容的基础，而后者是前者在建筑行业的具体应用。建筑行业具有流动性、动态性、密集性、法规性及协作性等特点，这些特点决定了建筑工程安全管理的难度较大，表现为安全生产过程不可控，安全管理需要从系统的角度来有效地预防安全生产事故的发生。因此，建筑工程安全管理的进行更是需要丰富的安全管理知识作后盾。

本课程是一门传统的理论教学学科，同时也是一门管理类的教学学科。建筑工程安全管理是一个全过程的管理，要让学生在学校里完成所有的过程管理，显然需要各种资源。为了尽可能地让学生在学校就能对建筑工程中的安全管理有充分的认识，可以采取学校与现场相结合的教学形式，让学生真正掌握现场安全管理的方法、手段，在教学过程中尽可能多地培养学生思考和解决问题的能力，使理论与实践相结合。

建筑企业的安全管理在各项管理工作中，是一项非常关键非常重要的工作，可以说是各项工作之首。我国加入 WTO 之后，对建筑施工企业的要求越来越高，市场竞争的意识也越来越强。在这种条件下，安全管理工作更应该加强而不能削弱。

思 考 题

1-1 何谓安全管理，它的研究意义与内涵是什么？

1-2 管理的内涵是什么，其与安全管理的区别与联系都有哪些？

1-3 安全管理的原则有哪些？请结合实例阐述"安全第一、预防为主、综合治理"安全生产方针的意义。

1-4 结合安全生产管理的历史发展历程，试比较中西方安全管理思想的异同。

1-5 安全生产管理研究的核心问题是什么，它所遵循的基本原理有哪些？

1-6 建筑工程安全管理的特点是什么？

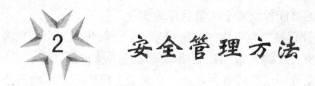

2 安全管理方法

2.1 安全管理计划方法

2.1.1 安全管理计划的含义和作用

2.1.1.1 安全管理计划的含义

在管理学中，计划具有两层含义：其一是计划工作，是指根据对组织外部环境与内部条件的分析，提出在未来一定时期内要达到的组织目标，以及实现目标的方案途径；其二是计划形式，是指用文字和指标等形式，表述出组织以及组织内不同部门和不同成员之间，在未来一定时期内关于行动方向、内容和方式安排的管理事件。它具有以下三个明显的特征：必须与未来有关；必须与行动有关；必须由某个机构负责实施。这就是说，计划就是人们对未来行动的一种"谋划"，中国古代所说的"凡事预则立，不预则废"、"运筹帷幄之中，决胜千里之外"，说的就是这种计划。在当今的社会，由于生产力的发展和科学技术的进步，人们为了应付纷繁复杂的社会生产、生活，需要制订各种各样的计划，大至国家的大政方针，小至某项工作、某个工程、某个项目。然而，我们要研究的并不是这种分门别类的具体计划，而是企业安全管理范畴的计划，或者说是安全管理计划的一般原理。

安全管理计划之所以成为一种安全管理职能，首先，安全生产活动作为人类改造自然的一种有目的的活动，需要在安全工作开始前就确定安全工作的目标；其次，安全活动必须以一定的方式消耗一定数量的人力、物力和财力资源，这就要求在安全活动前对所需资源的数量、质量和消耗方式作出相应的安排；再次，安全活动本质上是一种社会协作活动，为了有效地进行协作，必须事先按需要安排好人力资源，并把人们的行动相互协调起来，为实现共同的安全生产目标而努力工作；最后，安全活动需要在一定的时间和空间中展开，为了使之在时间和空间上协调，必须事先合理地安排各项安全活动的时间和空间。如果没有明确的安全管理计划，安全生产活动就没有方向，人、财、物就不能合理组合，各种安全活动的进行就会出现混乱，活动结果的优劣也没有评价的标准。

2.1.1.2 安全管理计划的作用

安全管理计划的作用主要表现在以下三个方面：

（1）安全管理计划是安全决策目标实现的保证。安全管理计划是为了实现已定的安全决策目标，而对整个安全目标进行的分解，计算并筹划人力、财力、物力，拟定实施步骤和相应的策略、政策等一系列的安全管理活动。任何安全管理计划都是为了实现某一个安全决策目标而制定和执行的。安全管理计划的一个重要功能就是把注意力时刻集中于安全决策目标，如果没有计划，实现安全决策目标的行动就会成为一堆杂乱无章的活动，安全决策目标就很难实现。由于安全管理计划能使安全决策目标具体化，为组织或个人在一定时期内需要完成什么，如何完成提出切实可行的途径、措施和方法，并筹划出人力、财力、物力资源等，因而能保证安全决策目标的实现。

（2）安全管理计划是安全工作的实施纲领。安全管理是安全管理者为了达到一定的安全目标，对管理对象实施的一系列控制活动，这些活动包括计划、组织、指挥、控制等。安全管理计划是安全管理过程的重要职能，是安全工作中一切活动实施的纲领。只有通过计划，才能使安全管理活动按时间、有步骤地顺利进行。因此，离开了计划，安全管理其他职能的作用就会减弱甚至不能发挥，当然也就难以进行有效的安全管理。

（3）安全管理计划能够协调、合理利用一切资源，使安全管理活动取得最佳效益。当今时代，由于社会生产力的发展，各行各业以及他们内部的各个组成部分之间的分工协作十分严密，生产呈现出高度社会化。在这种情况下，每一项活动中任何一个环节如果出了问题，就可能影响到整个系统的有效运行。因此，安全管理部门必须统筹安排、反复平衡、充分考虑相关因素和时限，通过经济核算，合理地利用人力、物力和财力资源，有效地防止可能出现的盲目性，使安全管理活动取得最佳的效益。

2.1.2　安全管理计划的内容和形式

2.1.2.1　安全管理计划的内容

（1）目标。这是安全管理计划的灵魂。安全管理计划就是为完成安全工作任务而制定的。安全工作目标是安全管理计划产生的原因，也是安全管理计划的奋斗方向。因此，制订安全管理计划前，要分析研究安全工作现状，并提出安全工作的目的和要求，以及提出这些要求的依据，使安全管理计划的执行者事先就知道安全工作的结果。

（2）措施。有了既定的安全工作任务，还必须有相应的措施和方法。这是实现安全管理计划的保证。措施和方法主要指达到既定安全目标需要运用什么手段，动员哪些力量，创造什么条件，排除哪些困难。如果是集体的计划，为了便于检查监督，还要写明每一项安全工作任务的责任者，以确保安全管理计划的实施。

（3）步骤。步骤就是工作的程序和时间的安排，在实施当中，又有轻重缓急之分。因此，在制订安全管理计划时，有了总的时限以后，还必须有每一阶段的时间要求，人力、物力、财力的分配使用要求，使相关的单位和人员知道在一定的时间内，一定的条件下，把工作做到什么程度，以争取主动协调进行。

这三要素是安全管理计划的主体部分。除此以外，每个计划还要包括以下内容：一是确切的一目了然的标题，把安全管理计划的内容和执行计划的有效期体现出来；二是安全管理计划的制订者和制订计划的日期；三是有些内容需要用图表来表现，或者需要用文字说明的，还可以把图表或说明附在计划正文后面，作为安全管理计划的一个组成部分。

2.1.2.2　安全管理计划的形式

安全管理计划的形式是多种多样的，它可以从不同的角度，按照一定的序列进行分类，从而形成一个完整的计划体系。这个计划体系如果按时间顺序来划分，可分为长期计划、中期计划和短期计划；如果按计划层次来划分，可分为高层计划、中层计划和基层计划；如果按计划形式和调节控制程度可以分为指令性计划和指导性计划。

A　长期、中期和短期安全管理计划

a　长期安全管理计划

它的期限一般在10年以上，又可称为长远规划或远景规划。对其确定主要考虑以下三个因素：一是实现一定的安全生产战略任务大体需要的时间；二是人们认识客观事物及其规律性的能力、预见程度，以及制订科学的计划所需要的资料、手段、方法等条件的具备情况；三是科技的发展及其在生产上的运用程度等。长期安全管理计划一般只是纲领性、轮廓性的计划，它只能以综合性指标和重大项目为主，还必须有中、短期计划来补充，把计划目标加以具体化。

b　中期安全管理计划

它的期限一般为5年左右，由于期限较短，可以比较准确地衡量计划期内各种因素的变动及其影响。所以，在一个较大的系统中，中期计划是实现安全管理计划的基本形式。一方面它可以把长期的安全管理计划分阶段具体化，另一方面又可为年度安全管理计划的编制提供基本框架，因而成为联系长期计划和年度计划的桥梁和纽带。随着计划工作水平的提高，五年计划也应列出分年度的指标，但它不能代替年度计划的编制。

c　短期安全管理计划

短期安全管理计划包括年度计划和季度计划，以年度计划为主要形式。它是中、长期安全管理计划的具体实施计划。它根据中期计划具体规定本年度的安全生产任务和有关措施，内容比较具体、细致、准确，有执行单位，有相应的人力、物力、财力的分配，为贯彻执行提供了可能，为检查计划的执行情况提供了依据，从而使中、长期安全管理计划的实现有了切实的保证。

长期、中期、短期计划的有机协调和相互配套，是企业生存和发展的保证。在安全生产实践过程中，一般的经验是，长期计划可以粗略一些、弹性大一些，而短期计划则要具体、详细些。同时，还应注意编制滚动式计划，以解决好长期计划与短期计划之间的协调问题。

B　高层、中层、基层安全管理计划

a　高层安全管理计划

高层安全管理计划是由高层领导机构制定，并下达到整个组织执行和负责检查的计划。高层安全管理计划一般是战略性的计划，它是对本组织关系重大的、带全局性的、时间较长的安全工作任务的筹划。比如远景规划，就是对较大范围、较长时间、较大规模的工作的总方向、大目标、主要步骤和重大措施的设想蓝图。这种设想蓝图虽然有重点部署和战略措施，但并不具体指明相关的工作步骤和实施措施，虽然有总的时间要求，但并不提出具体的、严格的工作时间表。

b　中层安全管理计划

它是中层管理机构制定、下达或颁布到有关基层执行并负责检查的计划。中层计划一般是战术或业务计划。战术或业务计划是实现战略计划的具体安排，它规定基层组织和组织内部各部门在一定时期需要完成什么，如何完成，并筹划出人力、物力和财力资源等。

c　基层安全管理计划

基层安全管理计划是基层执行机构制定、颁布和负责检查的计划。基层计划一般是执行性的计划，主要有安全作业计划、安全作业程序和规定等。基层计划的制订首先必须以高层计划的要求为依据，保证高层计划的实现。同时，基层计划还应在高层计划许可的范围内，根据自身的条件和客观情况的变化灵活地作出安排。

总之，高层计划、中层计划和基层计划三者既有联系，又有区别，它们应在统一计划、分级管理的原则下，合理划分管理权限。

C　指令性计划和指导性计划

a　指令性计划

指令性计划是由上级计划单位按隶属关系下达，要求执行计划的单位和个人必须完成的计划。其特点如下：（1）强制性。凡是指令性计划，都是必须坚决执行的，具有行政和法律的强制性。（2）权威性。只要以指令形式下达的计划，在执行中就不得擅自更改，必须保证完成。（3）行政性。指令性计划主要是靠行政办法下达指标完成。由此可见，指令性计划只能限于重要的领域和重要的任务，而范围不能过宽。否则，不利于调动基层单位的安全生产积极性。

b　指导性计划

指导性计划是上级计划单位只规定方向、要求或一定幅度的指标，下达隶属部门和单位参考执行的一种计划形式。在市场经济条件下，大部分都是指导性计划。这种计划具有以下特点：（1）约束性。指导性计划不像指令性计划那样具有法律强制性，只有号召、引导和一定的约束作用，并不强行要求下属接受和执行。（2）灵活性。指导性计划指标是粗线条的，有弹性的，给下属单位留有灵活执行的余地。（3）间接调节性。指导性计划主要通过经济杠杆，沟通信息等手段来实现上级计划目标。

2.1.3　安全管理计划的指标体系

2.1.3.1　安全管理计划指标的概念和基本要求

安全管理计划规定的各项发展任务和目标，除了作必要的文字说明以外，主要是通过一系列有机联系的计划指标体系表现的。计划指标是指计划任务的具体化，是计划任务的数字表现。一定的计划指标通常是由指标名称和指标数值两部分组成的，如年平均重伤人数、百万吨重伤率等。计划指标的数字有绝对数和相对数之分，以绝对数表示的计划指标，要有计量单位，而以相对数表示的计划指标，通常用百分比等。

一般地说，计划指标体系的设计应遵循以下这几个基本要求：（1）系统性，指标体系应该反映计划任务的主要方向和主要过程，以及它们的内在联系和相互制约的关系，以利于全面考核、综合平衡。（2）科学性，指标的概念和计算方法是科学的，以科学的理论和方法作为依据。含义准确，指标之间相互衔接。（3）统一性，指标的概念、计算口径和计算方法应有统一的规定，不能因时、因地、因部门而异，以保证计划能够对比、汇总和分解。在此基础上，适当设置国际对比指标，以适应对外开放、引进国外先进技术和先进管理经验的需要。（4）政策性，计划指标应能体现党和政府在计划期间所提出的各项政治、经济任务和方针、政策的要求。（5）相对稳定性，计划指标虽然随任务变化、安全管理水平提高以及其他因素的作用，要不断地修正，但一次变动的幅度不宜过大，应保持相对稳定性。

2.1.3.2　安全管理计划指标体系的分类

安全管理计划指标体系是由不同类型的指标构成的，而每一类指标，又包括许多具体指标，这些指标从不同的角度进行划分，大致可以分成以下几类。

A　数量指标和质量指标

计划任务的实现既表现为数量的变化，又表现为质量的变化，计划指标按其反映的内容不同，可分为数量指标和质量指标。

（1）数量指标。数量指标以数量来表现计划任务发展水平和规模，一般用绝对数表示。如企业的总产量、安全生产总投入、劳动工资总额等。

（2）质量指标。质量指标以深度、程度来表现计划任务，用以反映计划对象的素质、效率和效益，一般用相对数或平均数表示。如企业的劳动生产率、成本降低率、设备利用率、隐患整改率等。

B　实物指标和价值指标

（1）实物指标。实物指标是指用质量、容积、长度、件数等实物计量单位来表现使用价值量的指标。运用实物指标，可以具体确定各生产单位的生产任务，确定各种实物产品的生产与安全的平衡关系。

（2）价值指标。价值指标又称为价格指标或货币指标，它是以货币作为计量单位来表现产品价值、安全投入及伤亡事故损失关系的指标。价值指标是进行综合平衡和考核的重要指标。在实际工作中，通常使用的价值指标有两种：一是按不变价格计算的，这可以消除价格变动的影响，反映不同时期产出量的变化；二是按现行价格计算的，可以大体反映产品价值量的变动，用于核算分析和综合平衡。

C　考核指标和核算指标

（1）考核指标。考核指标是考核安全管理计划任务执行情况的指标。如考核安全学习情况的指标——职工安全学习成绩及格率，考核安全检查质量的指标——隐患整改率。考核指标既可以是实物指标，又可以是价值指标，既可以是数量指标，又可以是质量指标。

（2）核算指标。核算指标是指在编制安全管理计划过程中供分析研究用的指标，只作计划的依据。如企业中安全生产装备、安全控制能力利用情况、安全生产投入的使用金额、安全生产产生的收益额等。

D　指令性指标和指导性指标

与前面所述指令性计划和指导性计划相对应，指令性指标是企业用指令下达的执行单位必须完成的安全生产指标，具有权威性和强制性。指导性指标对企业安全工作只起指导作用，不具有强制性。

E　单项指标和综合指标

单项指标是指安全工作中单项任务完成情况的指标，如某台设备的检修安全任务完成情况指标，某项工程的安全控制情况指标等。综合指标则是反映安全管理计划任务综合情况的指标，它往往是由多项具体安全工作任务指标组合而成的。

总之，企业安全管理计划指标应随着客观情况的发展、体制的变动、计划水平的提高而不断地进行调整、充实和完善，这是企业安全生产管理计划科学化的重要内容。

2.1.4　安全管理计划的编制和修订

2.1.4.1　安全管理计划编制的原则

安全管理计划是主观的东西，计划制订的好坏，取决于它和客观相符合的程度。为此，在安全管理计划的编制过程中，必须遵循以下原则。

A　科学性原则

所谓科学性原则，是指企业所制订的安全管理计划必须符合安全生产的客观规律，符合企业的实际情况。只有这样，才有理由要求各部门、各单位主动地按照计划的要求办事。这就要求安全管理计划编制人员必须从企业安全生产的实际出发，深入调查研究，掌握客观规律，使每一项计划都建立在科学的基础之上。

B　统筹兼顾的原则

就是指在制订安全管理计划时，不仅要考虑到计划对象系统中的各个构成部分及其相互关系，而且还要考虑到计划对象和相关系统的关系，按照它们的必然联系，进行统一筹划。这是因为，安全管理计划的目的是通过系统的整体优化实现安全决策目标；而系统整体优化的关键在于系统内部结构的有序和合理，在于对象的内部关系与外部关系的协调。

C　积极可靠的原则

制订安全管理计划指标一是要积极，凡是经过努力可以办到的事，要尽力安排，努力争取办到；二是要可靠，计划要落到实处，而确定的安全管理计划指标，必须要有资源条件作保证，不能留有缺口。坚持这一原则，把尽力而为和量力而行正确结合起来，使安全管理计划既有先进性，又有科学性，保证生产、安全和效益持续、稳定、健康地发展。

D　留有余地原则

也就是所说的弹性原则，是安全管理计划在实际安全管理活动中的适应性、应变能力和与动态的安全管理对象相一致的性质。计划留有余地，包括两方面的内容：一是指标不能定得太高，否则经过努力也达不到，既挫伤计划执行者的积极性，又使计划容易落空；二是资金和物资的安排、使用留有一定的后备储备，否则难以应付突发事件、自然灾害等不测情况。应当看到，任何计划都只是预测性的，在计划的执行过程中，往往会出现某些人们预想不到或者无法控制的事件，这将会影响到计划的实现。因此，必须使计划具有弹性和灵活的应变能力，以及时适应客观事物各种可能的变化。

E　瞻前顾后的原则

就是在制订安全管理计划时，必须有远见，能够预测到未来发展变化的方向；同时又要参考以前的历史情况，保持计划的连续性。为实现安全管理计划的目标，合理地确定各种比例关系。从系统论的角度来说，也就是保持系统内部结构的有序和合理。所以，作计划时，必须对计划的各个组成部分、计划对象与相关系统的关系进行统筹安排。其中，最重要的就是保持任务、资源与需求之间，局部与整体之间，目前与长远之间的平衡。

F　群众性原则

安全管理计划工作的群众性原则，是指在制订和执行计划的过程中，必须依靠群众、发动群众、广泛听取群众意见。只有依靠职工群众的安全生产经验和聪明才智，才能制订出科学、可行的安全管理计划，也才能激发职工的安全积极性，自觉地为安全目标的实现而奋斗。

2.1.4.2 安全管理计划编制的程序

A 调查研究

编制安全管理计划，必须弄清计划对象的客观情况，这样才能做到目标明确，有的放矢。为此，在计划编制之前，首先必须按照计划编制的目的要求，对计划对象中的各个有关方面进行历史的和现状的调查，全面积累数据，充分掌握资料。在调查中，一方面要注意全面、系统地掌握第一手资料，防止支离破碎、断章取义；另一方面也要有针对性地把主要安全问题追深追透，反对浅尝辄止，浮于表面。从获得资料的方式来看，调查有多种形式：有亲自调查、委托调查，重点调查、典型调查，抽样调查和专项调查等。调查搞好了，还要对调查材料进行及时、深入、细致的分析，发现矛盾、找出原因、去伪存真、去粗取精。

B 科学预测

预测是安全管理计划的依据和前提。因此，在调查研究的基础上，必须邀请有关安全专家参加，进行科学预测，得出科学、可信的数据和资料。安全预测的内容十分丰富，主要有工艺状况预测、设备可靠性预测、隐患发展趋势预测、事故发生的可能性预测等；而从预测的期限来看，则又有长期、中期和短期预测等。

C 拟订计划方案

经过充分的调查研究和科学的安全管理计划预测，计划者掌握了形成安全管理计划足够的数据和资料，根据这些数据和资料，审慎地提出计划的安全发展战略目标，安全工作主要任务，以及有关安全生产指标和实施步骤的设想，并附上必要的说明。通常情况下，要拟订几种不同的方案以供决策者选择之用。

D 论证和选定计划方案

这一阶段是安全管理计划编制的最后一个阶段，主要工作大致可归纳为以下几个方面：（1）通过各种形式和渠道，召集有准备的各方面安全专家参加评议会进行科学论证，同时，也可召集职工座谈，广泛听取意见；（2）修改补充计划草案，拟出修订稿，再次通过各种形式的渠道征集意见和建议，这一程序必要时可反复多次；（3）比较各个可行方案的合理性与效益性，从中选择一个满意的安全管理计划，然后由企业权力机关批准实行。

2.1.4.3 安全管理计划编制的方法

安全管理计划编制不仅要按照一定原则和步骤进行，而且要采用能够正确核算和确定各项安全指标的科学方法。在实际工作中，常用的安全管理计划方法主要有以下几种。

A 定额法

定额是通过经济、安全统计资料和安全技术手段测定而提出的完成一定安全生产任务的资源消耗标准，或一定的资源消耗所要完成安全生产任务的标准。它是安全管理计划的基础，对计划核算有决定性影响。定额法就是根据有关部门规定的标准，或者目前在正常情况下，已经达到的标准，来计算和确定安全管理计划指标的方法。

B 系数法

系数是两个变量之间比较稳定的数量依存关系的数量表现，主要有比例系数和弹性系数两种形式。比例系数是两个变量的绝对量之比，如企业安装一台消声器的工作量一般占基建投资总额的比例假设为65%，那么，这里的0.65就是二者的比例系数。弹性系数是两个量的变化率之比，如企业产量增长速度和企业总的经济增长速度之比假设为0.2:1，那么，这里的0.2就是产量增长的弹性系数。系数法就是运用这些系数从某些计划指标推算其他相关计划指标的方法。系数法一般用于计划编制的匡算阶段和远景规划。其优点是可以在时间短、任务急、资料不全的情况下迅速编制粗线条的计划，还可以对计划进行粗略的论证和检验。但使用时必须注意系数在计划期内的有效性，并对之进行尽可能科学的修正。

C　动态法

动态法就是按照某项安全指标在过去几年的发展动态，来推算该指标在计划期的发展水平的方法。如假设根据历年情况，某企业集团人身伤害事故每年减少5%左右。假定计划期内安全生产条件没有大的变化，那么也就可以按减少5%来考虑。这种方法常见于确定安全管理计划目标的最初阶段。

D　比较法

比较法就是对同一计划指标在不同时间或不同空间所呈现的结果进行比较，以便研究确定该项计划指标水平的方法。这种方法常被用于进行安全管理计划分析和论证。使用它，可以较好地吸收其他企业的成功经验。当然，在运用这种方法时，一定要注意到同一指标的诸多因素的可比性问题，简单的类比是不科学的。

E　因素分析法

因素分析法是指通过分析影响某个安全指标的具体因素以及每个因素变化对该指标的影响程度来确定安全管理计划指标的方法。例如，在生产资料供应充足的条件下，企业生产水平取决于投入生产领域的活劳动量和单位活劳动的生产率以及企业安全生产的水平。因此，确定企业产量计划，可以通过分别求出计划期由于劳动力增加可能增加的产量，由于劳动生产率提高可能增加的产量，以及安全生产的平稳运行可能增加的产量，然后把三者相加。这就是因素分析法。

F　综合平衡法

综合平衡是从整个企业安全生产管理计划全局出发，对计划的各个构成部分、各个主要因素、整个安全管理计划指标体系进行的全面平衡。综合平衡法把任何一项安全工作计划都看作是一个系统，不是追求局部的、单指标的最优化，而是寻求系统整体的最优化。因此，它是进行计划平衡的基本方法。综合平衡法的具体形式很多，主要有编制各种平衡表、建立便于计算的计划图解模型或数学模型等。

2.1.4.4　安全管理计划的检查与修订

制定安全管理计划并不是计划管理的全部，而只是计划管理的开始，在整个安全管理计划的制订、贯彻、执行和反馈的过程中，计划的检查与修订，占有十分重要的地位，起着不可忽视的作用。

（1）计划的检查是监督计划贯彻落实情况，推动计划顺利实施的需要。安全生产管理计划虽然是按照一定的民主程序和科学过程而制定的，并对企业各方面的诸种关系都作了通盘的考虑，但是，仍然不能保证它在各个子系统内或每一个环节都能得到及时、全面、切实的贯彻和落实。通过计划检查，就可以及时了解计划任务的落实情况，各部门、各单位、各基层完成计划的进度情况，以便研究和提出保证计划完成的有力措施。

（2）计划检查还可以检验计划编制是否符合客观实际，以便修订和补充计划。诚然，计划的编制是力求做到从实际出发，使其尽量符合客观实际。但是，由于人的认识不但常常受着科学条件和技术条件的限制，而且也受着客观过程的发展及其表现程度的限制。因此，部分地改变计划的事是常有的。当发现计划与实际执行情况不符时，应具体分析其原因，如果是由于计划本身不符合实际，或在执行过程中出现了前所未料的问题，如重大突发事件、重大突发事故等，就应修改原定计划。但修订调整计划必须按一定程序进行，必须经原批准机关审查批准。对由于计划执行单位管理不善等主观原因造成的计划与实际脱节，则不允许修改计划，以保证计划的严肃性。

（3）计划的检查要贯穿于计划执行的全过程。从安全管理计划的下达开始，直到计划执行结束，计划检查要做到全面而深入。检查的主要内容有：1）计划的执行是否偏离目标；2）计划指标的完成程度；3）计划执行中的经验和潜在的问题；4）计划是否符合执行中的实际情况，有无必要作修改和补充等。检查的方法则有：1）分项检查和综合检查；2）数量检查和质量检查；3）定期检查和不定期检查；4）全面检查；5）重点检查；6）抽样检查；7）统计报表检查；8）深入基层检查等。

2.2　安全决策方法

2.2.1　安全决策的含义和分类

2.2.1.1　安全决策的含义

安全决策是指作安全决定和选择，是一种活动过程。对于作为一种安全活动过程的决策的内涵，人们在理解上是不完全一致的，但大多数人比较赞成下列表述，安全决策就是决定安全对策。科学安全决策是指人们针对特定的安全问题，运用科学的理论和方法，拟订各种安全行动方案，并从中作出满意的选择，以更好地达到安全目标的活动过程。

安全决策的含义主要包括以下几个要点：

（1）安全决策是一个过程，在这个过程中，要按安全科学研究。

（2）安全决策总是为了达到一个既定的目标，没有安全目标就无法进行安全决策；安全目标不准确或错误，那就是安全失策。

（3）安全决策总是要付诸实施的。因此，围绕安全目标拟订各种实施方案是安全决策的基本要求。

（4）安全决策的核心是选优。任何一项安全决策必须要充分考虑各种条件和影响因素，制订多种方案，并从中选取满意的方案。

（5）安全决策总是要考虑到实施过程中情况的不断变化，还要考虑到实现安全目标之后的社会效果。没有应变方案和不考虑社会效果的安全决策，至少是不完全的安全决策，更谈不上是科学的安全决策。

（6）安全决策是指科学安全决策和民主安全决策，而不是指任意的一种安全决策。为此在现代企业安全生产管理中必须要运用科学的方法，并尽量集中职工和集体的智慧。

2.2.1.2　安全决策的分类

安全决策可以从不同的角度进行分类，从方法论的角度通常作以下分类：

（1）战略性安全决策和策略性安全决策。这是按照安全决策问题的性质来划分的。战略性安全决策指的是影响安全生产总体发展的全局性决策。战略性安全决策往往与企业长期规划有关，它较多地注意外部环境。策略性安全决策又称一般性安全决策，它是指解决局部性或个别安全问题的决策，它是实现安全战略目标所采取的手段，它比战略性安全决策更具体，考虑的时间比较短，主要考虑如何具体安排并组织人力、物力、财力来实现安全战略决策。

（2）程序化安全决策和非程序化安全决策。这是按照安全决策问题是否重复出现来划分的。程序化安全决策是指对安全管理活动中反复出现的经常需要解决的安全问题进行的决策。例如，对隐患的整改、对临时用工的安全教育等。处理这些问题，可以根据以往的经验建立安全规章制度及程序予以解决。这种安全决策也叫规范性安全决策或重复性安全决策。非程序化安全决策是指在安全管理活动中首次出现的非例行活动的新的安全问题。例如，生产工艺过程出现的新问题、设备运转过程中发现的新情况等。由于这些问题比较复杂或者有较大的偶然性，又没有以往的经验可以直接借鉴，因而要求安全决策者集中精力进行研究。

（3）确定型安全决策、风险型安全决策和非确定型安全决策。这是按照安全决策问题的性质和安全决策条件的不同划分的。确定型安全决策是指在对执行结果已经确定的方案中进行的选择。确定型安全决策一般具备以下四个条件：1）存在着安全决策人希望达到的一个明确的安全目标；2）只存在一种确定的自然状态；3）存在着可供安全决策人选择的两个或两个以上的行动方案；4）不同的行动方案在确定状态下的损益值可以计算出来。由于一个方案只有一种确定的结果，因此，这种安全决策比较容易做，只要比较各个方案的结果的优劣，就可以选择出一个最好的方案。

风险型安全决策也称为统计安全决策或随机型安全决策，是指以未来的自然状态发生的概率为依据，对无法确定执行结果的方案进行的选择，即无论选择哪个方案，都要承担一定的风险。风险型安全决策具备以下五个条件：1）存在着安全决策人企图达到的一个明确的安全目标；2）存在着可供安全决策人选择的两个以上的行动方案；3）存在不以安全决策人的主观意志为转移的两种以上的自然状态；4）不同的行动方案在不同自然状态下的相应损益值可以计算出来；5）未来将出现哪种自然状态，安全决策人不能确定，但是各种自然状态出现的可能性，安全决策人可以预先估计或计算出来。

同风险型安全决策相比较，如果缺少第五个条件，则属于非确定型安全决策。可见，确定型安全决策问题是指已经知道某种自然状态必然发生，风险型安全决策问题是指虽然不知道哪一种自然状态必然发生，但是其发生的可能性（概率）是可以预先估计或利用历史资料得到的，而非确定型安全决策问题连自然状态发生的概率也不知道。非确定型安全决策主要靠安全决策者的知识、经验和判断能力，确定的方案往往带有主观随意性。

（4）静态安全决策和动态安全决策。这是按照安全决策要求获得答案数目的多少或相互关系的情况来划分的。静态安全决策也叫单项安全决策，它所处理的安全问题是某个时点的状态或某个时期总的结果，它所要求的行动方案只有一个。动态安全决策则不同，它要做出一系列相互关联的安全决策。动态安全决策有两个特点：第一，它作出的安全决策不是一个而是一串；第二，这一串安全决策彼此之间有紧密的联系，前一项安全决策的结果直接影响到后一项安全决策。

（5）高层安全决策、中层安全决策和基层安全决策。这是按安全决策主体在系统中的地位进行分类的。高层安全决策是由上层安全管理者所作的涉及全局的重大安全决策。中层安全决策是由中层安全管理人员作出的业务性安全决策。基层安全决策是由基层安全管理人员根据高层、中层安全决策作出的执行性安全决策。高层、中层、基层是一个相对概念，按所处系统不同而不同。

另外，安全决策还可以从多种角度进行分类。按要达到的要求可分为最佳安全决策和满意安全决策；按是否能用数量表现可分为定量安全决策和定性安全决策；按安全决策主体是个人还是组织可分为个人安全决策和集体安全决策等。企业安全管理者了解安全决策的分类，以更好地理解自己所要决策的安全问题的性质、作用和地位，有利于安全决策者选择相应的方法和技术，从而提高安全决策水平。

2.2.2　安全决策的特点和地位

2.2.2.1　安全决策的特点

（1）程序性。企业的安全决策要求在正确的安全生产理论的指导下，按照一定的工作程序，充分依靠安全管理专家和广大职工群众，选用科学的安全决策技术和方法来选择行动方案。

（2）创造性。安全决策是一种创造性的安全管理活动。因为安全决策总是针对需要解决的安全问题和需要完成的安全工作任务而作出抉择，安全决策的创造性要求安全管理者开动脑筋，运用逻辑思维、形象思维等多种思维方法进行创造性的劳动，要求安全决策者根据新的具体情况作出带有创造性的正确抉择。

（3）择优性。择优性是指安全决策必须在多个方案中寻求能够获得较大效益，能取得令人满意的安全生产效果的行动方案。因此，择优是安全决策的核心。择优必须至少有两个方案对比，才能存在择优的问题。

（4）指导性。安全决策一经作出并付诸实施，就须对整个企业安全管理活动，对系统内的每一个人都有约束作用，指导每一个人的安全行为和安全方向，这就是安全决策的指导性。

（5）风险性。任何备选方案都是在预测未来的基础上制定的，客观事物的变化受多种因素影响，加上人们的认识总是存在一定的局限性，作为安全决策对象的备选方案不可避免地会带有某种不确定性，即风险性。安全决策者对所作出的安全决策能否达到预期安全目标，都有一定程度的风险。

2.2.2.2　安全决策的地位和作用

安全决策是安全管理工作的核心部分。企业安全管理的职能中最重要的就是安全决策。安全管理的组织、领导、控制等职能没有一个能够离开总的安全决策目标。在一定意义上，安全管理的其他职能都是围绕着总的安全决策目标开展的。因此，安全决策是安全管理活动的核心。

安全决策决定企业安全管理的发展方向、轨道以及效率。安全决策的实质是对企业未来行动方向、路线、措施等的选择和抉择。因此，正确的安全决策能指导企业沿着正确的方向、合理的路线前进，这也是安全管理高效能的保证。

安全决策是各级安全管理者的主要职责。安全管理者不论其职位高低，都是不同范围、不同层次的安全决策者，都在一定程度上参与安全决策和执行安全决策。安全管理者的安全决策能力是其各方面能力的集中体现，企业安全管理人员首先必须具备的就是安全决策能力。

安全决策贯穿于安全管理活动的全过程。企业安全管理过程归根到底是一个不断作出安全决策和实施安全决策的过程，安全管理职能的执行与发挥都离不开安全决策。安全决策贯穿于安全管理过程的始终，存在于其中的每个方面、每个层次、每个环节。安全决策是否合理、是否及时，小则关系到是否达到预期的安全目标，大则决定了企业的成败和命运。因此，提高企业安全管理水平，关键是要提高安全管理者的安全决策水平。

2.2.3　安全决策的前提和条件

2.2.3.1　科学的安全预测

安全预测是指在正确的理论指导下，采用科学的方法，在分析各种历史资料和现实情况的基础上，对客观事物的发展趋势、未来状况的预见、分析和推断。对各种各样的安全预测从不同角度进行分类，有利于掌握安全预测的一般规律性。

A　安全预测的作用

在安全管理活动中，安全预测和安全决策是密不可分的，安全决策要以安全预测提供的信息为先导和依据，因此，安全预测是安全决策的前提。安全预测可以避免安全决策的片面性，提高其可行性；安全预测可以避免贻误时机，提高安全决策的及时性；安全预测有利于安全决策的科学性、严密性和相对稳定性。

安全预测对安全决策产生着极大的影响。特别是在现代条件下，更要求安全管理者在安全决策前一定要对与安全决策有关的事物作详细、全面、准确的预测。这是因为现代经济和社会的发展越来越复杂，迫切需要对其过程和变动趋势作出全面系统的分析和预见；安全科学技术的迅速发展，迫切要求对安全科学技术进步及其对企业、社会、经济的影响进行预测；安全科学技术的进步使现代化生产规模迅速扩大，迫切要求对与之相关的外部环境的变化及其发展趋势进行预测。

B　安全预测的原则

为提高安全预测的科学性和有效性，必须掌握和遵循下列基本原则。

a　客观性原则

安全预测实质上是借助于统计资料和人们的创造性思维来推测事物发展的有关问题。客观性原则要求人们在安全预测过程中不凭主观唯心的想象去猜测事物的发展趋势，而必须从客观事实出发，尊重历史资料，认真分析研究现状，揭示事物的本质联系和必然趋势，如实反映可能出现的安全问题和后果。

b　系统性原则

安全预测的对象都是一个特定的系统，因此，安全预测要从系统整体着眼，全面考虑系统内的各种相互关系和系统的外界环境因素，力求克服安全预测的片面性，提高安全预测的科学性。

　　c　连续性原则

　　任何事物的发展过程都是一个连续不断的过程，因而描述这一过程的安全预测必须按其客观过程的连续性，由历史和现状推算出未来的趋势。为此，连续性原则要求在预测中应加强资料收集和整理工作，建立常用的安全数据库，进行"滚动式"安全预测。

　　d　定性研究和定量分析相结合的原则

　　安全预测中的定性研究是对未来事件发展性质的判断，定量分析是对未来事件发展程度和数量关系的预见。只有综合运用定性研究与定量分析方法，才能从数量和性质两个方面揭示事物发展过程的本质特征和规律性，得出符合客观规律的安全预测结果。

　　C　安全预测的程序

　　a　确定安全预测目标

　　确定安全预测目标是整个安全预测活动的出发点。有了明确、具体的目标，才能确定安全预测的范围、期限、需要收集的资料以及应采取的步骤和方法，从而避免安全预测的盲目性。

　　b　搜集、加工和分析资料

　　开展安全预测工作，必须全面、完整、准确、及时地搜集有关安全预测对象的种种资料。同时，对于收集来的各种资料要进行加工整理和初步分析，判断资料的真实度和可用度、去掉那些对安全预测没有用处的资料。

　　c　选择安全预测方法

　　安全预测的具体方法很多，选择什么样的方法进行安全预测，要根据预测的目的、掌握资料的情况、预测精度要求、预测经费的多少，以及各种安全预测方法的适用范围而定。一般应以某一种方法为主，同时综合运用多种方法进行安全预测。

　　d　实施安全预测

　　选定安全预测方法之后，即可进行安全预测。如果选择定性一类的预测方法，则要注意找准那些有丰富的知识、经验和综合分析能力强的人参加安全预测工作，同时也要注意利用过去和现在的大量资料。如果采用定量一类的预测方法，则要注意建立一定的数学模型。建立数学模型以后，就可以根据模型进行具体计算，通常可用电子计算机完成，推算初步的安全预测结果。

2.2.3.2　健全的安全决策组织体系

　　健全的有效的安全组织体系，是保证安全决策顺利进行的前提条件之一。一个健全有效的安全决策组织体系应包括下列内容。首先要获取安全信息。安全信息就是安全决策资源。安全决策的科学性在很大程度上取决于是否全面、及时、准确地掌握安全信息。为此，必须建立有效的安全信息系统，坚持不间断地系统地收集、整理、研究和传输安全信息。其次，要依靠智囊人员，建立专家系统，设计安全决策方案并进行安全分析评估，为科学的安全决策提供多种可行的备选方案。最后，由安全决策者进行综合评价、拍板抉择，这就需要有安全决策机构。安全决策机构的主要责任就是尽可能为执行部门提供整体最优的方案，以取得最佳的安全管理效果。

　　在现代企业安全生产管理中，安全管理者要做出一项科学正确的安全决策，仅凭一个人的能力是不够的，因为一个人的精力、知识、经验和掌握的安全信息以及时间都无法应付现代企业的复杂局面。因此，安全管理者必须懂得，健全的安全决策组织体系是保证科学的安全决策顺利进行的重要前提；努力健全并善于利用安全决策组织体系是进行科学的安全决策的重要保证。

2.2.3.3 素质优良的安全决策工作人员

在安全生产管理中进行科学的安全决策，还必须要有一批符合条件的、具有优良素质的安全决策工作人员。这就要求无论是安全决策机构、智囊参谋机构还是安全信息系统中的工作人员都应具备相应的安全素质。

A　安全决策者的素质要求

安全决策者是安全决策组织的核心，他们的素质与安全决策组织的功能密切相关，决定着安全决策的质量。为此，安全决策者必须具备应有的知识、能力、经验和体质。对他们的基本要求如下：（1）代表广大职工的利益、意志和要求，有全心全意为职工和企业服务的精神；（2）具有比较深厚的政治理论修养，广博的现代社会科学、自然科学和工程技术知识，并对所决策的安全问题有较深的专业知识和丰富的实践经验；（3）有面向未来的安全管理观念，敏锐的安全预测能力和安全判断能力；（4）相信职工、作风民主、富有创新精神；（5）善于调节自己的感情、保持清醒的头脑，对待不同类型的安全决策，能以不同的思维方式来审查专家的意见。除了安全决策者的个人素质外，还要注意决策班子的集体素质和整体效能，决策班子的成员应有合理的结构、相互团结、配合默契、实现双赢或多赢。

B　智囊参谋人员的素质要求

智囊参谋人员的素质直接影响咨询参谋的结果，而咨询参谋的结果如何又在很大程度上影响安全决策的效果。因此，安全生产管理决策不能忽视智囊参谋人员的素质。安全生产管理的智囊参谋人员应当具备的基本素质是：（1）对安全工作有较强的责任心；（2）有广博的安全知识和丰富的安全生产实践经验；（3）坚持辩证唯物主义，有独立思考的精神、尊重客观事实，不搞先入为主；（4）尊重领导，但不盲从，对领导不搞察言观色，不见风使舵；（5）面向未来，有长远观念，能深谋远虑。

C　安全信息工作人员的素质要求

现代企业安全生产管理决策的每个步骤不但离不开安全信息，而且要求有完整、准确、及时、适用的安全信息。完整、准确、及时、适用的安全信息主要靠信息工作人员提供，信息工作人员的素质如何直接影响安全信息质量的高低。因此，必须重视安全信息工作人员的素质问题，切不要以为他们不直接参与方案的制订和方案的选择而认为他们的素质无关紧要。对安全信息工作人员的素质要求，除了应具有对工作高度负责的精神，还要特别强调对安全信息工作的热爱，坚持实事求是的精神，尊重客观事实，不将个人主观好恶加入到安全信息中去；有较强的专业知识；对事物变化反应灵敏，善于观察、分析事物的发展变化；作风严谨，工作认真细致。

2.2.4　安全决策的原则和步骤

2.2.4.1　安全决策的原则

A　科学性原则

安全决策的科学性原则是指安全决策必须尊重客观规律，尊重科学，从实际出发，实事求是。安全决策是安全管理的首要职能，关系安全行动的成败，安全决策者应尽可能地避免、减少决策中的失误。做到这一点，只有按科学的原则办事，将安全决策建立在科学的基础上。

执行科学性原则，首先要求安全决策者具有科学决策的意识。安全决策具有极强的科学性，安全决策者只有树立了科学决策的意识，才可能尊重事实，尊重客观规律，按科学的决策程序办事。其次，一切安全决策都应按照科学的决策程序办事。决策程序就是为了保证安全决策的正确性所作的决策工作次序安排。安全决策者应结合本企业的实际情况，和安全决策管理的要求，建立起科学具体的决策程序。最后，安全决策应尽可能掌握和运用科学的分析方法和手段，特别是现代科学技术手段。安全决策者只有运用科学的理论、方法和工具，对事物尽可能深入、全面、准确地分析，才能保证安全决策正确。

B 系统性原则

安全决策对象通常是一个多因素组成的有机系统。总系统可以分成若干个子系统，每个系统又可分成若干个小子系统。每个系统都有它特定的目的和功能，各系统之间都有相关性。因此，系统性是企业安全生产管理决策的重要特点之一，系统思考是进行安全决策必须遵循的一条基本原则。它强调安全决策必须考虑整个系统与其相关的系统以及构成各个系统的相关环节，以免做出顾此失彼、因小失大的错误决策。只有这样，才可避免更大范围的平衡被打破，造成比例失调，进而影响全局的后果。系统思考还要求注意事物的因果关系和事物的发展规律。

C 经济性原则

经济性原则通俗地讲就是节约的原则。节约原则在这里包括两个方面的含义：（1）应使安全决策过程本身所花的费用最少。安全决策同其他安全管理活动一样，需要费用和成本，安全决策者必须考虑决策过程中的费用和成本。在保证安全决策的科学性、合理性的前提下，应选择费用最省、成本最低的决策程序、决策方式和决策标准。（2）安全决策的内容应坚持经济效益标准。安全组织中的决策是多种多样的，不同的方案，可能会效果相同、成本有异，安全决策就应选择花费最少、效果最佳的方案，用通俗的话来讲就是要少花钱多办事。

D 民主性原则

安全决策中的民主性原则就是决策过程中要充分发扬民主，认真倾听不同意见，在民主讨论的基础上实行集体决策。民主性原则包括两方面内容：一方面是在安全决策过程中坚持群众路线，在职工群众中发扬民主，充分听取广大职工群众的意见，使安全决策成为接纳职工参与和反映职工利益的民主决策；另一方面是在安全决策过程中要坚持集体决策，实行严格的民主集中制。主要安全决策者要提倡和鼓励不同意见之间互补他短、各扬己长，不搞个人专断或擅自决定。重大安全决策问题要在充分发扬民主的基础上，实行表决。

E 责任性原则

责任性原则就是谁安全决策谁负责的原则，它包含两层含义：（1）谁作安全决策，谁负责贯彻执行。安全决策的贯彻执行是决策全过程中不可缺少的一个阶段。在安全管理中，谁作出安全决策，应由谁负责贯彻实施，其理由是，安全决策者最了解方案的优缺点和实施的措施、路线，能够较好地控制决策实施过程。再者，谁决策谁实施是执行谁决策谁对决策后果负责原则的要求，如果安全决策者不负责贯彻实施决策，一旦安全决策目标没有实现，或决策与实际不符，决策者就可能把责任推给贯彻执行者。（2）谁决策，谁对决策后果负责。决策具有风险，安全决策者必须对安全决策的后果负责。这是防止滥用职权、盲目决策，尽最大可能保证安全决策科学、正确、可行的基本前提，也是一个制度保障。

2.2.4.2　安全决策的步骤

A　发现问题

发现问题是安全决策的起点，一切安全决策都是从问题开始的。问题就是安全决策对象存在的矛盾，通常指应该或可能达到的状况同现实状况之间存在的差距。它既包括业已存在的现实安全问题，也包括估计可能产生的未来的安全问题。安全决策能够准确、及时地抓住安全问题，并提出切实可行的，对实际安全问题针对性十分强的解决措施和办法，安全决策就会是正确的，有可能取得好的效果。反之，安全决策就不可能正确，就可能给安全工作带来损失。因此，安全管理者在安全管理活动中不要怕有问题，更不要怕暴露问题。发现问题之后，要认真分析问题，即找出产生差距的原因，并从中找出主要原因。问题确定得准，就会为合理确定目标打下良好的基础。

B　确定目标

目标的确定，直接决定着方案的拟订，影响到方案的选择和安全决策后的方案实施。安全决策确定的目标必须具体明确，既不能含糊不清，也不能抽象空洞，否则方案的拟订和选择就会无所适从。一般情况下，确定的目标应符合下列基本要求：（1）目标必须是单一的；（2）必须有明确的目标标准，以便能检查目标达到和实现的程度；（3）明确目标的主客观约束条件；（4）在存在多目标的情况下，应对各个目标进行具体分析，分清主次。确定目标，要根据需要和可能，量力而行，尽力而为，既要留有余地，又要使责任者有紧迫感，切忌凭主观愿望，制定出不切实际的过高或过低的目标。

C　拟订方案

安全决策的目标确定以后，接下来要做的工作是研究实现目标的途径和方法，也就是拟订方案。任何安全问题的解决都存在着多种可能途径，因此，拟订方案时应拟定多个方案。在拟订方案时贯彻整体详尽性和互相排斥性这两条基本要求。整体详尽性，就是要求尽可能地把各种可能的方案全部列出。互相排斥性，是指不同方案之间必须有较大的区别，执行甲方案就不能执行乙方案。同时备选方案必须建立在科学的基础上，方案中能够进行数量化和定量分析的，一定要将指标数量化，并运用科学、合理的方法进行定量分析，减少主观性。

D　方案评估

方案评估就是对所拟订的各种备选方案，从理论上进行综合分析后对其加以评估，从而得出各备选方案是否可行的结论。在安全决策中，拟订的多个方案会有相对的优劣之分，为此，要经过分析对比，权衡利弊，同时对方案进行设计改进。具体评估时，还要进行效益和效应分析，主要有以下几方面。

a　经济效益分析

要从经济效益的角度，对人、财、物等资源的限制因素、客观经济环境和成果等进行认真分析。要通过具体计算，得出定量的分析结果。

b 社会效益分析

社会效益的分析，主要看方案实施后对社会的公共利益，社会的安定，生态平衡，人民群众的身体健康等影响如何。

c 社会心理效应分析

安全决策总是要涉及不同阶层的人的利益，而不同阶层的人在心理上对一切事物的反映是有区别的。因此，方案评估中不能不考虑方案实施会产生什么样的社会心理效应，在具体措施上有解决心理问题的办法才是可行的。评估心理效应可进行一些社会心理的问卷调查，并吸收一些心理学方面的专家，对方案进行社会心理的分析论证。

E 方案选优

方案选优是在对各个方案进行分析评估的基础上，从众多方案中选取一个较优的方案。这主要是安全决策者的职责。在完成方案选优的过程中安全决策者要注意以下几个问题：

（1）安全决策者要有正确的选优标准。绝对的优在实际安全生产中是不存在的。只要安全决策目标的主要指标达到相对优，以"满意"为原则，两利相衡取其重，两弊相衡取其轻，而不可能要求各项指标均达到十全十美的程度，过分地追求十全十美就可能贻误时机。

（2）安全决策者要有科学的思维方法和战略系统的观念。安全决策者必须坚持唯物辩证法，坚持一分为二，善于把握全局与局部、主要矛盾和次要矛盾、矛盾的主要方面和次要方面，抓住重点兼顾一般。安全决策者要用辩证的眼光、系统的观念，仔细地衡量各种方案的优劣利弊，从中选出优化方案，适时作出安全决策。

（3）安全决策者要正确处理与专家的关系。安全生产决策必须有专家从事具体工作，但是他们是在安全决策者委托和指导下参与安全决策，绝不能代替安全决策者的决策。一般情况下，在安全决策的前4个步骤中决策者应特别注意听取各方面安全专家的意见，方案选优时则要在综合各方面安全专家意见的基础上，独立地拿出总揽全局的决策来。

（4）安全决策者要有意地修正自己心理因素所产生的偏差。通常安全决策者对决策后的损益有不同的反应：有的对效益的反应较迟钝；有的则对损失的反应比较迟钝；有的则完全按损益期望值高低来选择行动方案。这就要求安全决策者应当有自知之明，在全面考虑各种因素的前提下扬长避短地进行决断，避免可能产生的偏颇。

以上安全决策步骤是一般安全决策所不能少的，在实际安全工作中，不能机械地理解和教条式地照搬，一般应按顺序进行，有时也可交替结合进行，实行反馈不断修正，使安全决策方案不断完善。安全决策方案在组织实施过程中，如果发现实际执行情况与安全决策目标之间有较大的偏差或安全决策目标无法达到时，要进行追踪反馈，作出新的安全决策，即通常讲的追踪安全决策。因此安全决策过程是一个连续不断的动态过程。决策的动态过程如图 2.1 所示。

2.2.4.3 安全生产决策的基本方法

科学的安全生产决策是运用科学的决策方法，安全管理学家和从事安全管理活动的实际工作者总结概括了许多切实可行的安全决策方法。20 世纪的许多新的科学方法也被广

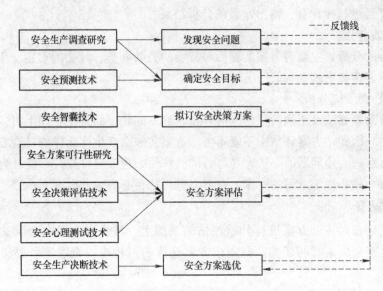

图 2.1 安全决策动态过程

泛地运用到企业安全生产决策中来。比如，概率论、效用论、期望值、博弈论、线性规划等理论和方法。在这里介绍几种常见的安全生产决策方法。

A 头脑风暴法

头脑风暴法是集中有关专家进行安全专题研究的一种会议形式，即通过会议的形式，将有兴趣解决某些安全问题的人集合在一起，会议在非常融洽和轻松的气氛中进行，自由地发表意见和看法，可以迅速地收集到各种安全工作意见和建议。"头脑风暴法"也可以以另一种形式出现，即通过这种会议对已经系统化的方案或设想提出质疑，研究有碍于方案或设想实施的所有限制性因素，找出方案设计者思考的不周和不足，指出实施方案时可能遇到的困难。

B 集体磋商法

这是一种让持有不同思想观点的人或组织进行正面交锋，展开辩论，最后找到一种合理方案的安全决策方法。这种方法适用于有着共同利益追求和同样具有责任心的集体，因为只有这样的集体，才会在争论中消除分歧，求同存异。集体磋商可以以"头脑风暴"的形式出现，也可以以其他形式出现，一般说来，集体磋商和"头脑风暴"的成员有所不同，"头脑风暴"的成员，可以是临时请来的某一安全生产领域的专家，而集体磋商的成员是组织内担负安全决策使命的安全生产决策者。

C 加权评分法

这是一种对备选方案进行分项比较的方法，当安全决策处于需要在许多备选方案中进行抉择时，可以通过加权评分发现备选方案中的最优方案。具体做法是：把备选方案分成若干对应的项，然后进行逐项比较打分，最后对打分结果进行统计，累计得分最高的就可以被确定为最佳方案。这种方法能够发挥对方案作出最后抉择的安全决策者的主动性，而且可以在获得较佳方案的同时，节约大量时间和人力、物力，不至于造成长期议而不决的情况。

D 电子会议法

这是利用现代的电子计算机手段改善集体安全决策的一种方法。基本的做法是所有参加会议的人面前只有一台计算机终端，会议的主持者通过计算机将问题显示给参加会议的人。会议的参与者将自己的意见输入计算机，通过计算机网络显示在各个与会者的计算机屏幕上。个人的评论和票数统计都投影在会议室的计算机屏幕上。这种电子会议的主要优点是匿名、诚实和快速，还有利于人们充分地表达信息而不受惩罚，同时在"发言"过程中不担心被别人打断或打断别人，而且这种方式需要的时间短。

2.3 安全管理组织方法

要完成具有一定功能目标的活动，就必须有相应的组织作为保障。建立合理的安全管理组织机构是有效进行安全生产指挥、检查、监督的组织保证。安全管理组织机构是否健全，管理组织中各级人员的职责与权限界定是否明确，安全管理的体制是否协调高效，直接关系到安全工作能否全面开展和职业安全健康管理体系能否有效运行。

2.3.1 安全管理组织的构成和设计

2.3.1.1 安全管理组织的基本要求

事故预防是有计划、有组织的行为。为了实现安全生产，必须制订安全工作计划，确定安全工作目标，并组织企业员工为实现确定的安全工作目标而努力。因此，企业必须建立安全管理体系，而安全管理体系的一个基本要素就是安全管理组织。由于安全工作涉及面广，因此合理的安全管理组织应形成网络结构，其纵向要形成一个从上而下统一指挥的安全生产指挥系统；横向要使企业的安全工作按专业部门分系统归口管理，层层展开。建立安全管理组织的基本要求有：

（1）合理的组织结构。为了形成"横向到边、纵向到底"的安全工作体系，要合理地设置横向安全管理部门，科学地划分纵向安全管理层次。

（2）明确责任和权利。组织机构内各部门、各层次乃至各工作岗位都要明确安全工作责任，并对各级授予相应的权利。这样有利于组织内部各部门各层次为实现安全生产目标而协同工作。

（3）人员选择与配备。根据组织机构内不同部门、不同层次、不同岗位的责任情况，选择和配备人员。特别是专业安全技术人员和专业安全管理人员应该具备相应的安全专业知识和能力。

（4）制定和落实规章制度。制定和落实各种规章制度可以保证工作安全有效地运转。

（5）信息沟通。组织内部要建立有效的信息沟通模式，使信息沟通渠道畅通，保证安全信息及时、准确地传达。

（6）与外界协调。企业存在于社会环境中，其安全工作不仅受到外界环境的影响，而且要接受政府的指导和监督等。因此安全组织机构与外界的协调非常重要。

2.3.1.2 安全管理组织的构成

不同行业、不同规模的企业，安全工作组织形式也不完全相同。应根据上述的安全工作组织要求，结合本企业的规模和性质，建立安全管理组织。企业安全管理工作组织的一种构成模式如图 2.2 所示，它主要由三大系统构成管理网络：安全工作指挥系统、安全检查系统和安全监督系统。

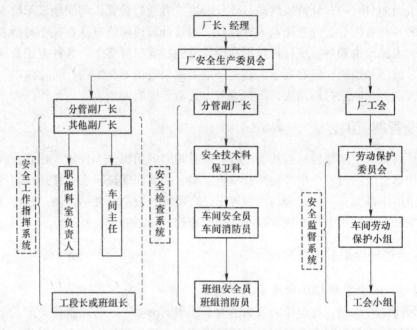

图 2.2　企业安全管理组织的构成模式

（1）安全工作指挥系统。该系统由厂长或经理委托一名副厂长或副经理（通常为分管生产的负责人）负责，对职能科室负责人、车间主任、工段长或班组长实行纵向领导，确保企业职业安全健康计划、目标的有效落实与实施。

（2）安全检查系统。安全检查系统是具体负责实施职业安全健康管理体系中"检查与纠正措施"环节各项任务的重要组织，该系统的主体是由分管副厂长、安全技术科、保卫科、车间安全员、车间消防员、班组安全员、班组消防员组成。另外，安全工作的指挥系统也兼有安全检查的职责。实际工作中，一些职能部门兼具双重职责。

（3）安全监督系统。安全监督系统主要是由工会、党、政、工、团组成的安全防线。例如，有些单位的工会生产保护部门负责筑起"工会抓网"安全防线，发动组织职工开展安全生产劳动竞赛，抓好班组劳动保护监督检查员职责的落实；组织部门负责筑起"党组织抓党"安全防线，把安全生产列为对所属党组织政绩考核和对党员教育、评议及目标管理考核的指标之一；厂长办公室负责筑起"行政抓长"安全防线，各级行政正职必须是本单位安全生产的第一责任者，在安全管理上实行分级负责，层层签订安全生产承包责任状；团委负责筑起"共青团抓岗"安全防线，动员广大团员青年积极参与安全生产管理及安全生产活动；由企业工会女工部门负责筑起"妇女抓帮"安全防线，组织教育妇女不断提高安全意识，围绕安全生产目标，在女工中开展各种类型的妻子帮丈夫安全生产竞赛活动。

2.3.1.3　安全管理组织的设计

安全管理组织设计的任务是设计清晰的安全管理组织结构，规划和设计组织各部门的职能和职权，确定组织中安全管理职能、职权的活动范围并编制职务说明书。

安全管理组织设计的原则有：（1）统一指挥原则，各级机构以及个人必须服从上级的命令和指挥，保证命令和指挥的统一；（2）控制幅度原则，主管人员有效地监督、指挥其直接下属的人数是有限的，每个领导人要有适当的管理宽度；（3）权责对等原则，明确规定每一管理层次和各部门的职责范围同时赋予其履行职责所必需的管理权限；（4）柔性经济原则，努力以较少的人员、较少的管理层次、较少的时间取得管理的最佳效果。

安全管理组织结构的类型不同，所产生的安全管理效果也不同。一般来说，安全管理组织结构分为以下几种类型。

（1）直线制结构。各级管理者都按垂直系统对下级进行管理，指挥和管理职能由各级主管领导直接行使，不设专门的职能管理部门。但这种组织结构形式缺少较细的专业分工，管理者决策失误就会造成较大损失。所以一般适合于产品单一、工艺技术比较简单、业务规模较小的企业。

（2）职能制结构。各级主管人员都配有通晓各种业务的专门人员和职能机构作为辅助者直接向下发号施令。这种形式有利于整个企业实行专业化管理，发挥企业各方面专家的作用，减轻各级主管领导的工作负担。它的缺点是，由于实行多头领导，易出现指挥和命令不统一的现象，造成管理混乱。因此，在实际中应用较少。

（3）直线职能型组织结构。以直线制为基础，既设置了直线主管领导，又在各级主管人员之下设置了相应的职能部门，分别从事职责范围内的专业管理。既保证了命令的统一，又发挥了职能专家的作用，有利于优化行政管理者的决策。因此在企业组织中较广泛采用。其主要缺点是：各职能部门在面临共同问题时，往往易从本位出发，从而导致意见和建议的不一致甚至冲突，加大了上级管理者对各职能部门之间的协调负担；其次是职能部门的作用受到了较大限制，一些下级业务部门经常忽视职能部门的指导性意见和建议。

（4）矩阵制结构。便于讨论和应对一些意外问题，在中等规模和若干种产品的组织中效果最为显著。当环境具有很高的不确定性，而目标反映了双重要求时，矩阵制结构是最佳选择。其优势在于它能够使组织满足环境的双重要求。资源可以在不同产品之间灵活分配，适应不断变化的外界要求。其劣势在于一些员工要受双重职权领导，容易使人感到阻力和困惑。

（5）网格结构。依靠其他组织的合同进行制造、分销、营销或其他关键业务经营活动的结构。具有更大的适应性和应变能力，但是难以监管和控制。

企业可根据自身的不同情况、不同规模，根据危险源、事故隐患的性质、范围、规模等选择适合的安全管理组织结构类型。

2.3.2 安全专业人员的配备和职责

安全专业人员的配备是安全管理组织实施的人员保障。要发展学历教育和设置安全工程师职业制度，对安全专业人员要有具体严格的任职要求。企业内部的安全管理系统要合理配制相关安全管理人员，合理界定组织中各部门、各层次的职责，建立兼职人员网络，企业内部从上到下（班组）设置全面、系统、有效的安全管理组织和人员网络等。

2.3.2.1 安全专业人员的配备

根据行业的不同，在企业职能部门中设专门的安全管理部门，如安检处、安全科等，或设兼有安全管理与其他某方面管理职能的部门，如安全环保部、质量安全部等。在车间、班组设专职或兼职安全员。安全管理人员的配备比例可根据企业生产性质、生产规模来定。

对安全管理人员素质的要求有：（1）品德素质好，坚持原则，热爱职业安全健康管理工作，身体健康；（2）掌握职业安全健康技术专业知识和劳动保护业务知识；（3）懂得企业的生产流程、工艺技术，了解企业生产中的危险因素和危险源，熟悉现有的防护措施；（4）具有一定的文化水平，有较强的组织管理能力与协调能力。

2.3.2.2　安全管理专业人员的职责

安全管理组织及专业人员主要负责企业安全管理的日常工作，但是不能代替企业法定代表人或负责人承担安全生产法律责任。安全管理专业人员的主要职责有五个方面：

（1）定期向企业法定代表人或负责人提交安全生产书面意见，针对本企业安全状况编制企业的职业安全健康方针、目标、计划，以及有关安全技术措施及经费的开支计划。

（2）参加制定防止伤亡事故、火灾等事故和职业危害的措施，组织重大危险源管理、应急管理、工伤保险管理等以及本企业危险岗位、危险设备的安全操作规程，提出防范措施、隐患整改方案，并负责监督实施，以及各种预案的编制等。

（3）组织定期或不定期的安全检查，及时处理发现的事故隐患；组织调查和定期检测尘毒作业点，制定防止职业中毒和职业病发生的措施，搞好职业劳动健康及建档工作；督促检查企业职业安全健康法规和各项安全规章制度的执行情况。

（4）一旦发生事故，就应该积极组织现场抢救，参与伤亡事故的调查、处理和统计工作，会同有关部门提出防范措施。

（5）组织、指导员工的安全生产宣传、教育和培训工作。开展安全竞赛、评比活动等。

安全工程师作为安全专业人员，在安全管理中发挥着重要作用。安全工程师的具体工作主要有如下四个方面：识别、评价事故发生的条件，评价事故的严重性；研究防止事故、减少伤害或损失的方法、措施；向有关人员传达有关事故的信息，评价安全措施的效果，并为获得最佳效果作必要的改进。

对安全管理组织中各部门、层次的职责与权限必须界定明确，否则管理组织就不可能发挥作用。应结合安全生产责任制的建立，对各部门、各层次、各岗位应承担的安全职责以及应具有的权限、考核要求与标准作出明确的规定。

2.3.3　安全管理组织的运行

经过对安全管理组织的设计，确定其结构、流程，以及安全专业人员的配置后，进一步的工作就是安全管理组织的运行。安全管理组织的运行情况直接影响着事故预防的效果、安全目标的实现情况，以及安全资源配置的合理程度等。安全管理组织的运行过程，需要以有关的规章制度，进而以更深层次的安全文化进行约束；同时需要以完善和合适的绩效考核，以及合理、充足的安全投入作为保障。

2.3.3.1　安全管理组织运行的约束

（1）安全规章制度约束。安全管理组织的有效运行需要对各个方面的规章制度进行设计和规范，这是长期积累的结果。有关规章制度的制定范围应当包括安全管理组织结构、安全管理组织所承担的任务、安全管理组织运行的流程、安全管理组织人事、安全管理组织运行规范、安全管理决策权的分配等方面。在有关安全生产法律法规体系的指导下，通过安全规章制度的约束作用，把安全管理组织中的职位、组织承担的任务和组织中的人很好地协调起来。

（2）安全文化约束。保证安全管理组织通畅运行及其效率，除了有关规章制度的约束作用外，更深层次的约束作用在于企业的安全文化。企业安全文化体现在企业安全生产方面的价值观以及由此培养的全体员工安全行为等方面。它是培养共同的职业安全健康目标和一致安全行为的基础。安全文化具有自动纠偏的功能，从而使企业能够自我约束，安全管理组织能够通畅运行。

2.3.3.2　安全管理组织运行的保障

（1）绩效考核保障。安全管理组织运行保障中另一个重要的内容是建立完善和合适的绩效考核，通过较为详细、明确、合理的考核指标指导和协调组织中人的行为。企业制定了战略发展的职业安全健康目标，需要把目标分阶段分解到各部门各人员身上。绩效考核就是对企业安全管理人员以及各承担安全目标的人员完成目标情况的跟踪、记录、考评。通过绩效考核的方式增强安全管理组织的运行效率，推动安全管理组织有效、顺利地运行。

（2）安全经济投入保障。安全管理组织的完善需要合理、充足的安全经济投入作为保障。正确认识预防性投入与事后整改投入的等价关系，就需要了解安全经济的基本定量规律——安全效益金字塔的关系，即设计时考虑 1 分的安全性，相当于加工和制造时的 10 分安全性效果，而能达到运行或投产时的 1000 分安全性效果。这一规律指导人们考虑安全问题要具有前瞻性。要研究和掌握安全措施投资政策和立法，遵循"谁需要，谁投资，谁受益"的原则，建立国家、企业、个人协调的投资保障系统。要进行科学的安全技术经济评价、有效的风险辨识及控制、事故损失测算、保险与事故预防的机制，推行安全经济奖励与惩罚、安全经济（风险）抵押等方法。最终使安全管理组织的建立和运行得到安全经济投入的保障。有了充足的安全投入，安全管理组织才能有足够的资金、人力、物力等资源，才能保证安全管理组织活动的顺利开展和实施。

2.4　安全管理控制方法

2.4.1　安全控制理论的基本概念

2.4.1.1　安全控制理论的定义

安全工程学科的研究对象是大型"人—机—环境"系统。针对这一复杂系统，人们从不同的角度、采用不同的方法进行分析研究，以期望达到提高系统安全水平的目的。从 20 世纪 40 年代发展起来的控制论科学，专门研究各类系统调节与控制的一般规律，已广泛应用于工程、生物、社会、经济等各个领域，以系统论、信息论和控制论为基础的新科学方法论，正日益渗透到自然科学、社会科学的各个方面。从 20 世纪 80 年代开始，安全工程学界也开始了对控制论的研究和应用，取得了一些研究成果，丰富了安全科学的理论体系。

安全控制理论是应用控制论的一般原理和方法，研究安全控制系统的调节与控制制度规律的一门学科。

安全控制系统是由各种相互制约和影响的安全要素所组成的，具有一定安全特征和功能的整体。安全要素包括：（1）影响安全的物质性因素，如工具设备、危险有害物质、能对人构成威胁的工艺装置等；（2）安全信息，如政策、法规、指令、情报、资料、数据和各种消息等；（3）其他因素，如人员、组织机构、资金等。

安全控制系统与一般的技术系统比较，有如下特点：（1）安全控制系统具有一般技术控制系统的全部特征；（2）安全控制系统是其他生产、社会、经济系统的保障系统；（3）安全控制系统中包括人这一最活跃的因素，因此，人的目的性和控制作用时刻都会影响安全控制系统的运行；（4）安全控制系统受到的随机干扰非常显著，因而其研究更加复杂。

2.4.1.2 安全控制系统的分类

（1）宏观安全控制系统。宏观安全控制系统一般是指各级行政主管部门以国家法律、法规为依据，应用安全监察、检查、经济调控等手段。实现整个社会、部门或企业的安全生产目标的整体控制活动。宏观安全控制系统是以各种生产、经营系统为被控系统，以各种安全检查和安全信息统计为反馈手段，以各级安全监察管理部门为控制器，以国家安全生产方针和安全指标为控制目标的一种宏观系统。宏观安全控制系统模型如图2.3所示，将它进一步简化后得到系统方框图如图2.4所示，它与一般控制论系统方框图相一致。

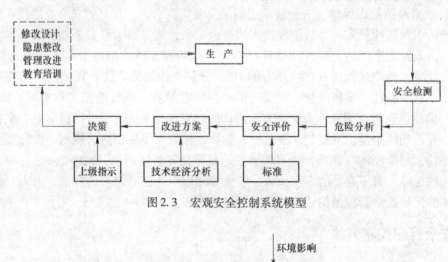

图2.3　宏观安全控制系统模型

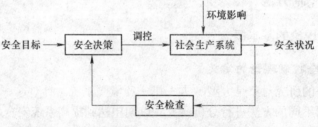

图2.4　一般控制论系统模型

（2）微观安全控制系统。微观安全控制是指应用工程技术和安全技术手段，防止在特定生产和经营活动中发生事故的全部活动。微观安全控制系统是以具体的生产和经营活动为被控制系统，以安全状态检测信息为反馈手段，以安全技术和安全管理为控制器，以实现安全生产为控制目标的系统。

2.4.1.3　安全控制方法的一般分析程序

应用控制论方法分析安全问题，其分析程序一般可分为如下四个步骤：

（1）绘制安全系统框图。根据安全系统的内在联系，分析系统运行过程的性质及其规律性，并按照控制论原理用框图将该系统表述出来。

（2）建立安全控制系统模型。在分析安全系统运行过程并采用框图表述的基础上，运用现代数学工具，通过建立数学模型或其他形式的模型，对安全系统的状态、功能、行为及动态趋势进行描述。

（3）对模型进行计算和决策。描述动态安全系统的控制论模型，一般都是几十个、几百个联立的高阶微分或差分方程组，涉及众多的参数变量，通常采用计算机进行。对于非数学模型，可通过分析形成一定的措施、办法和政策等。

（4）综合分析与验证。把计算出的结果或决策运用到实际安全控制工作中，进行小范围的实验，以此来校正前三个步骤的偏差，促使所研究的安全问题达到既定的控制目标。

以上过程既相对独立，又前后衔接、相互制约，它们之间的关系如图2.5所示。

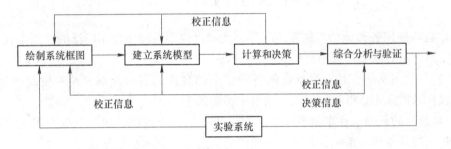

图2.5　安全控制系统分析过程

2.4.2　安全系统的控制方式

2.4.2.1　安全系统的控制特性

安全系统的控制虽然也服从控制论的一般规律，但也有它自己的特殊性。安全系统的控制有以下几个特点：

（1）安全系统状态的触发性和不可逆性。如果将安全系统出事故时的状态恒定为1，无事故时状态值定为0，即系统输出只有0和1两种状态。虽然事故隐患往往隐藏于系统安全状态之中，系统的状态常表现为0至1的突然跃变，这种状态的突然改变称为状态触发。此外，系统状态从0变化到1后，状态是不可逆的。即系统不可能从事故状态自动恢复到事故前状态。

（2）系统的随机性。在安全控制中发生事故具有极大的偶然性：什么人，在什么时间，在什么地点，发生什么样的事故。这些问题一般都是无法确定的随机事件。但是对一个安全控制系统来说，可以通过统计分析方法找出某些变量的统计规律。

（3）系统的自组织性。自组织性就是在系统状态发生异常情况时，在没有外部指令的情况下，管理机构和系统内部各子系统能够审时度势按某种原则自行或联合有关子系统采取措施，以控制危险的能力。由于事故发生具有突然性和破坏作用，所以要求安全控制系统具有一定的自组织性。这就要求采用开放的系统结构，有充分的信息保障，有强有力的管理核心，各子系统之间有很好的协调关系。

2.4.2.2　安全系统控制原则

（1）首选前馈控制方式。由于安全控制系统状态的触发性和安全决策的复杂性，宏观安全控制系统的控制方式应首选前馈控制方式。

前馈控制是指对系统的输入进行检测，以消除有害输入或针对不同情况采取相应的控制措施，以保证系统的安全。前馈控制系统的工作模式如图2.6所示。

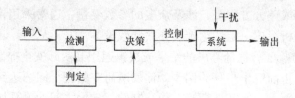

图2.6　前馈控制系统的工作模式

（2）合理使用各种反馈控制方式。反馈控制是控制系统中使用广泛的控制方式。安全系统的反馈控制有以下几种不同形式：

1）局部状态反馈。对安全系统的各种状态信息进行实时检测，及时发现事故隐患，迅速采取控制措施防止事故的发生，是事故预防的手段。

2）事故后的反馈。在事故发生后，应运用系统分析方法，找出事故发生的原因，将信息及时反馈到各相关系统，并采取必要措施以防止类似事故重复发生。

3）负反馈控制。发现某个职工或部门在安全工作上的缺点错误，对其进行批评、惩罚，是一种负反馈控制。合理、适度使用，可以收到较好的效果，但若使用不当，有可能适得其反。

4）正反馈控制。对安全上表现好的职工或部门进行了表扬、奖励，是一种正反馈控制。使用恰当时可以激励全体职工的积极性，提高整体安全水平，收到巨大的效益。

（3）建立多级递阶控制体系。安全控制系统应建立较完善的安全多级递阶控制体系。各控制层次之间除了督促下层贯彻执行有关方针、政策、规程和决策外，还要提高下属层次的自组织能力。各级管理层的自组织能力主要体现在：1）了解下层危险源的有关事故结构信息，如事故模式、严重程度、发生频率、防治措施等；2）掌握危险源的动态信息，如已接近临界状态的重大危险源，目前存在的缺陷，职工安全素质，隐患整改情况等；3）熟悉危险分析技术，善于用其解决实际问题；4）经验丰富，应变能力较强。

（4）力争实现闭环控制。闭环控制是自动控制的核心。安全管理工作部署应当设法形成一种自动反馈机制，以提高工作效率；应制定合理的工作程序和规章制度，使信息处理和传递线路通畅。

2.4.2.3　安全控制的基本策略

从控制论的角度分析系统安全问题，可以得到以下几点结论：（1）系统的不安全状态是系统内在结构、系统输入、环境干扰等因素综合作用的结果；（2）系统的可控性是系统的固有特性，不可能通过改变外部输入来改变系统的可控性，因此在系统设计时必须保证系统的安全可控性；（3）在系统安全可控的前提下，通过采取适当的控制措施，可将系统控制在安全状态；（4）安全控制系统中人是最重要的因素，既是控制的施加者，又是安全保护的主要对象。

基于以上结论，可得到以下一些安全控制的基本策略。

（1）建立本质安全型系统。本质安全型系统是指系统的内在结构具有不易发生事故的特性，且能承受人为操作失误、部件失效的影响，在事故发生后具有自我保护能力的系统。与此相关的措施有：

1）防止危险产生条件的形成。如各种爆炸事故的发生都有三个基本（必要）条件，一定量的爆炸物、助燃剂、点爆能量，如果能消除其中任何条件，则可避免爆炸事故的发生。

2）降低危险的危害程度。如降低机动车速度，减少油漆中的铅含量，减少面粉厂、煤矿等企业爆炸性粉尘积累量等。

3）防止已存在危险的释放。可通过消灭危险或通过使其停止释放来实现。

4）改变危险源中危险释放的速率或空间分布。如采用汽车和电梯中的闸、操纵杆、关闭阀门、保险丝等防止或减少危险释放的方法。

5）将危险源和需保护的对象从时间上或空间上隔开。

6）在危险源与被保护对象之间设置物质屏障。如电线绝缘、各种个体防护措施等。

7）改变危险物的相关基本特性。如改变药品的某些分子结构以消除其副作用；改变物体的表面形状、基本结构、物理化学特性等，以减少其对人的损害。

8）增加被保护对象对危险的耐受能力。

9）稳定、修护和复原被破坏的物体。

（2）消除人的不安全因素。在现代各类职业事故中，人的因素占到70%～90%。因此消除人的不安全因素是防止事故发生的重要策略，其具体措施有以下几方面：

1）对特殊岗位工作人员进行职业适应性测评。职业适应性是指一个人从事某项工作时必须具备的生理、心理素质特征。它是在先天因素和后天环境相互作用的基础上形成和发展起来的。职业适应性测评就是通过一系列科学的测评手段，对人的身、心素质水平进行评价，使人机匹配合理、科学，以提高生产效率、减少事故。

2）加强安全教育与训练。通过安全教育和专业技能训练，可提高职工的安全意识水平，掌握事故发生的规律、正确的操作方法、防灾避险知识等，从而减少人为因素的影响。

3）充分发挥安全信息的作用。信息是控制的基础，没有信息就谈不上控制。安全状态信息存在于生产活动之中，如何把它们从生产活动中检测出来，是一个十分重要的问题。安全信息的形式可分为两类：一类是通过安全检测设备、仪器检测出来的各种信息，它们以光、磁、电、声等形式传递，它们多用于微观控制中；另一类是报告、报表的形式，多用于宏观控制之中。这两类形式的信息在安全管理和安全控制中被广泛使用。

为了充分发挥各种安全信息的作用，应建立计算机化的安全信息管理系统，以利于信息的加工、传递、存储和使用。此外，还可建立各类专家系统（ES）或决策支持系统（DSS）以推进安全管理控制与决策过程的科学化、自动化和智能化。

2.4.2.4　安全控制方法的应用

安全领域中安全控制方法的应用主要体现在事故预警系统、系统风险分析与安全评价系统、安全监测监控系统等。

（1）事故预警系统。预警属于新兴的交叉学科，以人类面临的各种灾情和警情作为研究对象，并通过各种监测、运行与调控机制，构成事故预警系统，以保障社会安宁及生产、生活安全。其中，警情阈值、警情警报、实施控制等是预警系统的重要环节。

由于安全问题的复杂性，有时单纯依靠"安全控制子系统"是不能解决全部安全问题的，需要及时将逼近事故临界状态的有关情况通知相关人员，以便及时采取措施防止事故发生。工业危险源事故临界状态预警阈值的确定要对事故临界状态进行预警，必须在危险源进入事故临界范围时发出警报。预警阈值的确定需要充分进行调查研究，阈值过大，则无法达到"预"的作用，过小则产生虚张声势的效果。

（2）系统风险分析与安全评价系统。在理论上和实践上确立系统安全分析，也就是如何在系统的整个生命周期阶段，科学地、有预见地识别并控制风险，以便系统能正常运行。系统风险管理及安全评价的过程主要由以下几个步骤组成：

1）确定风险或风险辨识。这是指辨识各类危险因素、可能发生的事故类型、事故发生的原因和机制。

2）风险分析。分析现有生产和管理条件下事故发生的可能性，以及潜在事故的后果及其影响范围（即事故的严重程度）。

3）风险评价与分级。在分析事故发生可能性与事故后果的基础上，评价事故风险的大小，按照事故风险的标准值进行风险分级，以确定管理的重点。

4）风险控制。低于标准值的风险属于可接受或允许接受的风险，应建立监测措施，防止生产条件改变导致风险值的增加。

（3）安全监测监控系统。在生产过程中利用安全监控系统监测生产过程中与安全有关的状态参数，发现故障、异常，及时采取措施控制这些参数不达到危险水平，消除故障、异常，以防止事故发生。

在生活活动中，也有应用安全监控系统的情况，如建筑物中的火灾监控系统等。

安全监控常用于生产过程，不同的生产过程有不同的安全监控系统。监控系统种类繁多，典型的生产过程安全监控系统示意图如图 2.7 所示。虚线围起的部分是安全监控系统，它由检知部分、判断部分和驱动部分三个部分组成。

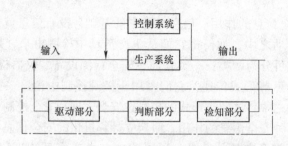

图 2.7　典型的生产过程安全监控系统示意图

1）检知部分。检知部分主要由传感元件构成，用以感知特定物理量的变化。一般地，传感元件的灵敏度比人感官的灵敏度高得多，所以能够发现人员难以直接察觉的潜在的变化。

2）判断部分。把检知部分感知的参数值与规定的参数值相比较，判断监控对象的状态是否正常。

3）驱动部分。对于判断部分已经判明存在故障、异常，在可能出现危险时，实施恰当的安全措施。根据具体情况，在可能时停止设备、装置的运转，即紧急停车，启动安全装置，或是向人员发出警告，让人员采取措施处理或规避危险。

这里简要介绍几种在生产、生活中常见的安全监控系统。

1）操作安全监控系统。防止人体的一部分进入危险区域受到伤害的安全监控系统。当人体或人体的一部分进入危险区域时，安全监控系统的驱动部分动作，消除危险。冲压机械操作安全监控系统最为常见。冲压机械运转时如果人体或人体的一部分进入危险区域，则安全检测系统使机械停止运转，防止冲压伤害事故发生。

按其检知部分工作原理不同，操作安全监控系统有光线式、红外线式和感应式三类。

2）可燃气体泄漏监测系统。可燃性气体或可燃性液体泄漏后遇引火源可能发生火灾、爆炸事故。可燃性液体泄漏后蒸发形成可燃性蒸气，因此可燃性气体泄漏监测系统也可以用于监测可燃性液体泄漏。

3）火灾监控系统。火灾监控系统的检知部分通过传感器检知火灾产生的烟雾、高温或光辐射；判断部分判断出已经发生火灾之后，驱动部分启动各种灭火设施，扑灭火灾，或发出声、光报警信号，由人员扑灭火灾。

2.5 安全激励方法

根据人的行为规律，通过强化人的动机，以调动人的积极性的一种理论称为激励原理。利用人的心理因素和行为规律激发人的积极性，增强其动机的推动力，对人的行为进行引导，以改进其在安全方面的作用，达到改善安全状况的目的，称为安全激励。这种做法具有普遍规律性，是方法论的一种，被称为安全激励方法。

2.5.1 安全激励的概念

激励就是激发人的动机，哈佛大学的威廉·詹姆士发现，部门员工一般仅需发挥出20%～30%的个人能力，就足以保住饭碗而不被解雇；如果受到充分的激励，其工作能力能发挥80%～90%。企业领导和职工能在工作和生产操作中重视安全生产，有赖于对其进行有效的安全行为激励。激励分为"外予的激励"和"内滋的激励"，外予的激励是通过外部推动力来引发人的行为。最常见的是用金钱作诱因，此外还有提高福利待遇、职务升迁、表扬、信任等手段。内滋的激励是通过人的内部力量来激发人的行为，如学习新知识、获得自由、自我尊重、发挥智力潜能、解决疑难问题、实现自己的抱负等。"外予的激励"和"内滋的激励"显然都能激励人的行为，但前者在很多情况下并不是建立在自觉自愿基础之上的；后者对人的行为的激励则完全建立在自觉自愿的基础上，具有更持久的推动力，它能使人对自己的行为进行自我指导、自我监督和自我控制。

在心理因素方面可以利用的和需要考虑的有动机、需求、情感、意志、性格等多方面的心理特征；在行为规律方面可以利用的和需要考虑的有个体行为、群体行为、从众行为、反抗行为、服从性、对抗性、长期性和短期性等多方面的行为特征。应用激励原理时应注意以下几方面：（1）激励存在时效性，长时间的、过多的激励将使人反应迟钝、思想麻木；（2）人可接受虚拟的激励，如望梅止渴、杯弓蛇影，但是虚拟的激励维持时间不会太长，一旦虚拟消失或破灭便不再起作用；（3）非良性刺激对于部分非凡的人也能起到激励作用，屈原被放逐而著《离骚》，司马迁遭宫刑而著《史记》等，但这些并不是激励的常规手段，都不可取；（4）激励也可应用于负面，一些有害的动机和不安全行为等因素受到激励会造成严重的负面效果，甚至造成对生产安全和人类安全的严重威胁；（5）适度的反激励也可起到正激励的作用，得到有益的效果，例如，激将法、失败为成功之母、惩罚等，但关键以适度为宜；（6）过度的激励无论是正激励还是反激励，不但起不到激励的作用而且会产生副作用，甚至产生恶劣的后果。

2.5.2　安全激励的理论基础

激励理论是关于如何满足人的各种需要、调动人的积极性的原则和方法的概括总结。激励理论按照形成时间及其所研究侧面的不同，可分为内容型激励理论、过程型激励理论和行为改造型激励理论。根据这些理论基础，需要研究如何进行安全激励，调动人们满足安全需要和达到安全目标的积极性。

2.5.2.1　内容型激励理论

内容型激励理论重点研究激发动机的诱因。主要包括马斯洛的"需求层次理论"、赫茨伯格的"双因素理论"和麦克利兰的"成就需要激励理论"等。

（1）需求层次理论。这是由心理学家马斯洛提出的动机理论。该理论认为，人的需求可以分为五个层次：生理需求——维持人类生存所必需的身体需求；安全需求——保证身心免受伤害和避免失去工作、财产、食物或住处等恐惧的需求；归属和爱的需求——包括感情、归属、被接纳、友谊等需求；尊重的需求——包括内在的尊重如自尊心、自主权、成就感等需求和外在的尊重如地位、认同、受重视等需求；自我实现的需求——包括个人成长、发挥个人潜能、实现个人理想的需求。

（2）双因素理论。"双因素理论"也称"保健因素—激励因素理论"。这种理论认为在管理中有些措施因素能消除职工的不满，但不能调动其工作的积极性，这些因素类似卫生保健对人体的作用有预防效果而不能保证身体健康，所以称为保健因素，如改善工作环境条件、福利、安全奖励；而能起激励作用，调动领导和职工自觉的安全积极性和创造性可采取激励安全需要、变"要我安全"为"我要安全"、得到家人和社会的支持与承认、安全文化等手段。双因素理论是针对满足人的需要的目标或诱因提出来的，在实用中有一定的道理。但在某种条件下，保健因素也有激励作用。

（3）成就需要激励理论。美国哈佛大学教授戴维·麦克利兰把人的高级需要分为三类，即权力、交往和成就需要。在实际生活中，一个组织有时因配备了具有高成就动机需要的人员使得组织成为高成就的组织，但有时是由于把人员安置在具有高度竞争性的岗位上才使组织产生了高成就的行为。麦克利兰认为前者比后者更重要。

2.5.2.2　过程型激励理论

过程型激励理论重点研究从动机的产生到采取行动的心理过程，主要包括弗罗姆的

"期望理论"、海德的"归因理论"和亚当斯的"公平理论"等。

（1）期望理论。这是心理学家维克多·弗罗姆提出的理论。期望理论认为，人们之所以采取某种行为，是因为他认为这种行为可以有把握地达到某种结果，并且这种结果对他有足够的价值。换言之，动机激励水平取决于人们认为在多大程度上可以期望达到预计的结果，以及人们判断自己的努力对于个人需要的满足是否有意义。

（2）归因理论。归因理论是美国心理学家海德于1958年提出的，后由美国心理学家韦纳及其同事共同研究而再次活跃起来。归因理论是探讨人们行为的原因与分析因果关系的各种理论和方法的总称。归因理论侧重于研究个人用以解释其行为原因的认知过程，也即研究人的行为受到激励是"因为什么"的问题。

（3）公平理论。公平理论又称社会比较理论。它是美国行为科学家亚当斯提出的一种激励理论。该理论侧重于研究工资报酬分配的合理性、公平性及其对职工生产积极性的影响。

2.5.2.3 行为改造型激励理论

行为改造型激励理论重点研究激励的目的（即改造、修正行为），主要包括斯金纳的"强化理论"和亚当斯的"挫折理论"等。

（1）强化理论。强化理论是美国心理学家和行为科学家斯金纳等人提出的一种理论。强化理论是以学习的强化原则为基础的关于理解和修正人的行为的一种学说。强化，从其最基本的形式来讲，指的是对一种行为的肯定或否定的后果（报酬或惩罚），它至少会在一定程度上决定这种行为在今后是否会重复发生。

根据强化的性质和目的，可把强化分为正强化和负强化。在管理上，正强化就是奖励那些组织上需要的行为，从而加强这种行为；负强化就是惩罚那些与组织不相容的行为，从而削弱这种行为。正强化的方法包括发放奖金，对成绩的认可、表扬，改善工作环境和人际关系，提升、安排担任挑战性的工作，给予学习和成长的机会等。负强化的方法包括批评、处分、降级等，有时不给予奖励或少给奖励也是一种负强化。强化理论被广泛应用于安全管理中，如安全奖励、事故罚款、安全单票否决、企业升级安全指标等。

（2）挫折理论。挫折理论是由美国心理学家亚当斯提出的一种理论。挫折理论是关于个人的目标行为受到阻碍后，如何解决问题并调动积极性的激励理论。挫折是一种个人主观的感受，同一遭遇，有人可能构成强烈挫折的情境，而另外的人则并不一定构成挫折。

2.5.3 安全激励方法的分类

2.5.3.1 按激励形式划分

根据安全管理中安全激励形式的不同，可将安全激励方法分为以下五类：

（1）经济物质激励。这是常用的一种激励方法。诸如奖励、罚款等，使其个人经济物质利益与安全状况挂钩。在美国工业安全管理的最初阶段就是采用这种罚款赔偿的方法，现各国仍普遍采用。

（2）刑律激励。刑律激励是综合精神与肉体激励的一种，是一种负强化激励法，既有惩戒本人以防下次再犯的作用，也有杀一儆百的示范性反激励作用。

（3）精神心理激励。从道德观念、宗教信仰、政治理想、情感、荣誉等方面进行激励，包括安全竞赛、模拟操作、安全活动、口号刺激，甚至游行示威等很多方面都可取得这种激励作用。

（4）环境激励。从另一方面说这是一种从众行为的作用和群体行为的影响。所谓近朱者赤、近墨者黑就是这个道理。

（5）自我激励。可以通过提高修养、自我激励达到自我完善的境界。

2.5.3.2　按安全行为的激励原理划分

根据安全行为的激励原理，可将安全激励方法分为两类：

（1）外部激励。外部激励就是通过外部力量来激发人的安全行为的积极性和主动性，如设安全奖、改善劳动卫生条件、提高待遇、安全与职务晋升和奖金挂钩、表扬、记功、开展"安全竞赛"等手段和活动，都是通过外部作用激励人的安全行为。此外，严格、科学的安全监察、监督、检查也是一种外部激励的手段。

（2）内部激励。内部激励的方式很多，如更新安全知识、培训安全技能、强化观念和情感、理想培养、建立远大的安全目标等。内部激励是通过增强安全意识、素质、能力、信心和抱负等来作用的。内部激励是以提高职工的安全生产和劳动保护自觉性为目标的激励方式。

从安全管理总体上讲，以上几种激励形式和方法都是必要的。作为一个安全管理人员，应该积极创造条件，采用不同形式的安全激励方法，形成人的内部激励的环境，同时也应有外部的鼓励和奖励，充分调动每位领导和职工的安全行为的自觉性和主动性。

思　考　题

2-1　与企业的其他管理相比，安全管理有哪些特点？

2-2　安全管理计划方法在企业生产过程中有什么作用？

2-3　企业生产过程中如何进行安全决策？

2-4　安全激励方法在企业管理中如何应用？

2-5　试举例说明安全控制方法的原理和应用。

3 安全管理模式

模式是事物或过程系统化、规范化的体系，它能简洁、明确地反映事物或过程的规律、因素及其关系，是系统科学的重要方法。安全管理模式是反映系统化、规范化安全管理的一种体系和方式。安全管理模式一般包含安全目标、原则、方法、过程和措施等因素。目前在职业安全卫生领域推行的一些现代管理模式具有如下特征：抓住企业事故预防工作的关键性矛盾和问题；强调决策者与管理者在职业安全卫生工作中的关键作用；提倡系统化、标准化、规范化的管理思想；强调全面、全员、全过程的安全管理；应用闭环、动态、反馈等系统论方法；推行目标管理、全面安全管理的对策；不但强调控制人行为的软环境，同时努力改善生产作业条件等硬环境。

3.1 宏观、综合的安全管理模式

3.1.1 美国：严格法律规管为主的安全管理体系

美国安全管理体系下，建筑业主施工安全管理活动均在严格、细致的法律法规监督下进行，政府安监部门在推动业主安全管理活动中处于主导地位，政府通过立法规定业主施工安全管理行为，并依法（如 OSHA 标准等）不定期检查和评价，对业主安全管理违规行为进行处罚或诉讼。业主的安全管理活动接受监督机构的监督，并将安全信息及时反馈给相关研究机构便于日后安全立法的修订，这种国家层面的业主施工安全管理体系如图 3.1 所示。

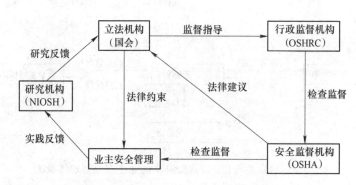

图 3.1 法律规管为主的业主安全管理体系图

3.1.2 英国：政府引导、业主自发参与为主的安全管理体系

英国安全管理体系以业主作为安全管理主体，政府相关部门和社会团体成立安全咨询或培训机构，通过政府政策引导，业主与安全咨询机构等建立合作关系，定期为建筑业主安全管理活动提供安全指导，保证业主安全管理活动适时、有效。这种合作是建立在业

主、政府和相关咨询机构有着共同安全承诺的基础之上的，如图3.2所示。

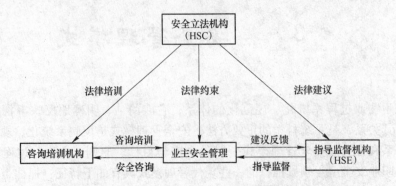

图3.2　政府引导、业主自发参与为主的安全管理体系图

3.1.3　中国香港：自发参与和法律规管并举的安全管理体系

　　建筑业主安全管理上，中国香港承袭了部分英国传统做法，在这种管理体系下，政府通过管理机制、激励性政策及民众参与安全监督来引导业主自发开展安全管理。同时政府也完善法律法规进行规管，从而规范业主面对市场的反应，从中筛选和淘汰不能适应严格安全法规的业主，引导能自觉管理安全的业主，推动其加强工程安全管理能力。可以说，这是一种"优胜劣汰"的体系，如图3.3所示。

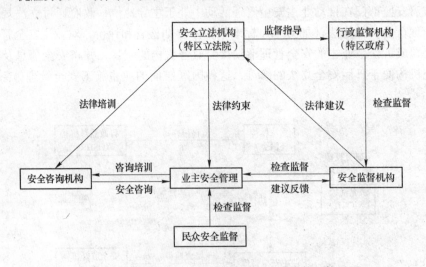

图3.3　自发参与和法律规管并举的业主安全管理体系图

3.1.4　中国内地：宏观与微观相匹配的安全管理体系

　　我国内地建筑业的安全管理模式分为国家层面的安全管理模式和微观层面的建筑业主管理模式，两类模式相互匹配，保证安全生产工作的顺利开展。
　　建筑业主的施工安全管理模式是在一定时期内指导业主安全工作的运行机制、组织机构、职能要求和安全管理措施的总称，通过施工安全管理模式化，使业主自身工作规范化、程序化，使安全管理有章可循、有据可依。建筑工程安全管理的系统化、规范化，需要在国家层面的业主安全管理体系下，形成以业主为核心，各方参与的安全管理模式，如图3.4所示，其中包括业主的安全管理模式、设计施工安全保证模式、监理安全监督模式。设计施工安全保证模式和监理安全监督模式应与业主的安全管理模式配合，以业主的安全目标为核心来建立。

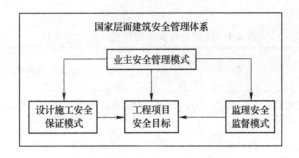

图3.4 业主与主要参建方的安全模式的关系

国家层面的建筑安全管理组织机构体系如图3.5所示。

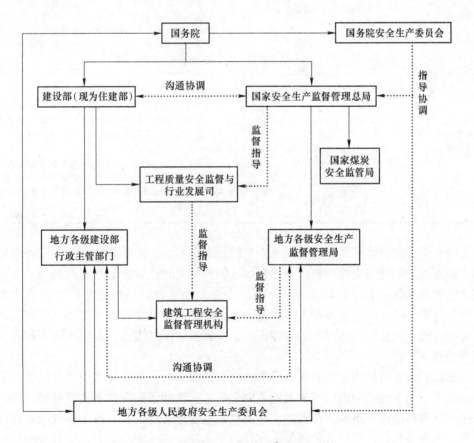

图3.5 我国建筑安全管理组织机构体系

3.2　企业安全管理模式

3.2.1　安全管理模式发展历程

　　我国的安全管理在不同的历史时期出现了不同的安全管理模式，按照其发展历程大致可以分为传统安全管理模式、对象型安全管理模式、过程型安全管理模式以及系统安全管理模式，如表 3.1 所示。

表 3.1　我国企业安全管理模式的发展历程

类　别	代表性安全管理模式	安全管理模式的特点
传统安全管理模式	事故管理模式；经验管理模式	吸收事故教训，避免同类事故再次发生；依靠个人的经验进行安全管理
对象型安全管理模式	"以人为中心"的管理模式；"以设备为中心"的管理模式；"以管理为中心"的管理模式	以纠正人的不安全行为作为安全管理工作的重点；以控制设备的不安全状态作为安全管理工作的重点；把完善作业过程中的管理缺陷作为管理工作的重点
过程型安全管理模式	"0123"管理模式；NOSA（National Occupational Safety Association）模式	以零事故为目标，以一把手负责制为核心的安全生产责任制为保证，以标准化作业、安全标准化班组建设为基础，以全员教育、全面管理、全线预防为对策；以系统工程的理论综合管理安全、健康和环保，将安全、健康、环保 3 个方面的风险管理理论科学地融入到安全管理单元和要素中，对每一个单元进行风险管理，并评选出管理水平所对应的等级
系统安全管理模式	HSE（Health，Safety and Environment Management）模式；OHSMS（Occupational Health and Safety Management System）模式	运用系统分析方法对企业经营活动的全过程进行全方位、系统化的风险分析，确定企业经营活动可能发生的危害和在健康、安全、环境等方面产生的后果，通过系统化的预防管理机制并采取有效的防范手段和控制措施消除各类事故隐患的管理方法；帮助企业建立一种能够实现自我约束的管理体系，旨在通过系统化的预防管理机制，推动企业尽快进入自我约束阶段，最大限度地减少各种工伤事故和职业疾病隐患，减少事故发生率

　　传统安全管理模式是从已经出现的安全问题本身出发，依靠总结经验教训得出安全管理的方式方法。传统安全管理模式主要有事故管理模式和经验管理模式两种。其中事故管理模式主要是靠吸取事故教训为主，从事故中总结经验教训从而避免同类事故的再次发生。而经验管理模式则是依靠个人的经验管理，定性的概率比较多，靠直觉凭感觉处理问题。传统管理模式是被动的静态的管理模式，没有抓住信息流这一企业的管理核心，反馈渠道不畅通。

　　对象型安全管理模式是随着人们对事故分析的深入，安全管理者们对事故进行了更加深入的研究，将事故的原因归结为人的不安全行为、物的不安全状态和不良环境等。于是就产生了从事故原因入手的、带有侧重点的对象型安全管理模式。由于环境因素往往很偶然，非人力所能控制，所以人们将关注点投向了人和物的不安全管理因素和管理缺陷。这样，以人为中心的安全管理模式，以设备为中心的安全管理模式就成为这一安全管理模式的主要代表。

过程型安全管理模式：随着社会工业化的发展，产生了城市轨道交通、核工业、矿山等复杂的系统。对于复杂系统，完全依靠设备的可靠性，还不足以杜绝事故的发生，直接影响设备可靠性和人的可靠性的管理因素，已成为导致复杂管理系统事故发生的最根本原因。因此人们开始注重管理的作用，过程型安全管理模式由此产生。

系统化的企业安全管理是以系统安全思想为基础，从企业的整体出发，把管理重点放在事故预防的整体效应上，实行全员、全过程、全方位的安全管理，使企业达到最佳安全状态。加之戴明管理理论使安全管理者们摒弃了事后管理与处理的方法，采取积极的预防措施，安全管理模式就这样迈向了一个新的台阶，进入了系统安全管理阶段。

3.2.2 不同安全管理模式的风险控制水平比较

传统安全管理模式对危险源实行微观控制的要求，事故隐患没有被及时发现和整改，因而风险控制水平低，事故隐患易演变为事故。对象型的安全管理模式在预防事故时以偏概全，难免顾此失彼。过程型安全管理模式针对作业过程中存在的管理缺陷，在一定程度上综合考虑了人、机、环境系统，较大地提高了安全管理的效率，但这种模式还没有建立自我约束、自我完善的安全管理长效机制。系统安全管理模式摒弃了传统的事后管理与处理的做法，采取积极的预防措施，根据管理学的原理，为用人单位建立一个动态循环的管理过程框架。如 OHSMS 模式以危害辨识、风险评价和风险控制为动力，循环运行，建立起不断改善、持续进步的安全管理模式，通过这种模式可以将风险极大程度地降低。风险控制是各种安全管理模式的核心内容，表 3.2 对不同安全管理模式的风险控制水平进行了比较。

表 3.2　不同安全管理模式的风险控制水平比较

类　别	风险控制范围	风险分类标准	风险控制措施	控制结果
传统安全管理模式	对事故管理为管理重点	无	个体防护	不安全
对象型安全管理模式	以作业过程中的人或物等为重点	按风险属性分类	个体防护、管理控制	局部安全
过程型安全管理模式	全过程、全环境	按风险大小分类	个体防护、管理控制、工程技术控制	过程安全
系统安全管理模式	对企业经营活动的全过程进行全方位、系统化的风险分析	按风险是否可以接受分类	建立风险优先控制顺序	系统安全

3.3　职业安全健康管理体系 （OHSMS）

3.3.1　OHSMS 的管理理论基础

ISO9000 质量管理体系、ISO1400 环境管理体系和 OHSNS 系列国际标准，都采用了最早用于质量管理的戴明管理理论和运行模型。戴明是美国质量管理专家，他把全面质量管理工作作为一个完整的管理过程，分解为前后相关的 P、D、C、A 四个阶段，即：P

(Planing)——计划阶段；D（Do）——实施阶段；C（Check）——检查阶段；A（Acting）——处理阶段。

3.3.1.1 PDCA 循环的内容

P 阶段——计划：要适应用户的要求和取得经济最佳效果和良好的社会效益为目标，通过调查、设计、试制、制定技术经济指标、质量目标、管理项目以及达到这些目标的具体措施和方法。

（1）分析现状，找出存在的质量问题，尽可能用数据来加以说明。

（2）分析产生影响质量的主要因素。

（3）针对影响质量的主要因素，制订改进计划，提出活动措施。一般要明确：为什么制订计划（Why）、预期达到什么目标（What），在哪里实施措施和计划（Where），由谁或哪个部门来执行（Who），何时开始何时完成（When），如何执行（How），即 5W1H。

（4）按照既定计划严格落实措施。运用系统图、箭条图、矩阵图、过程决策程序图等工具。

D 阶段——实施：将所制订的计划和措施付诸实施。

C 阶段——检查：对照计划，检查实施的情况和效果，及时发现实施过程中的经验和问题。根据计划要求，检查实际实施的结果，看是否达到了预期效果。可采用直方图、控制图，过程决策程序图以及调查表、抽样检验等工具。

A 阶段——处理：根据检验结果，把成功的经验纳入标准，以巩固成绩；总结失败的教训或不足之处，找出差距，转入下一循环，以利改进。

（1）根据检查结果进行总结，把成功的经验和失败的教训都纳入标准、制度或规定以巩固已取得的成绩。

（2）提出这一循环尚未解决的问题，将其纳入下一次 PDCA 循环中去。

3.3.1.2 PDCA 循环的特点

（1）科学性。PDCA 循环符合管理过程的运转规律，是在准确可靠的数据资料基础上，采用数理统计方法，通过分析和处理工作过程中的问题而运转的。

（2）系统性。在 PDCA 循环过程中，大环套小环，环环紧扣，把前后各项工作紧密结合起来，形成一个系统。在质量保证体系，以及 OHSMS 中，整个企业的管理构成一个大环，而各部门都有自己的控制循环，直至落实到生产班组及个人。上一级循环是下一级循环的根据，下一级循环是上一级循环的组成和保证。于是在管理体系中大环套小环、小环保大环、一环扣一环，都朝着管理的目标方向转动，形成相互促进、共同提高的良性循环。

（3）彻底性。PDCA 循环每转动一次，必须解决一定的问题，提高一步；遗留问题和新出现问题在下一次循环中加以解决，再转动一次，再提高一步。循环不止，不断提高。

3.3.2 OHSMS 的要素

职业健康安全管理体系（OHSMS）是 20 世纪 80 年代后期在国际上兴起的现代安全生产管理模式，它与 ISO9000 和 ISO14000 等标准体系一并被称为"后工业化时代的管理方法"。职业健康安全管理体系产生的主要原因是企业自身发展的要求。随着企业规模扩大和生产集约化程度的提高，对企业的质量管理和经营模式提出了更高的要求。企业必须采用现代化的管理模式，使包括安全生产管理在内的所有生产经营活动科学化、规范化和法制化。

1999 年，英国标准协会（BSI）、挪威船级社（DNV）等 13 个组织提出了职业健康安全评价系列（OHSAS）标准，即《职业健康安全管理体系—规范》（OHSAS18001）、《职业健康安全管理体系—实施指南》（OHSAS18002）。

2001 年 11 月 12 日，国家质量监督检验检疫总局正式颁布了《职业健康安全管理体系规范》，自 2002 年 1 月 1 日起实施，代码为 GB/T 28001—2001，属推荐性国家标准，该标准与 OHSAS18001 内容基本一致。2011 年对该标准进行了修订，最新版为 GB/T 28001—2011。

《职业健康安全管理体系规范》主要包括三个部分：第一部分是范围，是对标准的意义、适用范围和目的作概要性陈述；第二部分是术语和定义，对涉及的主要术语进行了定义；第三部分是 OHSMS 要素，具体涉及 21 个基本要素（6 个一级要素，15 个二级要素），这一部分是 OHSMS 试行标准的核心内容。表 3.3 列出了要素的条目。

表 3.3　OHSMS 要素

一 级 要 素	二 级 要 素
总要求	—
职业健康安全方针	—
策划	危险源辨识、风险评价和控制措施的确定；法律法规和其他要求；目标和方案
实施与运行	资源、作用、职责、责任和权限；能力、培训和意识；沟通、参与和协商；文件；文件控制；运行控制；应急准备和响应
检查	绩效测量和监视；合规性评价；事件调查、不符合、纠正措施和预防措施；记录控制；内部审核
管理评审	

OHSMS 的基本思想是实现体系持续改进，通过周而复始地进行"计划、实施、监测、评审"活动，使体系功能不断加强。它要求组织在实施 OHSMS 时始终保持持续改进的意识，结合自身管理状况对体系进行不断修正和完善，最终实现预防和控制事故、职业病及其他损失事件的目的。

一个企业或组织的职业健康安全方针体现了组织开展职业健康安全管理的基本原则，它体现了组织实现风险控制的总体职业健康安全目标。

危险源辨识、风险评价和风险控制策划，使企业或组织通过职业健康安全管理体系的运行，实行风险控制的开端。组织应遵守的职业健康安全卫生法律、法规及其他要求，为组织开展职业健康安全管理、实现良好的职业安全卫生绩效，指明了基本行为方向。职业健康安全目标旨在实现它的管理方案，是企业降低其职业健康安全风险、实现职业健康安全绩效持续改进的途径和保证。

明确企业和组织内部管理机构和成员的职业健康安全职责，是组织成功运行职业健康安全管理体系的根本保证。搞好职业健康安全工作，需要组织内部全体人员具备充分的意识和能力，而这种意识和能力需要适当的教育、培训和经历来获得及判定。组织保持与内部员工和相关方的职业健康安全信息交流，是确保职业健康安全管理体系持续适用性、充分性和有效性的重要方面。对职业健康安全管理体系实行必要的文件化及对文件进行控制，也是保证体系有效运行的必要条件。对组织存在的危险源所带来的风险，除通过目标、管理方案进行持续改进外，还要通过文件化的运行控制程序或应急准备与响应程序来进行控制，以保证组织全面的风险控制和取得良好的职业健康安全绩效。

对组织的职业健康安全行为要保持经常化的监测，这其中包括组织遵守法规情况的监测，以及职业健康安全绩效方面的监测。对于所产生的事故、不符合要求的事件，组织要及时纠正，并采取预防措施。良好的职业健康安全记录和记录管理，也是组织职业健康安全管理体系有效运行的必要条件。职业安全卫生管理体系审核的目的是，检查职业安全卫生管理体系是否得到了安全的实施和保持，它为进一步改进职业健康安全管理体系提供了依据。管理评审是组织的最高管理者，对职业健康安全管理体系所做的定期评审，目的是确保体系的持续适用性、充分性和有效性，最终达到持续改进的目的。OHSMS 的特征有：系统性特征；先进性特征；动态性特征；预防性特征；全过程控制特征。OHSMS 的运行特点有：体系实施的起点是领导的承诺和重视；体系实施的核心是持续改进；体系实施的重点是作业风险防范，体系实施的准绳是法律、法规、标准和相关要求；体系实施的关键是过程控制；体系实施的依据是程序化、文件化管理；综合管理与一体化特征；功能特征。

3.4 HSE 管理体系的要素

HSE 是健康、安全、环境管理模式的简称，起源于壳牌石油公司为代表的国际石油行业。为了有效地推动我国石油天然气工业的职业安全卫生管理体系工作，使健康、安全、环境的管理模式符合国际通行的惯例，提高石油工业生产与健康、安全、环境管理水平，提高国内石油企业在国际上的竞争能力。我国 1997 年 6 月 27 日颁布了《石油天然气工业职业安全卫生管理体系》（SY/T 6276—1997）标准。使 HSE 管理模式在我国的石油天然气行业得到推广，同时也对我国各行业的工业安全管理产生影响。HSE 管理模式是一项关于企业内部职业安全卫生管理体系的建立、实施与审核的通用性管理模式。主要用于各种组织通过经常化和规范化的管理活动实现健康、安全与环境管理的目标，目的在于指导、组织、建立和维护一个符合要求的职业安全卫生管理体系，再通过不断的评价、评审和体系审核活动，推动这个体系的有效运行，达到职业安全卫生管理水平不断提高的目的。HSE 管理模式既是组织建立和维护职业安全卫生管理体系的指南，又是进行职业安全卫生管理体系审核的规范及标准，体系由 7 个一级要素和 25 个二级要素构成（见表 3.4）。

表 3.4 HSE 管理体系的要素

一 级 要 素	二 级 要 素
领导和承诺	
方针和战略目标	
组织机构、资源和文件	组织结构和职责；管理代表；资源；能力；承包方；信息交流；文件及其控制
评价和风险管理	危害和影响的确定；建立判别准则；评价；建立说明危害和影响的文件；具体目标和表现准则；风险削减措施
规划（策划）	设施的完整性；程序和工作指南；变更管理；应急反应计划
实施和监测	活动和任务；监测；记录；不符合及纠正措施；事故报告；事故调查处理文件
审核和评审	审核；评审

3.5 典型企业安全管理模式

3.5.1 国外典型企业安全管理模式

（1）壳牌公司的 HSE 管理体系。荷兰壳牌公司集团（以下简称"壳牌公司"）是世界上四大石油跨国公司之一，该公司拥有员工大约 43000 人。1984 年以前尽管也重视 HSE 管理，但效果不佳，后来该公司学习了美国杜邦公司先进的 HSE 管理经验，分析了以前 HSE 管理效果差的原因，吸取教训，取得了明显的成效。目前，该公司的 HSE 管理水平堪称世界一流，在中国境内的分支机构，HSE 管理方面的要求最为严格。

（2）挪威国家石油公司的"零"思维模式。挪威国家石油公司是属于挪威国家所有的公司，现有员工 18000 人，拥有 120 名 HSE 专家，HSE 部门是一个咨询机构，具有一定的独立性。在 HSE 管理方面，挪威国家石油公司采取"零"思维模式，即"零事故、零伤害、零损失"，并将其置于挪威国家石油公司企业文化的显著位置。"零事故、零伤害、零损失"的意思是：无伤害、无职业病、无废气排放、无火灾或气体泄漏、无财产损失。由以上事故造成的意外伤害和损失是完全不允许的，所有事故和伤害都是可以避免的，所以，公司不会给任何一个部门发生这些事故的"限额"或"预算"的余地。

（3）斯伦贝谢的 QHSE 管理体系。斯伦贝谢（Schlumberger）公司是全球最大的油田技术服务公司。一个好的管理体系不该将质量、健康、安全和环境分割，而是把这几项内容融入到每天的商业活动中。斯伦贝谢相信其综合的、可行的 QHSE 管理体系融合到生产线中是一个"最好的商业实践"。一个好的 QHSE 管理体系通过预先找到问题并采取措施预防问题来降低风险。而一个极好的 QHSE 管理体系可以创造价值并带来增长，这是通过认可新的商务机会、实施持续的改进和有创造性的解决办法来达到的。

（4）埃克森美孚公司整体运作管理体系（OIMS）。埃克森美孚公司是世界上最大的跨国石油公司之一，总部设在美国得克萨斯州爱文市，是世界第一大炼油商、润滑油基础油生产商及成品润滑油的主要生产商。20 世纪 90 年代中期，公司采用 OIMS 以后，埃克森美孚公司的事故发生率锐减。OIMS 的 4 项指导原则是安全原则、健康原则、环保原则和产品安全原则，该体系使用"事故时间损耗率（Lost‐Time Incident Rate）"这一指标来评估员工的安全生产，考察的对象是员工因工作导致的疾病和工伤所耽误的工时，评估的基准是 20 万个工时，相当于 100 名员工每周工作 40 小时、持续工作一年。2000 年以来，埃克森美孚公司的事故时间损耗率平均每年下降 22% 左右，可见该指标在事故管理和控制方面是非常科学和有效的。埃克森美孚公司还有一套适用于紧急情况的应急管理体系（Security Management System），该系统更注重于在社会震荡等不可抗拒事件发生时，在恶劣环境下保护企业生产设备和工作人员人身安全。

（5）雪佛龙公司环境和社会影响评估管理体系（ESIA）。雪佛龙公司是美国第二大石油公司，也是最具国际竞争力的大型能源公司之一，总部设在美国加利福尼亚州旧金山市，业务遍及全球 180 个国家和地区。ESIA 管理体系是雪佛龙公司 HSE 管理体系的重要特色。ESIA 程序被用来预测和评价新项目的潜在环保风险，以及项目公司如何采取管理措施来削减和控制危害。当有特殊法律要求或在环保问题敏感地带动工时，雪佛龙公司都会采用 ESIA 程序。通常情况下，下属分公司在 ESIA 中的表现将成为政府机构、当地社区和公司股东决定项目审批的关键。2002 年，雪佛龙公司在尼日利亚德尔塔州的 Escravos 液化气设备项目和西非天然气管线项目中就采用了 ESIA 程序，由于事先对可能出现的环保问题进行了预测和评价，使得项目设计得到了及时的修正，承包商也被要求预先提出解决方案，从而避免了可能出现的负面影响。

(6) BP 公司的安全黄金定律。BP 公司是世界上最大的石油石化公司之一，总部设在英国伦敦，BP 公司的近 11 万名员工遍布全世界，在百余个国家从事生产和经营活动。BP 公司把环保理念作为公司核心价值观的 4 个方面之一，生产经营过程的每一个环节都充分考虑环保。BP 公司的 HSE 基本理念是不发生事故，不造成人员伤害，不破坏环境。BP 公司承诺：不管在何处，为 BP 工作的每一个人都有责任做好 HSE 工作。优良的 HSE 业绩，全体员工的健康劳动和人身安全，与企业的成功息息相关。BP 公司的 HSE 管理体系包括了详细的安全操作手册，其中最重要的内容就是其"安全黄金定律"，黄金定律涵盖了以下 8 个方面：工作许可、高空作业、能源隔离、受限空间作业、吊运操作、变更管理、车辆安全和动土工程。黄金定律能够提供最基本的安全指导，包括作业过程中可能存在的风险及相应的防范措施，必需的检查事项，以及从长期实践中提炼出的推荐做法等，BP 公司要求每一位员工都要熟知其黄金定律，并且随时随地坚持高标准地遵循这些定律。

(7) 日本 5S 管理体系。5S 起源于日本，是指在生产现场中对人员、机械、材料、方法等生产要素进行有效的管理，这是日本企业独特的一种管理办法。5S 是日文 SEIRI（整理）、SEITON（整顿）、SEISO（清扫）、SEIKETSU（清洁）、SHITSUKE（素养）这五个单词的统称。

1）整理（SEIRI）。整理就是把要与不要的东西彻底分开，它是改善生产现场的第一步。要的东西摆在指定位置挂牌明示，实行目标管理；不要的东西则坚决处理掉。这些被处理掉的东西包括原辅材料、半成品和成品、设备仪器、工模夹具、管理文件、表册单据等。整理的目的是：改善和增加作业面积；现场无杂物，行道通畅，提高工作效率；减少磕碰的机会，保障安全，提高质量；消除管理上的混放、混料等差错事故；有利于最大限度地减少库存，节约资金；改变作风，提高工作情绪。

2）整顿（SEITON）。整顿就是人和物放置方法的标准化，是研究提高效率方面的科学。整顿的关键是做到定位、定品、定量，除必需物品放在能够立即取到的位置外，一切乱堆乱放、暂时不需放置而又无特别说明的东西，均应受到现场管理的责任追究。抓住了这三个要点，就可以制作看版，做到目视管理，从而提炼出适合本企业的东西放置方法，进而使该方法标准化。整顿的目的是建立快速的流程系统，并严格遵照执行。

3）清扫（SEISO）。就是将工作场所、环境、仪器设备、材料、工模夹量具等的灰尘、污垢、碎屑、泥砂等脏东西清扫抹拭干净，设备异常时马上维修，使之恢复正常。创造一个一尘不染的环境，所有人员都应一起来执行这个工作。清扫活动的重点是必须确定清扫对象、清扫人员、清扫方法，准备清扫器具，实施清扫步骤，并且定期实施。

4）清洁（SEIKETSU）。清洁就是在整理、整顿、清扫之后的日常维持活动，即形成制度和习惯。清洁，是对前三项活动的坚持和深入。这一管理手段要求每位员工随时检讨和确认自己的工作区域内有无不良现象。清洁活动的目的是：作业环境不仅要整齐，而且要做到清洁卫生，保证工人身体健康，提高工人劳动热情；不仅物品要清洁，而且工人本身也要做到清洁，如工作服要清洁，仪表要整洁；工人不仅要做到形体上的清洁，而且要做到精神上的"清洁"，待人要讲礼貌、要尊重别人；要使环境不受污染，进一步消除混浊的空气、粉尘、噪声和污染源，消灭职业病。

5）素养（SHITSUKE）。素养就是提高人的素质，就是养成严格执行各种规章制度、工作程序和各项作业标准的良好习惯和作风，培养全体员工良好组织纪律和敬业精神，这是活动的核心。没有人员素质的提高，各项活动就不能顺利开展，开展了也坚持不了，所以抓管理，要始终着眼于提高人员的素质。每一位员工都应该自觉养成遵守规章制度、工作纪律的习惯，努力创造一个具有良好氛围的工作场所。管理始于素质，也终于素质。

3.5.2 国内典型企业安全管理模式

国内企业集团对安全管理都相当重视，尤其是石油、化工、电力、冶金、煤炭等行业更是视其为企业生存的根本。各企业在长期的安全管理工作实践中都摸索出了一系列行之有效的管理办法，形成了一套自己的安全管理模式。下面就对这些安全管理模式作简要介绍和分析。

（1）金川"五阶段"安全文化管控集成模式。2009 年，金川集团研究构建了金川"五阶段"安全文化管控集成模式。将人、机、环、管理四要素本质安全化程度、匹配化程度和管控程度或可控程度分成五级，按"五阶段"建设而形成了一套安全思维和安全行为模式，简称金川模式。

金川模式由企业安全文化四层次 4 个"五阶段"、五大专业化安全管控匹配化 5 个"五阶段"和风险管控 4 个"五阶段"共 13 个"五阶段"构成，目标主要是提升管控级别，降低伤害程度，实现零伤害。13 个模块分别是安全理念文化创建模块、安全制度文化创建模块、安全物质文化创建模块、安全行为文化创建模块、生产组织安全管控匹配化建设模块、设备设施安全管控匹配化建设模块、工艺系统安全管控匹配化建设模块、员工塑培模块、项目建设安全管控匹配化建设模块、人机环匹配化建设模块、安全标准化建设模块、零伤害创建模块、关键要害岗位管控模块。

（2）中国石油的 HSE 管理体系。整体框架可以概括为：一个上下保持一致的 HSE 承诺；一套 HSE 标准；追求"零事故、零伤害、零污染"的总体目标。

中国石油 HSE 管理通过多年运行逐渐形成了两大特色：一是两个层面的运行模式，HSE 管理方案和 HSE "两书一表"；二是监管两条线的执行模式，管理、监督相对分离的 HSE 监督机制。通过几年来的探索与实践，中国石油的 HSE 管理体系实现了从"文件化管理"到"风险管理"，又从风险管理上升为自我约束、自己设定目标和自我持续改进的"卓越管理"。中国石油目前在中国石油网上专门开辟了 HSE 专栏，对外公布中国石油的 HSE 承诺、方针和目标，加强内外部的信息交流，同时逐步落实与国际接轨的 KPIs 考核机制，在原来试点推行百万工时统计基础上，对国外业务、主要生产和技术服务队伍以及采取项目运作管理方式的单位，按照国际接轨的业绩指标进行统计和考核。

（3）中国石化的 HSE 管理体系。中国石化于 1998 年建立 HSE 管理体系。2001 年 4 月 4 日，中国石化向全社会发布 HSE 标准，并在中国石化系统内部进行推广运用。中国石化在体系整合、工艺安全管理和行为安全管理方面做了大量研究，目前正在实施"我要安全"活动。

1）体系整合。目前世界上存在着多个管理体系标准，如国际标准化组织的9000质量管理体系、14000环境管理体系，另外还有HSE管理体系和一些国家及地区制定的职业健康和安全管理体系。这些管理体系在促进企业质量、健康、安全与环境等方面规范化管理中的确起了很好的作用。但多体系的存在也产生了一些问题，因为这些体系相互平行，各司其职。不同体系的文件实施方法和审核过程互有差异，这不但给体系的运行带来许多困难，而且也降低了体系应有的作用。通过对体系进行整合，能为企业建立一体化的质量、健康、安全与环境（QHSE）管理体系，集中为质量、健康、安全与环境管理4个方面配置资源，降低生产成本；使工作更加系统化、规范化，持续改进企业的生产业绩。

2）工艺安全管理和行为安全管理的研究。工艺安全危害可能导致重大的危险物质泄漏和/或火灾爆炸事故，具有灾难性的后果，会造成更多的人员伤亡，大量的经济、财产损失和环境损害。建立工艺安全管理系统，能够有效预防事故发生。目前中国石化的工艺安全管理研究主要侧重装置开停车、工艺危害分析、装置的检维修等方面的研究。行为安全管理的研究主要侧重深化承包商的管理、推行"我要安全"主题活动等。中国石化安全工程研究院为"我要安全"活动编写教材（我要安全活动教材）、提供一个指南（我要安全指南）和策划3个具体工具（说出心里话、安全五分钟、HSE观察），为"我要安全"活动提供技术支撑。

（4）宝钢集团的"FPBTC"安全管理模式。宝钢集团的安全管理模式是在吸收了日本新日铁公司和国内外安全管理有关经验的基础上，结合自身的实践和对安全工作的研究，取得发展后初步定型的。

该模式简写为"FPBTC"，其具体含义是：F，First aim（一流目标）；P，Two Pillars（二根支柱）；B，Three Bases（三个基础）；T，Total Control（四全管理）；C，Counter measure（五项对策）。一流目标即事故数为零；二根支柱即以生产线自主安全管理，安全生产质量一体化管理为支柱；三个基础即以安全标准化作业、作业长为中心的班组建设、设备点检定修为基础；"四全"管理即全员、全面、全过程、全方位的管理；五项对策即综合安全管理、安全检查、危险源评价与检测、安全信息网络、现代化管理方法。

（5）葛洲坝电厂的"0—四"安全管理模式。葛洲坝电厂年发电量157亿千瓦时，是我国目前最大的水力发电基地。葛洲坝电厂针对"冬修、夏防、常年管"的生产特点，在实践中不断摸索总结经验教训，最后确立了一套可行的安全生产管理模式，即"0—四"安全生产管理模式。

"0—四"安全管理模式的主要内容："0"，以0事故为目标（0事故）；"一"，以一把手为核心的安全生产责任制作保证（一把手）；"四"，以严防、严管、严查、严教为手段（四严）。

（6）辽河集团的"0342"安全管理模式。辽河集团在全公司范围内坚持开展以安全管理工作大学习、大讨论、大检查、大整改、大验收为主要内容的各项活动，不断探索安全工作思路和新方法，从而初步形成了一套完整的基本切合本企业实际的安全生产管理方法，称为"0342"安全管理模式。

其主要内容如下："0"，规定了安全工作所要达到的目标，即重大人身伤亡事故为零，重大人为责任事故为零，重大火灾、爆炸事故为零，多人中毒窒息事故为零；"3"，规定了搞好安全生产的基本原则和工作方针，提出了安全工作要实行"三严"管理，即严格执行"安全第一、预防为主"的方针，严格执行安全生产规章制度和规程，严肃处理"三违"行为；"4"，明确了安全管理的基本思路和方法，即安全工作要实施"四个三"安全工程战略；"2"，明确了为确保"四个三"安全工程战略实施而采取的主要措施：即两抓两重的管理对策。具体是抓领导、重关键，抓基础、重落实。

（7）河南送变电建设公司"0457"安全管理模式。河南送变电建设公司是一家具有国家电力工程施工的电力基建施工企业。公司领导对安全工作的高度重视，采用了"0457"安全管理模式，对公司各个系统、各个专业进行全面的安全管理，使公司在13年多的时间里未发生死亡、重伤，重大机械设备、重大交通和重大火灾事故。"0457"安全管理模式的主要内容如下：

1）0事故的管理目标。0事故的管理目标即工伤死亡0目标；重伤事故0目标；重大设备事故0目标；重大交通事故0目标；重大火灾事故0目标。

2）4个系统的管理对象。公司根据安全管理的全面性原则，针对管理的对象分成4个序列。

① 全员序列，包括公司所属的所有员工，也包括民工、临时工、合同工。

② 全过程序列，对于施工生产的全过程，始终以先进的技术手段来保障安全。

③ 全方位序列，包括整个作业空间范畴。

④ 全天候序列，包括整个作业时间范畴。通过以上4个序列，从人员、技术保障、空间、时间等各个方面对作业进行全面的、系统的安全管理，不留任何死角。

3）5项管理基础体系。公司根据企业的性质和特点，制定了5项管理基础体系。

① 安全生产责任制体系。公司制定了从经理到最基层员工的安全生产职责。

② 安全规章制度体系。包括国家颁布、本公司使用的各专业安全操作规程、职业安全健康和环境管理体系的要求及公司制定的安全规章制度等。

③ 安全教育培训体系。建立了从公司经理到最基层操作人员及民工、临时工、合同工的教育培训制度。对教育培训实行动态管理，及时更新教育培训内容。

④ 设备维护整改体系。为确保机械设备安全运行，公司制定了机械设备运行维护整改制度。

⑤ 事故应急抢救体系。公司制定了针对性很强的事故应急预案、事故应急抢救体系，确保一旦出现事故，将损失降低到最低水平。

4）7种管理方法。

①安全检查法；②危险预知预控法；③现场定置管理法；④班组安全活动法；⑤安全奖罚法；⑥标准化建设法；⑦三点控制法。

思 考 题

3-1　简述什么是安全管理模式？

3-2　举例简述不同国家的安全管理模式的特点。

3-3　简述我国安全管理模式的发展历程?

3-4　请比较不同安全管理模式类型的风险控制水平?

3-5　PDCA 循环的内容具体指什么?

3-6　简述 PDCA 循环的特点。

3-7　OHSMS 的要素有哪些?

3-8　HSE 管理体系的要素有哪些?

3-9　日本 5S 管理的具体内容是什么?

3-10　金川模式的 13 模块的内容是什么?

4 职业病管理与工伤保险

4.1 职业病危害因素与职业病管理

4.1.1 职业病危害的基本概念

4.1.1.1 基本概念

（1）职业病。职业病是指企业、事业单位和个体经济组织等（以下统称用人单位）的劳动者在职业活动中，因接触粉尘、放射性物质和其他有毒、有害物质等因素而引起的疾病。

（2）职业病危害因素。职业病危害因素是指对从事职业活动的劳动者可能导致职业病的各种危害。职业病危害因素包括：职业活动中存在的各种有害的化学、物理、生物因素以及在作业过程中产生的其他职业有害因素。

（3）职业禁忌证。职业禁忌证是指劳动者从事特定职业或者接触特定职业病危害因素时，比一般职业人群更易于遭受职业病危害和罹患职业病或者可能导致原有自身疾病病情加重，或者在从事作业过程中诱发可能导致对他人生命健康构成危险的疾病的个人特殊生理或者病理状态。

4.1.1.2 职业病分类和目录

2013 年 12 月 23 日，国家卫生计生委、人力资源社会保障部、安全监管总局、全国总工会 4 部门联合印发《职业病分类和目录》。该《分类和目录》将职业病分为职业性尘肺病及其他呼吸系统疾病、职业性皮肤病、职业性眼病、职业性耳鼻喉口腔疾病、职业性化学中毒、物理因素所致职业病、职业性放射性疾病、职业性传染病、职业性肿瘤、其他职业病 10 类 132 种。《职业病分类和目录》自印发之日起施行。2002 年 4 月 18 日原卫生部和原劳动保障部联合印发的《职业病目录》予以废止。新的职业病目录见表 4.1。

表 4.1 职业病目录（2013）

职业病类别		种 类
一、职业性尘肺病及其他呼吸系统疾病	（一）尘肺病	1. 硅肺；2. 煤工尘肺；3. 石墨尘肺；4. 炭黑尘肺；5. 石棉肺；6. 滑石尘肺；7. 水泥尘肺；8. 云母尘肺；9. 陶工尘肺；10. 铝尘肺；11. 电焊工尘肺；12. 铸工尘肺；13. 根据《尘肺病诊断标准》和《尘肺病理诊断标准》可以诊断的其他尘肺病
	（二）其他呼吸系统疾病	1. 过敏性肺炎；2. 棉尘病；3. 哮喘；4. 金属及其化合物粉尘肺沉着病（锡、铁、锑、钡及其化合物等）；5. 刺激性化学物所致慢性阻塞性肺疾病；6. 硬金属肺病
二、职业性皮肤病		1. 接触性皮炎；2. 光接触性皮炎；3. 电光性皮炎；4. 黑变病；5. 痤疮；6. 溃疡；7. 化学性皮肤灼伤；8. 白斑；9. 根据《职业性皮肤病诊断标准（总则）》可以诊断的其他职业性皮肤病

续表4.1

职 业 病 类 别	种　　　类
三、职业性眼病	1. 化学性眼部灼伤；2. 电光性眼炎；3. 白内障（含放射性白内障、三硝基甲苯白内障）
四、职业性耳鼻喉口腔疾病	1. 噪声聋；2. 铬鼻病；3. 牙酸蚀病；4. 爆震聋
五、职业性化学中毒	1. 铅及其化合物中毒（不包括四乙基铅）；2. 汞及其化合物中毒；3. 锰及其化合物中毒；4. 镉及其化合物中毒；5. 铍病；6. 铊及其化合物中毒；7. 钡及其化合物中毒；8. 钒及其化合物中毒；9. 磷及其化合物中毒；10. 砷及其化合物中毒；11. 铀及其化合物中毒；12. 砷化氢中毒；13. 氯气中毒；14. 二氧化硫中毒；15. 光气中毒；16. 氨中毒；17. 偏二甲基肼中毒；18. 氮氧化合物中毒；19. 一氧化碳中毒；20. 二硫化碳中毒；21. 硫化氢中毒；22. 磷化氢、磷化锌、磷化铝中毒；23. 氟及其无机化合物中毒；24. 氰及腈类化合物中毒；25. 四乙基铅中毒；26. 有机锡中毒；27. 羰基镍中毒；28. 苯中毒；29. 甲苯中毒；30. 二甲苯中毒；31. 正己烷中毒；32. 汽油中毒；33. 一甲胺中毒；34. 有机氟聚合物单体及其热裂解物中毒；35. 二氯乙烷中毒；36. 四氯化碳中毒；37. 氯乙烯中毒；38. 三氯乙烯中毒；39. 氯丙烯中毒；40. 氯丁二烯中毒；41. 苯的氨基及硝基化合物（不包括三硝基甲苯）中毒；42. 三硝基甲苯中毒；43. 甲醇中毒；44. 酚中毒；45. 五氯酚（钠）中毒；46. 甲醛中毒；47. 硫酸二甲酯中毒；48. 丙烯酰胺中毒；49. 二甲基甲酰胺中毒；50. 有机磷中毒；51. 氨基甲酸酯类中毒；52. 杀虫脒中毒；53. 溴甲烷中毒；54. 拟除虫菊酯类中毒；55. 铟及其化合物中毒；56. 溴丙烷中毒；57. 碘甲烷中毒；58. 氯乙酸中毒；59. 环氧乙烷中毒；60. 上述条目未提及的与职业有害因素接触之间存在直接因果联系的其他化学中毒
六、物理因素所致职业病	1. 中暑；2. 减压病；3. 高原病；4. 航空病；5. 手臂振动病；6. 激光所致眼（角膜、晶状体、视网膜）损伤；7. 冻伤
七、职业性放射性疾病	1. 外照射急性放射病；2. 外照射亚急性放射病；3. 外照射慢性放射病；4. 内照射放射病；5. 放射性皮肤疾病；6. 放射性肿瘤（含矿工高氡暴露所致肺癌）；7. 放射性骨损伤；8. 放射性甲状腺疾病；9. 放射性性腺疾病；10. 放射复合伤；11. 根据《职业性放射性疾病诊断标准（总则）》可以诊断的其他放射性损伤
八、职业性传染病	1. 炭疽；2. 森林脑炎；3. 布鲁氏菌病；4. 艾滋病（限于医疗卫生人员及人民警察）；5. 莱姆病
九、职业性肿瘤	1. 石棉所致肺癌、间皮瘤；2. 联苯胺所致膀胱癌；3. 苯所致白血病；4. 氯甲醚、双氯甲醚所致肺癌；5. 砷及其化合物所致肺癌、皮肤癌；6. 氯乙烯所致肝血管肉瘤；7. 焦炉逸散物所致肺癌；8. 六价铬化合物所致肺癌；9. 毛沸石所致肺癌、胸膜间皮瘤；10. 煤焦油、煤焦油沥青、石油沥青所致皮肤癌；11. β-萘胺所致膀胱癌
十、其他职业病	1. 金属烟热；2. 滑囊炎（限于井下工人）；3. 股静脉血栓综合征、股动脉闭塞症或淋巴管闭塞症（限于刮研作业人员）

4.1.2　建筑行业职业病危害因素

4.1.2.1　建筑行业职业病危害因素的特点

建筑行业作为我国国民经济的支柱产业之一，为推动国民经济增长和社会全面发展发挥了重要作用。但是建筑行业的职业病危害问题也很突出，建筑行业涉及的职业病危害因素种类繁多、复杂，几乎涵盖所有类型的职业病危害因素。相当多的建筑施工人员在环境恶劣的施工场所工作，接触各种有毒有害物质对建筑施工人员的身心健康造成较大影响，也不利于经济的可持续发展。

建筑行业职业病危害因素既有施工工艺产生的危害因素，也有自然环境、施工环境产生的危害因素，还有施工过程产生的危害因素。既存在粉尘、噪声、放射性物质和其他有毒有害物质等的危害，也存在高处作业、密闭空间作业、高温作业、低温作业、高原（低气压）作业、水下（高压）作业等产生的危害，劳动强度大、劳动时间长的危害也相当突出。一个施工现场往往同时存在多种职业病危害因素，不同施工过程存在不同的职业病危害因素（见4.1.2.2节）。

另外职业病危害防护难度大。建筑施工工程类型有房屋建筑工程、市政基础设施工程、交通工程、通信工程、水利工程、铁道工程、冶金工程、电力工程、港湾工程等；建筑施工地点可以是高原、海洋、水下，室外、室内、箱体，城市、农村、荒原、疫区，小范围的作业点、长距离的施工线等；作业方式有挖方、掘进、爆破、砌筑、电焊、抹灰、油漆、喷砂除锈、拆除和翻修等，有机械施工，也有人工施工等。施工工程和施工地点的多样化，导致职业病危害的多变性，受施工现场和条件的限制，往往难以采取有效的工程控制技术设施。

4.1.2.2 建筑行业主要的职业病危害因素及其分布

2008年，卫生部发布了《建筑行业职业病危害预防控制规范》（GBZ/T 211—2008），该规范对施工过程中可能的职业病危害因素进行了识别。主要的职业病危害因素及其分布如下所述。

A 粉尘

建筑行业在施工过程中产生多种粉尘，主要包括硅尘、水泥尘、电焊尘、石棉尘以及其他粉尘等。产生这些粉尘的作业主要有：

（1）硅尘：挖土机、推土机、刮土机、铺路机、压路机、打桩机、钻孔机、凿岩机、碎石设备作业；挖方工程、土方工程、地下工程、竖井和隧道掘进作业；爆破作业；喷砂除锈作业；旧建筑物的拆除和翻修作业。

（2）水泥尘：水泥运输、储存和使用。

（3）电焊尘：电焊作业。

（4）石棉尘：保温工程、防腐工程、绝缘工程作业；旧建筑物的拆除和翻修作业。

（5）其他粉尘：木材加工产生木尘；钢筋、铝合金切割产生金属尘；炸药运输、贮存和使用产生三硝基甲苯粉尘；装饰作业使用腻子粉产生混合粉尘；使用石棉代用品产生人造玻璃纤维、岩棉、渣棉粉尘。

B 噪声

建筑行业在施工过程中产生噪声，主要是机械性噪声和空气动力性噪声。产生噪声的作业主要有：

（1）机械性噪声：凿岩机、钻孔机、打桩机、挖土机、推土机、刮土机、自卸车、挖泥船、升降机、起重机、混凝土搅拌机、传输机等作业；混凝土破碎机、碎石机、压路机、铺路机，移动沥青铺设机和整面机等作业；混凝土振动棒、电动圆锯、刨板机、金属切割机、电钻、磨光机、射钉枪类工具等作业；构架、模板的装卸、安装、拆除、清理、修复以及建筑物拆除作业等。

（2）空气动力性噪声：通风机、鼓风机、空气压缩机、铆枪、发电机等作业；爆破作业；管道吹扫作业等。

C　高温

建筑施工活动多为露天作业，夏季受炎热气候影响较大，少数施工活动还存在热源（如沥青设备、焊接、预热等），因此建筑施工活动存在不同程度的高温危害。

D　振动

部分建筑施工活动存在局部振动和全身振动危害。产生局部振动的作业主要有：混凝土振动棒、凿岩机、风钻、射钉枪类、电钻、电锯、砂轮磨光机等手动工具作业。产生全身振动的作业主要有：挖土机、推土机、刮土机、移动沥青铺设机和整面机、铺路机、压路机、打桩机等施工机械以及运输车辆作业。

E　密闭空间

许多建筑施工活动存在密闭空间作业，主要包括：

（1）排水管、排水沟、螺旋桩、桩基井、桩井孔、地下管道、烟道、隧道、涵洞、地坑、箱体、密闭地下室等，以及其他通风不足的场所作业；

（2）密闭储罐、反应塔（釜）、炉等设备的安装作业；

（3）建筑材料装卸的船舱、槽车作业。

F　化学毒物

许多建筑施工活动可产生多种化学毒物，主要有：

（1）爆破作业产生氮氧化物、一氧化碳等有毒气体；

（2）油漆、防腐作业产生苯、甲苯、二甲苯、四氯化碳、酯类、汽油等有机蒸气，以及铅、汞、镉、铬等金属毒物，防腐作业产生沥青烟；

（3）涂料作业产生甲醛、苯、甲苯、二甲苯，游离甲苯二异氰酸酯以及铅、汞、镉、铬等金属毒物；

（4）建筑物防水工程作业产生沥青烟、煤焦油、甲苯、二甲苯等有机溶剂，以及石棉、阴离子再生乳胶、聚氨酯、丙烯酸树脂、聚氯乙烯、环氧树脂、聚苯乙烯等化学品；

（5）路面敷设沥青作业产生沥青烟等；

（6）电焊作业产生锰、镁、铬、镍、铁等金属化合物、氮氧化物、一氧化碳、臭氧等；

（7）地下储罐等地下工作场所作业产生硫化氢、甲烷、一氧化碳和缺氧状态。

G　其他因素

许多建筑施工活动还存在紫外线作业、电离辐射作业、高气压作业、低气压作业、低温作业、高处作业和生物因素影响等。

（1）紫外线作业主要有：电焊作业、高原作业等；

（2）电离辐射作业主要有：挖掘工程、地下建筑以及在放射性元素本底高的区域作业，可能存在氡及其子体等电离辐射；X射线探伤、γ射线探伤时存在X射线、γ射线电离辐射；

（3）高气压作业主要有：潜水作业、沉箱作业、隧道作业等；

（4）低气压作业主要有：高原地区作业；

（5）低温作业主要有：北方冬季作业；

（6）高处作业主要有：吊臂起重机、塔式起重机、升降机作业等；脚手架和梯子作业等；

（7）可能接触生物因素的作业主要有：旧建筑物和污染建筑物的拆除、疫区作业等可能存在炭疽、森林脑炎、布氏杆菌病、虫媒传染病和寄生虫病等。

建筑行业劳动者接触的主要职业病危害因素见表4.2。

表4.2 建筑行业劳动者接触的主要职业病危害因素

序号	工 种		主要职业病危害因素	可能引起的法定职业病	主要防护措施
1	土石方施工人员	凿岩工	粉尘、噪声、高温、局部振动、电离辐射	尘肺、噪声聋、中暑、手臂振动病、放射性疾病	防尘口罩、护耳器、热辐射防护服、防振手套，放射防护
		爆破工	噪声、粉尘、高温、氮氧化物、一氧化碳、三硝基甲苯	噪声聋、尘肺、中暑、氮氧化物中毒、一氧化碳中毒、三硝基甲苯中毒、三硝基甲苯白内障	护耳器、防尘防毒口罩、热辐射防护服
		挖掘机、推土机、铲运机驾驶员	噪声、粉尘、高温、全身振动	噪声聋、尘肺、中暑	驾驶室密闭、设置空调、减振处理；护耳器、防尘口罩、热辐射防护服
		打桩工	粉尘、噪声、高温	尘肺、噪声聋、中暑	防尘口罩、护耳器、热辐射防护服
2	砌筑人员	砌筑工	高温、高处作业	中暑	热辐射防护服
		石工	粉尘、高温	尘肺、中暑	防尘口罩、热辐射防护服
3	混凝土配制及制品加工人员	混凝土工	噪声、局部振动、高温	噪声聋、手臂振动病、中暑	护耳器、防震手套、热辐射防护服
		混凝土制品模具工	粉尘、噪声、高温	尘肺、噪声聋、中暑	防尘口罩、护耳器、热辐射防护服
		混凝土搅拌机械操作工	噪声、高温、粉尘、沥青烟	噪声聋、中暑、尘肺、接触性皮炎、痤疮	护耳器、热辐射防护服、防尘防毒口罩
4	钢筋加工	钢筋工	噪声、金属粉尘、高温、高处作业	噪声聋、尘肺、中暑	护耳器、防尘口罩、热辐射防护服
5	施工架子搭设人员	架子工	高温、高处作业	中暑	热辐射防护服
6	工程防水人员	防水工	高温、沥青烟、煤焦油、甲苯、二甲苯、汽油等有机溶剂、石棉	甲苯中毒、二甲苯中毒、接触性皮炎、痤疮、中暑	防毒口罩、防护手套、防护工作服
		防渗墙工	噪声、高温、局部振动	噪声聋、中暑、手臂振动病	护耳器、热辐射防护服、防振手套

序号	工　种		主要职业病危害因素	可能引起的法定职业病	主要防护措施
7	装饰装修人员	抹灰工	粉尘、高温、高处作业	尘肺、中暑	防尘口罩、热辐射防护服
		金属门窗工	噪声、金属粉尘、高温、高处作业	噪声聋、尘肺、中暑	护耳器、防尘口罩、热辐射防护服
		油漆工	有机溶剂、铅、汞、镉、铬、甲醛、甲苯二异氰酸酯、粉尘、高温	苯中毒、甲苯中毒、二甲苯中毒、铅及其化合物中毒、汞及其化合物中毒、镉及其化合物中毒、甲醛中毒、苯致白血病、接触性皮炎、尘肺、中暑	通风、防毒防尘口罩、防护手套、防护工作服
		室内成套设施装饰工	噪声、高温	噪声聋、中暑	护耳器、热辐射防护服
8	筑路、养护、维修人员	沥青混凝土摊铺机操作工	噪声、高温、沥青烟、全身振动	噪声聋、中暑、接触性皮炎、痤疮	驾驶室密闭、设置空调、减振处理；护耳器、防毒口罩、防护手套、防护工作服
		水泥混凝土摊铺机操作工	噪声、高温、全身振动	噪声聋、中暑	驾驶室密闭、设置空调、减振处理；护耳器、热辐射防护服
		压路机操作工	噪声、高温、全身振动、粉尘	噪声聋、中暑、尘肺	驾驶室密闭、设置空调、减振处理；护耳器、热辐射防护服、防尘口罩
		筑路工	粉尘、噪声、高温	尘肺、噪声聋、中暑	防尘口罩、护耳器、热辐射防护服
		乳化沥青工	沥青烟、高温	接触性皮炎、痤疮、中暑	防毒口罩、防护手套、防护工作服
		铺轨机司机、轨道车司机、大型线路机械司机	噪声、高温	噪声聋、中暑	护耳器、热辐射防护服
		路基工	噪声、粉尘、高温	噪声聋、尘肺、中暑	护耳器、防尘口罩、热辐射防护服
		隧道工	噪声、高温、粉尘、一氧化碳、氮氧化物、甲烷、硫化氢、电离辐射	噪声聋、中暑、尘肺、一氧化碳中毒、氮氧化物中毒、硫化氢中毒、放射性疾病	通风、防尘防毒口罩、护耳器、热辐射防护服、反射防护
		桥梁工	噪声、高温、高处作业	噪声聋、中暑	护耳器、热辐射防护服

序号	工 种		主要职业病危害因素	可能引起的法定职业病	主要防护措施
9	工程设备安装工	机械设备安装工	噪声、高温、高处作业	噪声聋、中暑	护耳器、热辐射防护服
		电气设备安装工	噪声、高温、高处作业、工频电场、工频磁场	噪声聋、中暑	护耳器、热辐射防护服、工频电磁场防护服
		管工	噪声、高温、粉尘	噪声聋、中暑、尘肺	护耳器、热辐射防护服、防尘口罩
10	中小型施工机械操作工	卷扬机操作工	噪声、高温、全身振动	噪声聋、中暑	护耳器、热辐射防护服
		平地机操作工	粉尘、噪声、高温、全身振动	尘肺、噪声聋、中暑	操作室密闭、设置空调、减振处理；防尘口罩、护耳器、热辐射防护服
11	其他	电焊工	电焊烟尘、锰及其化合物、一氧化碳、氮氧化物、臭氧、紫外线、红外线、高温、高处作业	电焊工尘肺、金属烟热、锰及其化合物中毒、一氧化碳中毒、氮氧化物中毒、电光性眼炎、电光性皮炎、中暑	防尘防毒口罩、护目镜、防护面罩、热辐射防护服
		起重机操作工	噪声、高温	噪声聋、中暑	操作室密闭、设置空调；护耳器、热辐射防护服
		石棉拆除工	石棉粉尘、高温、噪声	石棉肺、石棉所致肺癌、间皮瘤、中暑、噪声聋	防尘口罩、护耳器、石棉防护服
		木工	粉尘、噪声、高温、甲醛	尘肺、噪声聋、中暑、甲醛中毒	防尘防毒口罩、护耳器、热辐射防护服
		探伤工	X射线、γ射线、超声波	放射性疾病	放射防护
		沉箱及水下作业者	高气压	减压病	严格遵守操作规程
		防腐工	噪声、高温、苯、甲苯、二甲苯、铅、汞、汽油、沥青烟	噪声聋、中暑、苯中毒、甲苯中毒、二甲苯中毒、汽油中毒、铅及其化合物中毒、汞及其化合物中毒、苯致白血病、接触性皮炎、痤疮	护耳器、热辐射防护服、通风、防毒口罩、护目镜、防护手套

4.1.2.3 主要职业病危害因素防治措施

A 粉尘

（1）技术革新。采取不产生或少产生粉尘的施工工艺、施工设备和工具，淘汰粉尘危害严重的施工工艺、施工设备和工具。

（2）采用无危害或危害较小的建筑材料。如不使用石棉、含有石棉的建筑材料。

（3）采用机械化、自动化或密闭隔离操作。如挖土机、推土机、刮土机、铺路机、压路机等施工机械的驾驶室或操作室密闭隔离，并在进风口设置滤尘装置。

（4）采取湿式作业。如凿岩作业采用湿式凿岩机；爆破采用水封爆破；喷射混凝土采用湿喷；钻孔采用湿式钻孔；隧道爆破作业后立即喷雾洒水；场地平整时，配备洒水车，定时喷水作业；拆除作业时采用湿法作业拆除、装卸和运输含有石棉的建筑材料。

（5）设置局部防尘设施和净化排放装置。如焊枪配置带有排风罩的小型烟尘净化器；凿岩机、钻孔机等设置捕尘器。

（6）劳动者作业时应在上风向操作。

（7）建筑物拆除和翻修作业时，在接触石棉的施工区域设置警示标识，禁止无关人员进入。

（8）根据粉尘的种类和浓度为劳动者配备合适的呼吸防护用品，并定期更换。呼吸防护用品的配备应符合《呼吸防护用品的选择、使用与维护》（GB/T 18664—2002）的要求，如在建筑物拆除作业中，可能接触含有石棉的物质（如石棉水泥板或石棉绝缘材料），为接触石棉的劳动者配备正压呼吸器、防护板；在罐内焊接作业时，劳动者应佩戴送风头盔或送风口罩；安装玻璃棉、消音及保温材料时，劳动者必须佩戴防尘口罩。

（9）粉尘接触人员特别是石棉粉尘接触人员应做好戒烟/控烟教育。

（10）石棉尘的防护按照《石棉作业职业卫生管理规范》（GBZ/T 193—2007）执行，石棉代用品的防护按照《使用人造矿物纤维绝热棉职业病危害防护规程》（GBZ/T 198—2007）执行。

B　噪声

（1）尽量选用低噪声施工设备和施工工艺代替高噪声施工设备和施工工艺。如使用低噪声的混凝土振动棒、风机、电动空压机、电锯等；以液压代替锻压，焊接代替铆接；以液压和电气钻代替风钻和手提钻；物料运输中避免大落差和直接冲击。

（2）对高噪声施工设备采取隔声、消声、隔振降噪等措施，尽量将噪声源与劳动者隔开。如气动机械、混凝土破碎机安装消音器，施工设备的排风系统（如压缩空气排放管、内燃发动机废气排放管）安装消音器，机器运行时应关闭机盖（罩），相对固定的高噪声设施（如混凝土搅拌站）设置隔声控制室。

（3）尽可能减少高噪声设备作业点的密度。

（4）噪声超过85dB（A）的施工场所，应为劳动者配备有足够衰减值、佩戴舒适的护耳器，减少噪声作业，实施听力保护计划。

C　高温

（1）夏季高温季节应合理调整作息时间，避开中午高温时间施工。严格控制劳动者加班，尽可能缩短工作时间，保证劳动者有充足的休息和睡眠时间。

（2）降低劳动者的劳动强度，采取轮流作业方式，增加工间休息次数和休息时间。如：实行小换班，增加工间休息次数，延长午休时间，尽量避开高温时段进行室外高温作业等。

（3）当气温高于37℃时，一般情况下应当停止施工作业。

（4）各种机械和运输车辆的操作室和驾驶室应设置空调。

（5）在罐、釜等容器内作业时，应采取措施，做好通风和降温工作。

（6）在施工现场附近设置工间休息室和浴室，休息室内设置空调或电扇。

（7）夏季高温季节为劳动者提供含盐清凉饮料（含盐量为 0.1% ~ 0.2%），饮料水温应低于15℃。

（8）高温作业劳动者应当定期进行职业健康检查，发现有职业禁忌证者应及时调离高温作业岗位。

D 振动

（1）应加强施工工艺、设备和工具的更新、改造。尽可能避免使用手持风动工具；采用自动、半自动操作装置，减少手及肢体直接接触振动体；用液压、焊接、粘接等代替风动工具的铆接；采用化学法除锈代替除锈机除锈等。

（2）风动工具的金属部件改用塑料或橡胶，或加用各种衬垫物，减少因撞击而产生的振动；提高工具把手的温度，改进压缩空气进出口方位，避免手部受冷风吹袭。

（3）手持振动工具（如风动凿岩机、混凝土破碎机、混凝土振动棒、风钻、喷砂机、电钻、钻孔机、铆钉机、铆打机等）应安装防振手柄，劳动者应戴防振手套。挖土机、推土机、刮土机、铺路机、压路机等驾驶室应设置减振设施。

（4）手持振动工具的重量，改善手持工具的作业体位，防止强迫体位，以减轻肌肉负荷和静力紧张；避免手臂上举姿势的振动作业。

（5）采取轮流作业方式，减少劳动者接触振动的时间，增加工间休息次数和休息时间。冬季还应注意保暖防寒。

E 化学毒物

（1）优先选用无毒建筑材料，用无毒材料替代有毒材料、低毒材料替代高毒材料。如尽可能选用无毒水性涂料；用锌钡白、钛钡白替代油漆中的铅白，用铁红替代防锈漆中的铅丹等；以低毒的低锰焊条替代毒性较大的高锰焊条；不得使用国家明令禁止使用或者不符合国家标准的有毒化学品，禁止使用含苯的涂料、稀释剂和溶剂。尽可能减少有毒物品的使用量。

（2）尽可能采用可降低工作场所化学毒物浓度的施工工艺和施工技术，使工作场所的化学毒物浓度符合《工作场所有害因素职业接触限值第1部分：化学有害因素》（GBZ 2.1—2007）的要求，如涂料施工时用粉刷或辊刷替代喷涂。在高毒作业场所尽可能使用机械化、自动化或密闭隔离操作，使劳动者不接触或少接触高毒物品。

（3）设置有效通风装置。在使用有机溶剂、稀料、涂料或挥发性化学物质时，应当设置全面通风或局部通风设施；电焊作业时，设置局部通风防尘装置；所有挖方工程、竖井、土方工程、地下工程、隧道等密闭空间作业应当设置通风设施，保证足够的新风量。

（4）使用有毒化学品时，劳动者应正确使用施工工具，在作业点的上风向施工。分装和配制油漆、防腐、防水材料等挥发性有毒材料时，尽可能采用露天作业，并注意现场通风。工作完毕后，有机溶剂、涂料容器应及时加盖封严，防止有机溶剂的挥发。使用过的有机溶剂和其他化学品应进行回收处理，防止乱丢乱弃。

（5）使用有毒物品的工作场所应设置黄色区域警示线、警示标识和中文警示说明。警示说明应载明产生职业中毒危害的种类、后果、预防以及应急救援措施等内容。使用高毒物品的工作场所应当设置红色区域警示线、警示标识和中文警示说明，并设置通信报警设备，设置应急撤离通道和必要的泄险区。

（6）存在有毒化学品的施工现场附近应设置盥洗设备，配备个人专用更衣箱；使用高毒物品的工作场所还应设置淋浴间，其工作服、工作鞋帽必须存放在高毒作业区域内；接触经皮肤吸收及局部作用危险性大的毒物，应在工作岗位附近设置应急洗眼器和沐浴器。

（7）接触挥发性有毒化学品的劳动者，应当配备有效的防毒口罩（或防毒面具）；接触经皮肤吸收或刺激性、腐蚀性的化学品，应配备有效的防护服、防护手套和防护眼镜。

（8）拆除使用防虫、防蛀、防腐、防潮等化学物（如有机氯666、汞等）的旧建筑物时，应采取有效的个人防护措施。

（9）应对接触有毒化学品的劳动者进行职业卫生培训，使劳动者了解所接触化学品的毒性、危害后果，以及防护措施。从事高毒物品作业的劳动者应当经培训考核合格后，方可上岗作业。

（10）劳动者应严格遵守职业卫生管理制度和安全生产操作规程，严禁在有毒有害工作场所进食和吸烟，饭前班后应及时洗手和更换衣服。

（11）项目经理部应定期对工作场所的重点化学毒物进行检测、评价。检测、评价结果存入施工企业职业卫生档案，并向施工现场所在地县级卫生行政部门备案并向劳动者公布。

（12）不得安排未成年工和孕期、哺乳期的女职工从事接触有毒化学品的作业。

F　紫外线

（1）采用自动或半自动焊接设备，加大劳动者与辐射源的距离。

（2）产生紫外线的施工现场应当使用不透明或半透明的挡板将该区域与其他施工区域分隔，禁止无关人员进入操作区域，避免紫外线对其他人员的影响。

（3）电焊工必须佩戴专用的面罩、防护眼镜，以及有效的防护服和手套。

（4）高原作业时，使用玻璃或塑料护目镜、风镜，穿长裤长袖衣服。

G　电离辐射

（1）不选用放射性水平超过国家标准限值的建筑材料，尽可能避免使用放射源或射线装置的施工工艺。

（2）合理设置电离辐射工作场所，并尽可能安排在固定的房间或围墙内；综合采取时间防护、距离防护、位置防护和屏蔽防护等措施，使受照射的人数和受照射的可能性均保持在可合理达到的尽量低水平。

（3）按照《电离辐射防护与辐射源安全基本标准》（GB 18871—2002）的有关要求进行防护。将电离辐射工作场所划分为控制区和监督区，进行分区管理。在控制区的出入口或边界上设置醒目的电离辐射警告标志，在监督区边界上设置警戒绳、警灯、警铃和警告牌。必要时应设专人警戒。进行野外电离辐射作业时，应建立作业票制度，并尽可能安排在夜间进行。

（4）进行电离辐射作业时，劳动者必须佩戴个人剂量计，并佩戴剂量报警仪。

（5）电离辐射作业的劳动者经过必要的专业知识和放射防护知识培训，考核合格后持证上岗。

（6）施工企业应建立电离辐射防护责任制，建立严格的操作规程、安全防护措施和应急救援预案，采取自主管理、委托管理与监督管理相结合的综合管理措施。严格执行放射源的运输、保管、交接和保养维修制度，做好放射源或射线装置的使用情况登记工作。

（7）隧道、地下工程施工场所存在氡及其子体危害或其他放射性物质危害，应加强通风和防止内照射的个人防护措施。

（8）工作场所的电离辐射水平应当符合国家有关职业卫生标准。当劳动者受照射水平可能达到或超过国家标准时，应当进行放射作业危害评价，安排合适的工作时间和选择有效的个人防护用品。

H　高气压

（1）应采用避免高气压作业的施工工艺和施工技术，如水下施工时采用管柱钻孔法替代潜涵作业，水上打桩替代沉箱作业等。

（2）水下劳动者应严格遵守潜水作业制度、减压规程和其他高气压施工安全操作规定。

I　高原作业和低气压

（1）根据劳动者的身体状况确定劳动定额和劳动强度。初入高原的劳动者在适应期内应当降低劳动强度，并视适应情况逐步调整劳动量。

（2）劳动者应注意保暖，预防呼吸道感染、冻伤、雪盲等。

（3）进行上岗前职业健康检查，凡有中枢神经系统器质性疾病、器质性心脏病、高血压、慢性阻塞性肺病、慢性间质性肺病、伴肺功能损害的疾病、贫血、红细胞增多症等高原作业禁忌证的人员均不宜进入高原作业。

J　低温

（1）避免或减少采用低温作业或冷水作业的施工工艺和技术。

（2）低温作业应当采取自动化、机械化工艺技术，尽可能减少低温、冷水作业时间。

（3）尽可能避免使用振动工具。

（4）做好防寒保暖措施，在施工现场附近设置取暖室、休息室等。劳动者应当配备防寒服（手套、鞋）等个人防护用品。

K　高处作业

（1）重视气象预警信息，当遇到大风、大雪、大雨、暴雨、大雾等恶劣天气时，禁止进行露天高处作业。

（2）劳动者应进行严格的上岗前职业健康检查，有高血压、恐高症、癫痫、晕厥史、梅尼埃病、心脏病及心电图明显异常（心律失常）、四肢骨关节及运动功能障碍等职业禁忌证的劳动者禁止从事高处作业。

（3）妇女禁忌从事脚手架的组装和拆除作业，月经期间禁忌从事《高处作业分级》（GB/T 3608—2008）规定的第Ⅱ级（含Ⅱ级）以上的作业，怀孕期间禁忌从事高处作业。

L　生物因素

（1）施工企业在施工前应当进行施工场所是否为疫源地、疫区、污染区的识别，尽可能避免在疫源地、疫区和污染区施工。

（2）劳动者进入疫源地、疫区作业时，应当接种相应疫苗。

（3）在呼吸道传染病疫区、污染区作业时，应当采取有效的消毒措施，劳动者应当配备防护口罩、防护面罩。

（4）在虫媒传染病疫区作业时，应当采取有效的杀灭或驱赶病媒措施，劳动者应当配备有效的防护服、防护帽，宿舍配备有效的防虫媒进入的门帘、窗纱和蚊帐等。

（5）在介水传染病疫区作业时，劳动者应当避免接触疫水作业，并配备有效的防护服、防护鞋和防护手套。

（6）在消化道传染病疫区作业时，采取"五管一灭一消毒"措施（管传染源、管水、管食品、管粪便、管垃圾，消灭病媒，饮用水、工作场所和生活环境消毒）。

（7）加强健康教育，使劳动者掌握传染病防治的相关知识，提高卫生防病知识。

（8）根据施工现场具体情况，配备必要的传染病防治人员。

4.1.3　职业病管理

4.1.3.1　职业病危害的申报

2012 年 4 月 27 日，国家安全生产监督管理总局发布第 48 号令《职业病危害项目申报办法》，自 2012 年 6 月 1 日起施行。《职业病危害项目申报办法》要求在中华人民共和国境内存在或者产生职业病危害的用人单位（煤矿企业除外），应当按照国家有关法律、行政法规及本办法的规定，及时、如实申报职业病危害，并接受安全生产监督管理部门的监督管理。职业病危害申报的流程和方法如下所述。

A　申报工作流程

（1）登录申报系统注册；

（2）在线填写和提交《职业病危害项目申报表》（见表 4.3）；

（3）安全监管部门审查备案；

（4）打印审查备案的《职业病危害项目申报表》并签字盖章，按规定报送地方安全监管部门。

B　申报内容

用人单位申报职业病危害项目时，应当提交《职业病危害项目申报表》和下列文件、资料：

（1）用人单位的基本情况；

（2）工作场所职业病危害因素种类、分布情况以及接触人数；

（3）法律、法规和规章规定的其他文件、资料。

C　申报有关要求

用人单位有下列情形之一的，应当按照本条规定向原申报机关申报变更职业病危害项目内容：

（1）进行新建、改建、扩建、技术改造或者技术引进建设项目的，在建设项目竣工验收之日起 30 日内进行申报；

（2）因技术、工艺、设备或者材料发生变化导致原申报的职业病危害因素及其相关内容发生重大变化的，在技术、工艺或者材料变化之日起 15 日内进行申报；

（3）用人单位工作场所、名称、法定代表人或者主要负责人发生变化的，在发生变化之日起 15 日内进行申报；

（4）经过职业病危害因素检测、评价，发现原申报内容发生变化的，自收到有关检测、评价结果之日起 15 日内进行申报；

（5）用人单位终止生产经营活动的，应当在生产经营活动终止之日起 15 日内向原申报机关报告并办理相关注销手续。

表 4.3 职业病危害项目申报表

单位：（盖章）　　　　　　　　主要负责人：　　　　　　　　　　　　日期：

申报类别	初次申报○　变更申报○	变更原因		
单位注册地址		工作场所地址		
企业类型	大○　中○　小○　微○	行业分类		
法定代表人		联系电话		
职业卫生管理机构	有○　无○	职业卫生管理人员数	专职	
			兼职	
劳动者总人数		职业病累计人数		

职业病危害因素种类	粉尘类	有○　无○	接触人数	接触职业病危害总人数：
	化学物质类	有○　无○	接触人数	
	物理因素类	有○　无○	接触人数	
	放射性物质类	有○　无○	接触人数	
	其他	有○　无○	接触人数	

职业病危害因素分布情况	作业场所名称	职业病危害因素名称	接触人数（可重复）	接触人数（不重复）因素人数
	（作业场所1）			
		...		
	（作业场所2）			
		...		
	...			
		...		
合　计				

4.1.3.2 用人单位职业病危害管理

A 组织机构和规章制度建设

（1）用人单位是职业病危害预防控制的责任主体，应依据国家法律法规及标准要求开展职业病危害管理工作，用人单位的主要负责人对本单位的职业病危害防治工作全面负责。

（2）用人单位主要负责人应承诺遵守国家有关职业病防治的法律法规；设立企业职业卫生管理机构；配备专职卫生管理人员；职业病防治工作纳入法人目标管理责任制；制定职业卫生年度计划和实施方案；在岗位操作规程中列入职业卫生相关内容；建立健全职业卫生档案；建立健全劳动者健康监护档案；建立健全职业病危害因素检测与评价制度；确保职业病防治必要的经费投入；进行职业病危害申报。

B 前期预防管理

（1）职业病危害项目申报；

（2）建设项目职业卫生"三同时"；

（3）职业卫生安全许可证管理。

作业场所使用有毒物品的单位，应当按照有关规定向安全生产监督管理部门申请办理职业卫生安全许可证。其主要管理内容为按照法规标准要求确定的申办程序、条件以及有关延期、变更等的要求，向安全生产监督管理部门提交有关材料申办职业卫生安全许可证，并接受安全生产监督管理部门的监督管理。

C 职业卫生培训

主要管理工作内容包括：用人单位的主要负责人、管理人员应接受职业卫生培训；对上岗前的劳动者进行职业卫生培训；定期对劳动者进行在岗期间的职业卫生培训。

D 材料和设备管理

（1）优先采用有利于职业病防治和保护劳动者健康的新技术、新工艺和新材料。

（2）不生产、经营、进口和使用国家明令禁止使用的可能产生职业病危害的设备和材料。

（3）生产经营单位原材料供应商的活动也必须符合安全健康要求，不采用有危害的技术、工艺和材料，不隐瞒其危害。

（4）可能产生职业病危害的设备有中文说明书；使用、生产、经营可能产生职业病危害的化学品，要有中文说明书；使用放射性同位素和含有放射性物质、材料的，要有中文说明书。

（5）不将职业病危害的作业转嫁给不具备职业病防护条件的单位和个人；不接受不具备防护条件的有职业病危害的作业；有毒物品的包装有警示标识和中文警示说明。

E 作业场所管理

（1）职业病危害因素的强度或者浓度应符合国家职业卫生标准要求；生产布局合理；有害作业与无害作业分开。

（2）现场标识和警示：

1）产生职业病危害的用人单位，应当在醒目位置设置公告栏，公布有关职业病防治的规章制度、操作规程、职业病危害事故应急救援措施和工作场所职业病危害因素检测结果。

2）存在或者产生职业病危害的工作场所、作业岗位、设备、设施，应当按照《工作场所职业病危害警示标识》（GBZ 158—2003）的规定，在醒目位置设置图形、警示线、警示语句等警示标识和中文警示说明。警示说明应当载明产生职业病危害的种类、后果、预防和应急处置措施等内容。

3）存在或产生高毒物品的作业岗位，应当按照《高毒物品作业岗位职业病危害告知规范》（GBZ/T 203—2007）的规定，在醒目位置设置高毒物品告知卡，告知卡应当载明高毒物品的名称、理化特性、健康危害、防护措施及应急处理等告知内容与警示标识。

（3）在可能发生急性职业损伤的有毒、有害工作场所，用人单位应当设置报警装置，配置现场急救用品、冲洗设备、应急撤离通道和必要的泄险区。

（4）现场急救用品、冲洗设备等应当设在可能发生急性职业损伤的工作场所或者临近地点，并在醒目位置设置清晰的标识。

（5）在可能突然泄漏或者逸出大量有害物质的密闭或者半密闭工作场所，用人单位还应当安装事故通风装置以及与事故排风系统相连锁的泄漏报警装置。

F 职业病危害因素日常监测和年度检测

（1）存在职业病危害的用人单位，应识别存在各类职业病危害因素的场所，明确各场所接触的职业病危害因素及其等级、接触人员等，一般应形成清单。

（2）存在职业病危害的用人单位，应当实施由专人负责的工作场所职业病危害因素日常监测，确保监测系统处于正常工作状态。

（3）存在职业病危害的用人单位，应当委托具有相应资质的职业卫生技术服务机构，每年至少进行一次职业病危害因素检测。

（4）职业病危害严重的用人单位，除遵守前款规定外，应当委托具有相应资质的职业卫生技术服务机构，每三年至少进行一次职业病危害现状评价。

G 职业病防护用品

（1）用人单位应当为劳动者提供符合国家职业卫生标准的职业病防护用品，并督促、指导劳动者按照使用规则正确佩戴、使用，不得发放钱物替代发放职业病防护用品。

（2）用人单位应当对职业病防护用品进行经常性的维护、保养，确保防护用品有效，不得使用不符合国家职业卫生标准或者已经失效的职业病防护用品。

H 履行告知义务

（1）签订劳动合同，并在合同中载明可能产生的职业病危害及其后果，载明职业病危害防护措施和待遇；在醒目位置公布操作规程，公布职业病危害事故应急救援措施。

（2）公布作业场所职业病危害因素监测和评价的结果，告知劳动者职业病健康体检结果；对于患职业病或职业禁忌证的劳动者，企业应告知本人。

I 职业病危害事故的应急救援、报告与处理

（1）可能发生急性职业病危害的场所，应建立健全职业病危害应急救援预案，应急救援设施应完好；定期进行职业病危害事故应急救援预案的演练。

（2）发生职业病危害事故时，应当及时向所在地安全生产监督管理部门和有关部门报

告，并采取有效措施，减少或者消除职业病危害因素，防止事故扩大。对遭受职业病危害的从业人员，及时组织救治，并承担所需费用。

4.1.3.3　职业健康监护

A　职业健康监护的基本要求

a　职业健康监护的意义

职业健康监护是职业病危害防治的一项主要内容。通过健康监护不仅起到保护员工健康、提高员工健康素质的作用，而且也便于早期发现疑似职业病病人，使其早期得到治疗。

b　基本要求

职业健康监护工作的开展，必须有专职人员负责，并建立健全职业健康监护档案。职业健康监护档案包括劳动者的职业史、职业病危害接触史、职业健康检查结果和职业病诊疗等有关个人健康资料。

B　职业健康监护的主要工作

（1）对从事接触职业病危害因素作业的劳动者，用人单位应当按照《用人单位职业健康监护监督管理办法》、《放射工作人员职业健康管理办法》、《职业健康监护技术规范》（GBZ 188—2014）、《放射工作人员职业健康监护技术规范》（GBZ 235—2011）等有关规定组织上岗前、在岗期间、离岗时的职业健康检查。

（2）检查结果书面如实告知劳动者。

（3）职业健康检查费用由用人单位承担。

C　职业健康监护档案

（1）用人单位应当按照《用人单位职业健康监护监督管理办法》的规定，为劳动者建立职业健康监护档案，并按照规定的期限妥善保存。

（2）职业健康监护档案应当包括劳动者的职业史、职业病危害接触史、职业健康检查结果、处理结果和职业病诊疗等有关个人健康资料。

（3）劳动者离开用人单位时，有权索取本人职业健康监护档案复印件，用人单位应当如实、无偿提供，并在所提供的复印件上签章。

D　职业健康监护的内容

《职业健康监护技术规范》（GBZ 188—2007）对接触各种职业病危害因素的作业人员职业健康体检周期与体检项目给出了具体规定。

例如，该标准关于接触游离二氧化硅粉尘人员的职业健康体检规定了以下内容：

（1）在上岗前、在岗期间和离岗前均应进行职业健康体检。

（2）目标疾病职业禁忌证：

1）活动性肺结核病；

2）慢性阻塞性肺病；

3）慢性间质性肺病；

4）伴肺功能损害的疾病。

（3）职业健康检查内容，包括基本项目（症状询问、常规检查等），必检项目和选检项目：

1）症状询问：重点询问咳嗽、咳痰、胸痛、呼吸困难，也可有喘息、咯血等症状。

2）体格检查：内科常规检查，重点是呼吸系统和心血管系统。

3）实验室和其他检查。

（4）在岗期间健康检查周期：

1）劳动者接触二氧化硅粉尘浓度符合国家卫生标准，每2年1次；劳动者接触二氧化硅粉尘浓度超过国家卫生标准，每1年1次。

2）X射线胸片表现为0＋作业人员医学观察时间为每年1次，连续观察5年，若5年内不能确诊为硅肺患者，应按一般接触人群进行检查。

3）硅肺患者每年检查1次。

E　职业病诊断与病人保障

（1）及时向卫生部门和安全生产监管部门报告职业病发病情况；及时向卫生部门报告疑似职业病患者；及时向当地劳动保障部门报告职业病患者。

（2）积极安排劳动者进行职业病诊断和鉴定；安排疑似职业病患者进行职业病诊断。

（3）安排职业病患者进行治疗，定期检查与康复；调离并妥善安置职业病患者。

（4）如实向职工提供职业病诊断证明及鉴定所需要的资料等。

4.1.4　职业病危害因素评价

职业病危害预评价、控制效果评价应当由依法取得资质认证的职业卫生技术服务机构承担；评价的方法和要求应当符合职业病防治法及本规范的规定。

4.1.4.1　职业病危害预评价

新建、扩建、改建建设项目和技术改造、技术引进项目（以下统称建设项目）可能产生职业病危害的，建设单位在可行性论证阶段应当向安全生产监督管理部门提交职业病危害预评价报告。安全生产监督管理部门应当自收到职业病危害预评价报告之日起三十日内，作出审核决定并书面通知建设单位。未提交预评价报告或者预评价报告未经安全生产监督管理部门审核同意的，有关部门不得批准该建设项目。

职业病危害预评价报告应当对建设项目可能产生的职业病危害因素及其对工作场所和劳动者健康的影响作出评价，确定危害类别和职业病防护措施。

4.1.4.2　建设项目职业病危害控制效果评价

建设项目在竣工验收前，建设单位应当进行职业病危害控制效果评价。建设项目竣工验收时，其职业病防护设施经安全生产监督管理部门验收合格后，方可投入正式生产和使用。

4.1.4.3　建设项目职业病危害预防控制

项目经理部应根据施工现场职业病危害的特点，采取以下职业病危害防护措施：

（1）选择不产生或少产生职业病危害的建筑材料、施工设备和施工工艺；配备有效的职业病危害防护设施，使工作场所职业病危害因素的浓度（或强度）符合《工作场所有害因素职业接触限值第1部分：化学有害因素》（GBZ 2.1—2007）和《工作场所有害因素职业接触限值第2部分：物理因素》（GBZ 2.2—2007）的要求。职业病防护设施应进行经常性的维护、检修，确保其处于正常状态。

（2）配备有效的个人防护用品。个人防护用品必须保证选型正确，维护得当。建立、健全个人防护用品的采购、验收、保管、发放、使用、更换、报废等管理制度，并建立发放台账。

（3）制定合理的劳动制度，加强施工过程职业卫生管理和教育培训。

（4）可能产生急性健康损害的施工现场设置检测报警装置、警示标识、紧急撤离通道和泄险区域等。

4.2　企业职工工伤保险

工伤是指用人单位的劳动者在劳动生产过程中，因发生不测事件，致使器官、肢体的功能受到伤害，造成暂时或永久丧失劳动能力的现象，统称为"因工负伤"简称"工伤"。在国外，一般将"工伤"与职业病统称为"职业伤害"。

工伤保险是指劳动者在生产经营活动中或在规定的某些特殊情况下所遭受的意外伤害、职业病，以及因这两种情况造成死亡、暂时或永久丧失劳动能力时，劳动者及其遗属能够从国家、社会得到的必要的物资补偿的制度。这种补偿既包括医疗、康复所需，也包括生活保障所需。

4.2.1　工伤保险的功能

2003 年 4 月 27 日中华人民共和国国务院令第 375 号公布的《工伤保险条例》，作为国务院签署的行政法规，提高了工伤保险的立法层次，增强了执法的强制力和约束力。对规范工伤保险制度，促进工伤预防和职业康复，进一步维护职工的合法权益，具有十分重要的意义，是工伤保险制度改革的重要里程碑。其立法宗旨是："为了保障因工作遭受事故伤害或者患职业病的职工获得医疗救治和经济补偿，促进工伤预防和职业康复，分散用人单位的工伤风险，制定本条例。"由此看出工伤保险具有以下功能。

（1）保障工伤职工的救治权与经济补偿权功能。工伤职工在遭受事故伤害或者患有职业病以后，首先的权利就是要得到及时、有效的抢救，使工伤职工的伤势得到有效的控制，在伤害中所发生的交通、住院、检查、诊断、治疗等得到足额保障。其次，对于因工致残而影响工作和生活的职工，给予安排和相应的经济补偿。对于工伤造成身故的职工家属的生活给予必要的抚恤补偿和生活救济。这既是工伤保险制度的基本功能，也是制度建设的基本目的和核心内容。

（2）促进工伤预防与职业康复功能。工伤保险除具有工伤职工救治与经济赔偿的功能外，还具有工伤预防与职业康复的功能。经过一百多年的发展，世界各国的工伤保险制度，已经逐步形成了预防、治疗、康复三合一或者三结合的结构模式，对工伤的预防以及工伤职工的职业、生活、社会和心理等康复关注程度不断提高。工伤保险可以通过采取行业费率、保险费率的调整和奖惩手段，促进企业对安全生产的重视，有效地降低生产成本，对企业生产安全进行有效的监控和事故预防，与此同时，还可以从工伤保险专项基金中支出部分资金，用于伤残职工身体康复项目建设和康复治疗方面，为工伤职工早日康复重返岗位提供有力保障。

（3）分散用人单位的工伤风险。社会科学的发展是无限的，而人们的认识则是有限的。因此，工伤事故的发生不可能完全消灭，企业在这方面的支出也不可能完全避免。许多企业因工伤事故屡屡发生而背上沉重的经济包袱，有些根本无力承担工伤职工的赔偿责任，为此会影响企业的安定局面和生产进行，企业大伤元气。"企业保险"无法保障工伤职工的合法权益，面临着严重的工伤风险。而工伤保险则具有"社会互助"特征，"我为人人，人人为我"，将所有用人单位缴纳的互助式基金，来共同提高企业的抗工伤风险的能力，完成由"企业保险"到"社会保险"的转变，工伤保险具有分散用人单位工伤风险的功能。

4.2.2　工伤保险的特征与原则

A　工伤保险的特征

（1）强制性。工伤保险以国家立法的形式进行强制性实施，使所有用工单位，不分所有制形式，不分用工形式一律都要参保，企业按时向社保机构缴纳工伤保险费，使工伤保险在全社会发挥调剂和保障作用。

（2）非盈利性。工伤保险是国家对劳动者履行的社会职责，是社会保障体系的重要组成部分。工伤保险的实施目的、实施方式、实施范围、基金来源、保险金额的确定和给付、保障程度和法律关系等方面与商业保险都有显著的差异，它是一种不以盈利为目的的社会保险制度。

（3）互济性。工伤保险通过强制性征收保费，建立工伤保险基金，由社会保险机构在企业、人员、行业之间进行资金再分配，从而以社会力量对工伤受害者和患有职业病者进行经济补偿，具有互济性。

（4）保障性。劳动者在工伤事故发生后，劳动者或其亲属可以及时从保险基金中获得保险金，使其生活得到基本保障，从而保证了社会的稳定。保障金包括：工伤医疗费、生活费用、长期生活补助、工伤残疾补助金、遗属补助以及康复和专业培训费用等。

B　工伤保险的原则

工伤保险制度建设总的目标是适应市场经济的需求，实现以工伤预防、工伤补偿、职业康复三大目标为主的现代工伤保险制度。工伤保险的基本原则：

a　无过错责任原则

无过错责任原则是指劳动者在发生工伤事故时，无论事故责任是否在于劳动者本人、企业（或雇主）还是第三者，只要不是受害者本人故意行为所致，就应该按照规定标准对其进行伤害补偿，将待遇给付与责任追究相分离，不能因为保险事故的责任追究与归属而影响待遇给付，即"无过错责任"。"无过错责任"是相对于"过错责任"而言。一些国家在建立工伤保险制度时，曾引入了民法中损害赔偿举证责任，使工人维权举步维艰，于是工人放弃了对雇主进行起诉的所有权利，经过斗争，确立了无过错赔偿原则。在职业活动中，职工一旦发生意外，不追究过失，无条件进行经济赔偿。无过错赔偿不意味着不追究事故责任，相反，对于发生的事故应该认真调查，分析事故原因，查明情况并予追究事故责任，吸取教训。

b　个人不缴纳保费的原则

工伤事故属于职业性伤害，是劳动者在生产劳动实践过程中，为社会和企业创造物质财富而付出的超出一般劳动付出的代价。因为工伤保险待遇是使劳动者经过医治，身体康复，重新投入生产的目的，有明显的劳动力修复与再生产投入的性质，属于企业生产成本的特殊组成部分，所以职工个人不必交纳保险费用，而是由企业（或雇主）负担全部的工伤保险费用。

我国《工伤保险条例》第二条规定："中华人民共和国境内的各类企业、有雇工的个体工商户（以下称用人单位）应当依照本条例规定参加工伤保险，为本单位全部职工或者雇工（以下称职工）缴纳工伤保险费。"职工个人不缴纳保险费。

c 经济给付原则

工伤保险是以减免劳动者因执行工作任务而导致伤亡或职业病而遭受经济上的损失为目的的。一旦发生事故，劳动者付出的不仅仅是经济收入的损失，而且是身体与生命的代价。因此，工伤保险应坚持损害给付原则，既要考虑劳动者维持原来本人及家庭基本生活所需要的收入，同时，还要根据伤害程度、伤害性质及职业康复等因素进行适当的经济补偿。

在这里需要说明的是，职工享有工伤保险权利的同时，仍然享有获得工伤的民事赔偿权利，我国《安全生产法》（2014年修订）第五十三条规定："因生产安全事故受到损害的从业人员，除依法享受工伤保险外，依照有关民事法律尚有获得赔偿的权利的，有权向本单位提出赔偿要求。"

因此，在生产安全事故中，如果生产经营单位对事故负有责任，具有"过错"，受害人除享有工伤保险经济赔偿外，还具有向本单位提出赔偿的权利。

d 基本保障性原则

工伤保险是我国五大社会保险险种之一，具有社会属性。我们说对于职业伤害应该采取三种不同的保障方法，一是用工伤救济来满足在工伤事故中受到伤害职工最低医疗康复和生活的需要；二是用工伤保险来保障劳动者受到伤害后其基本治疗康复和生活需要；三是用商业保险福利的形式来提高受到伤害职工治疗康复和生活的质量。将工伤保险定位在保障基本治疗康复和生活需要的层面，是同其社会属性相适应的。因此，在工伤保险活动中应遵循基本保障性原则，对受伤职工及时提供可靠的基本医疗康复和生活保障。

e 严格区分工伤非工伤原则

劳动者受伤害一般可以分为因工和非因工两类。前者是由于执行公务或者在工作生产中为社会或为集体风险而受到的职业伤害，与工作和职业有直接的关系；后者则与职业工作无关，完全是个人行为所致。工伤事故实行无过失责任原则，并不是取消因工和非因工的界限。在工伤保险操作中，必须严格区分"因工工伤"和"非因工工伤"的界限，因工亡事故发生的费用是由工伤保险基金承担的，而且医疗康复待遇、伤残待遇和死亡抚恤待遇要比因疾病或非因工伤亡待遇要优厚得多，这样规定有利于对那些因工伤害者进行褒扬抚恤。如何区别因工工伤、非因工伤，要参照《工伤保险条例》的有关条款和原劳动和社会保障部发布的《工伤认定办法》以及相关标准确定。

f 预防、补偿和康复相结合原则

世界各国都把"工伤预防、工伤补偿、职业康复"作为现代工伤保险制度建设的目标。预防、补偿和康复三者是同样重要的事情，我国应遵循这一原则，积极与国际接轨。为保障职工的合法权益，维护、增进和恢复劳动者的身体健康，必须把经济补偿和医疗康复以及工伤预防有机结合起来。工伤保险最直接的任务是经济补偿，这是保障残疾职工和遗属的基本生活的需要，同时要做好事故预防和医疗康复，保障职工的安全与健康。预防、补偿、康复三者结合起来，形成完整的社会化服务体系是现代化工伤保险制度发展的必然趋势。

4.2.3 工伤保险对象与责任范围

4.2.3.1 工伤保险的承保对象

《工伤保险条例》第二条规定："中华人民共和国境内的各类企业、有雇工的个体工商户（以下称用人单位）应当依照本条例规定参加工伤保险，为本单位全部职工或者雇工（以下称职工）缴纳工伤保险费。中华人民共和国境内的各类企业的职工和个体工商户的雇工，均有依照本条例的规定享受工伤保险待遇的权利。有雇工的个体工商户参加工伤保险的具体步骤和实施办法，由省、自治区、直辖市人民政府规定。""企业"按照所有制可划分为，国有企业、集体企业、私营企业、外资企业；按区域划分为城镇企业、乡镇企业、境内企业、境外企业；按照组织结构划分为公司、合伙、个人独资企业。在这里，有两点需要说明的是：

（1）工伤保险制度在国家之间不可互免，通过多边或者相互协定，一些国家可以对养老保险、失业保险等问题进行互免，工伤保险不能，而需要参加营业地所在国的工伤保险。故条例规定参保企业为中华人民共和国境内的企业。

（2）条例中的"个体工商户"的概念是指雇佣 2～7 名学徒或者帮工，在工商行政部门登记的自然人。按照社会保险的普遍性原则，社会组织的各类人员都应该参加工伤保险，以保护广大职工的合法权益。对所有企业和有雇工的个体户都要求参加保险是因为这些单位的工伤风险相对较高，只有参加了工伤保险的统筹，才能分担企业或雇主的风险。

应特别注意的是，无论劳动者与用人单位是否订立书面劳动合同，劳动者的用工形式无论是长期工、季节工或临时工，只要形成了劳动关系或事实上形成了劳动关系的职工均享有工伤保险待遇的权利。

4.2.3.2 工伤保险的责任范围

我国现行《工伤保险条例》对工伤责任范围做出了详细的规定，使工伤责任认定有章可循，有法可依。

A 工伤责任范围

《工伤保险条例》明确规定了认定工伤的七种情形，其中既包括在工作时间、工作场所内因工作原因遭受事故伤害情形，也包括患职业病、职工因工外出遭受损害，以及职工上下班途中遭受机动车事故伤害的情形，设立了其他法律法规规定为工伤的弹性条款，包含了造成工伤的一般情形。具体内容如下：

（1）"在工作时间和工作场所内，因工作原因受到事故伤害的。"各类企业的职工都是民事主体，都享有身体权、健康权和生命权。这些权利在任何场合都有遭受伤害的可能性。《工伤保险条例》对工伤事故在发生的时间、场合和原因上进行了明确的限制，只限于企业职工在工作时间和工作场所，因工作原因致伤致死的范围，其他时间、场合和原因发生的事故，即使是侵害了职工的上述权利，也不在工伤事故范围之中。"工作时间"是指法律规定的或者用人单位要求工作的时间，当然单位加班加点的时间也应属于工作时间。"工作场所"是指职工日常工作的场所，例如建筑施工工地，以及领导临时指派所从事工作的场地。

（2）"工作时间前后在工作场所内，从事与工作有关的预备性或者收尾性工作受到事故伤害的"也属于保险责任范围。职工为完成工作任务，往往需要作一些预备性或者收尾性的工作，例如，每天上班前，施工人员需要提前到场进行材料的运输、备料、工具准备调试等，下班后施工人员要清理、安全储存、收拾施工工具和衣物等。预备、收尾工作这段时间虽然不是工作时间，但与工作直接有关，在此时间内，如遇事故伤害应属于工伤范围。当然，工作前后时间应在合理时间之内。

（3）"在工作时间和工作场所内，因履行工作职责受到暴力等意外伤害的"是指职工因履行工作职责，使某些人的不合理或违法目的未能达到出于报复目的对职工施暴而使职工受到人身伤害的，属于保险责任范围。例如，建筑职工为维护企业利益，履行工地安全责任，为阻止进入工地偷取建筑材料的犯罪分子而展开搏斗，从而遭受意外伤害的，属于工伤保险范围。

（4）"患职业病的"，职业病是指企业、事业单位和个体经济组织的劳动者在职业活动中，因接触粉尘、放射性物质和其他有毒、有害物质等因素而引起的疾病。患职业病的属于工伤保险范围。在这里应注意：一是工伤保险对于各行业的职业病都有明确的规定，如果按照职业病防治法的规定，职工被诊断为职业病，但是此种职业病如果不属于该单位职业病保险范围的也不能享受工伤保险的职业病待遇。二是所谓的职业病必须是用人单位在从事的职业活动中引起的职业病，如果是由于生活环境而引起的"职业病"，不属于保险范围。

（5）"因工外出期间，由于工作原因受到伤害或者发生事故下落不明的"，考虑到职工因外出期间如果遇到下落不明的，很难确定职工是在事故中死亡了，还是在世因事故暂时与单位无法联系，为最大限度地维护职工的合法权益，只要因公外出期间下落不明的就应该认为是工伤。"外出"是指不在本单位，但在本地区；或者指不在本单位，在外地。"因工作原因造成受到伤害的"是指直接原因或者间接原因造成的伤害，事故伤害、暴力伤害或其他形式的伤害；"事故"指安全事故、意外事故、自然灾害等。

（6）"在上下班途中，受到机动车事故伤害的"，长期以来对于工伤情形的认定，一直是处理工伤争议中的最为关键也最复杂的一环，特别是职工在上下班途中受到机动车事故伤害引发此类案件，由于在认定上还牵涉交通责任的认定、交通工具的使用等问题，实际操作起来十分复杂。正因为如此，《工伤保险条例》肯定了对上下班途中受到机动车伤害应该认定为工伤，表明了国家加强劳动者权益保护力度的决心和立场，也体现出我国与国际上人身伤害保险责任范围的接轨。"受到机动车事故伤害的"是指无论自驾机动车造成自身伤害的，或者是被他人驾驶机动车者造成伤害的，职工是否在事故中有无责任都应认为属于工伤。

（7）"法律、行政法规规定应当认定为工伤的其他情形"，主要是指条例出台后由全国人大及其常委会、国务院制定并颁布实施的行政法规，可以规定应该认定为工伤的其他情形，这一条是兜底条款。

　　B　视同工伤范围

在《工伤保险条例》中规定了三种视同工伤的情形，规定对视同工伤的职工享受同等的工伤保险待遇，具体包括：

（1）"在工作时间和工作岗位，突发疾病死亡或者在 48 小时之内经抢救无效死亡的"，这里的"突发疾病"包括各种疾病，如心脏病、脑溢血、心肌梗等。"48 小时"的时限规定是为了避免将突发疾病无限制地扩大到工伤保险的范围而所作的规定，总需要划定一个责任范围加以界限。这一条款应把握以下两点：一是"工作时间和工作岗位"概念界定与上述概念相同，除此之外的不属于工伤，例如，职工突发急病死于家中。二是突发急病病死在工作岗位上，或者经过抢救后 48 小时内死亡的属于工伤，48 小时以外死亡的不属于工伤。

（2）"在抢险救灾等维护国家利益、公共利益活动中受到伤害的"，这一条主要从国家、公益因素考虑，这里除外了时间、地点的限定，只要是在维护国家、公共利益活动中所受到的伤害都属于工伤保险责任范围。"维护国家利益、公共利益"是指为了减少或者避免国家利益、公共利益遭受损失，职工挺身而出，为挽救损失而采取的行为。

（3）"职工原在军队服役，因战、因公负伤致残，已取得革命伤残军人证，到用人单位后旧伤复发的。"职工在原军队中因公致残，到新的岗位上旧病复发，按照工伤条例的基本精神是不应该属于保险范围的，但是职工是为国家利益而受到的伤害，其后果不能由职工个人承担，而应由国家来承担。

C　工伤除外责任

为了防止工伤认定的扩大化，确保保险基金合理支出，维护广大职工的利益。

4.3　工伤认定与待遇

4.3.1　工伤责任认定

工伤责任认定是指对工伤事故或患职业病基础事实的认定。它关系到工伤事故是否构成的问题，辨识职工的人身伤害是否属于工伤保险责任范围之内，根据发生事故的事实，按照有关构成要件判断负伤、残疾、死亡或职业病是否与工作有关，是否为了工作、他人或社会的利益而造成的。认定为工伤的，属于工伤保险范围的，由工伤保险负责；不符合构成工伤事故或职业病而属于非工伤的，则工伤保险予以除外。

4.3.1.1　工伤保险责任认定的主要环节

A　保险主体的认定

工伤赔偿案件主体是特定的，不适用一般主体，这是其作为工伤赔偿案件与其他民事纠纷一个很重要的区别。工伤赔偿责任主体是企业（用人单位）。根据《劳动法》、《建筑法》、《工伤保险条例》的规定，建筑市场的用人单位主要是指国有建筑企业、集体建筑企业、中外合资合作建筑企业和私营建筑企业等符合资质条件的企业法人。这些用人单位符合法律对从事建筑活动的人员和单位所规定的技术和资质要求，如符合规定的注册资本，有相应的专业技术人员、技术装备等等。《工伤保险条例》还规定包括"个体经济组织"即雇工在七人以下的个体工商户也是工伤保险的责任主体，建筑市场的用人单位还包括取得村镇建筑工匠从业资格的个人、独立或合伙承包规定范围内的村镇建筑单位。但不包括非法用工诸如农村中的非法承包建筑队、非法装修装饰队、承揽工程的合伙施工队等，因为不符合《劳动法》、《建筑法》规定的用人单位条件，对那些无营业执照，或者未经依法登记、备案或者被吊销营业执照、撤销登记、备案的单位不符合工伤主体条件的"用人单位",其职工遭受的人身伤害,不享受工伤待遇,造成的各种人身伤害所需要的费用,工伤保险基金不予以支付,其赔付责任及标准另有法律规定。

另外,对于国家机关、依照或参照国家公务员制度进行管理的事业单位、社会团体的工作人员,职工遭受伤害损失没有划入工伤保险范畴,而是由职工所在单位负担。

B 劳动关系的认定

《劳动法》实施以后,劳动关系的存在一般是基于用人单位和劳动者之间的劳动合同,确认用工双方是否存在劳动关系也主要审查是否签订了劳动合同。但是,由于多方面的原因,社会实际生活中用人单位与劳动者没有签订书面劳动合同的情形仍然大量存在。没有劳动合同,不能绝对地排除劳动关系的成立和存在。《劳动法》虽然对事实劳动关系并未明确规定,但在劳动部的有关规章中有条件地规定了事实劳动关系。

《劳动部关于贯彻执行〈中华人民共和国劳动法〉若干问题的意见》第 2 条规定:"中国境内的企业、个体经济组织与劳动者之间,只要形成劳动关系,即劳动者事实上已成为企业、个体经济组织的成员,并为其提供有偿劳动,适用劳动法。"

《工伤保险条例》第六十一条也对职工的概念进行了明确:"本条例所称职工,是指与用人单位存在劳动关系(包括事实劳动关系)的各种用工形式、各种用工期限的劳动者。"也就是说如果没有书面劳动合同,但是在事实上构成了劳动合同关系的,也应当视为有劳动关系,是事实上的劳动关系,按照劳动关系同等对待。至于用工的种类和用工的期限,《工伤保险条例》规定上述情况都属于职工的范畴。应当注意的是,劳动关系与加工承揽关系是有严格区别的。加工承揽关系是承揽合同关系,是以交付劳动成果为标的的合同关系,而不是以劳动力的交换为标的的劳动合同关系。例如,在个人按照约定的时间提供劳动服务的小时工,并不是劳动合同关系,而是与小时工的保洁公司签订的定作合同,是以交付劳动成果为标的的承揽合同关系,因此,雇用小时工的个人并不承担小时工的工伤保险责任,该责任应当由小时工所属的公司承担。

C 劳动过程的认定

各类企业的职工都是民事主体,都享有身体权、健康权和生命权。这些权利在任何场合都有遭受伤害的可能性。工伤事故在发生的时间和场合上有明确的限制,只限于企业职工在工作中因工致伤、致死的范围,其他时间和场合发生的事故,即使是侵害了职工的上述权利,也不在工伤事故范围之中。判断是否属于工伤,应当掌握最基本的三个因素,这就是工作时间、工作场合和工作原因。因此,凡是职工在工作时间、工作场合,因工作原因所遭受的人身损害或职业病都属于工伤保险的范围。

D 伤害事实的认定

确定工伤赔偿责任应遵循"无损害、无赔偿"的原则,即以损害事实的存在为基础。工伤事故赔偿责任也必须以受害人有人身损害为必要条件。如果只是出现意外事件、作业人员过失行为或违反操作规程的行为,并没有造成人身损害的后果,则不应属于工伤事故,只能从管理上采取严格措施,或对责任人员进行教育或纪律处分。伤害事实一经发生,就在工伤职工与用人单位之间产生了相应的法律上的后果,构成一种损害赔偿的权利义务关系,工伤职工或者工伤职工的亲属有要求赔偿损失的权利,企业有赔偿受害人及其亲属损失的义务。按照《工伤保险条例》规定，工伤事故的救济办法是按照保险的形式进行，这其实是转嫁工伤风险，将用人单位的责任转嫁给工伤保险机构。用人单位向工伤保险经办机构交纳保险费，职工遭受工伤事故造成人身损害，由保险机构向工伤职工提供劳动保险待遇。这种工伤保险的权利义务关系，就是工伤事故发生后产生的基本的法律关系。

E　因果关系的认定

致害行为是指导致受害人受到伤害的活动，有关物件主要指引起损害发生的事故，如工程倒塌、边坡滑陷、机械设备失灵、安全设施失当以及其他意外情况。致害行为及有关物件与受损害事实有因果关系，为工作需要和必须的才能构成工伤事故。如果是职工因工作、集体利益、公共利益以外原因，如发生群体殴斗、畏罪自杀、自残等而造成的人身伤害，则不属于工伤事故，应属于一般的人身伤害赔偿事故。

4.3.1.2　特殊用工形式责任主体认定

一般情况下工伤法律关系主体的认定是比较容易的，但在现阶段我国劳动用工形式较为复杂的情况下，有些特殊的用工形式，其主体的确定是比较困难的。

A　单位分立、合并、转让责任主体认定

分立、合并是用人单位组织结构发生变更。例如，企业分为两个或两个以上单位，两个或者两个以上的企业合并为一个单位，企业兼并与组合过程中必须妥善处理好维护好职工的合法权益。《民法通则》第四十四条规定："企业分立、合并，它的权利义务由变更后的法人享有和承担。"对于非法人企业组织，《个人独资企业法》等法律也规定：原企业的权利和义务由发生分离、合并后的企业享有和承担。为此，《工伤保险条例》第四十一条第一款规定：用人单位分立、合并、转让的，承继单位应当承担原用人单位的工伤保险责任；原用人单位已经参加保险的，承继单位应当到当地经办机构办理工伤保险变更登记，继续缴纳保费、工伤认定和支付保险待遇。原单位未办理工伤保险的，应为职工办理工伤保险手续，继续承担对伤害职工支付工伤保险费用。用人单位分立、合并、转让时，也可以依据规定就原单位职工工伤保险的承担问题达成协议，承担或分别承担原单位的工伤保险责任。

B　用人单位承包经营责任主体认定

建筑项目实行的是承包经营责任制，采取施工总承包、专业承包、劳务分包的营造模式，其中存在着复杂的劳动关系，总承包与建设单位的关系、总承包与分包的关系等。如何认定在承包经营中的工伤责任主体？《工伤保险条例》第四十一条规定："用人单位实行承包经营的，工伤保险责任由职工劳动关系所在单位承担。"也就是说，职工的劳动关系在总承包商，总承包商为工伤保险的责任主体，如果职工的劳动关系在分包商，分包商则成为工伤保险的责任主体。如果承包方不具有用人主体资格或者承包商为个人的，如何确认责任主体呢？劳动部办公厅《关于对企业在租赁过程中发生伤亡事故如何划分事故单位的复函》（劳办发［1997］62号）明文规定：承包方、租赁方为个人的，若发生伤亡事故，应认定发包方、出租方为事故单位。原劳动和社会保障部《关于确立劳动关系有关事项的通知》（劳社部发［2005］12号）规定："建筑施工、矿山企业等用人单位将工程（业务）或者经营权发包给不具备用工主体资格的组织或者自然人，对该组织或自然人招用的劳动者，由具备用工主体资格的发包方承担用工主体责任。"

C　职工被借调以后责任主体认定

在职工被借调后，发生工伤事故的责任主体如何认定。《工伤保险条例》规定："职工被借调期间发生工伤事故受到伤害的，由原用人单位承担保险责任，但原用人单位与借调单位可以约定补偿办法。"

D　职工所在企业破产责任主体认定

《企业破产法》第三十七条和《民法通则》第二百零四条规定，企业破产优先拨付破产费用后，清偿顺序的第一条就是破产企业所欠职工工资和劳动保险费用。《工伤保险条例》第四十一条规定："企业破产的，在破产清算时优先拨付依法应由单位支付的工伤保险费用。"

E　双重劳动合同关系责任主体认定

传统的劳动法理论不承认双重劳动关系的存在，实际生活中双重劳动关系大量存在，比如国有企业职工下岗、停薪留职、内退等情况，职工还具有劳动能力，应聘到用人单位工作，就会出现双重劳动关系的情况。这时就会存在一个工伤保险责任主体的确定问题。从维护劳动者权益出发，应该由实际用人单位来承担劳动者的工伤保险责任。因为一般情况下既然是职工下岗、停薪留职、内退等，主要是因为企业效益不好引起的，原企业很难承担员工的工伤保险费用，原企业并没有再通过职工的劳动获益其没有与职工解除劳动合同完全是一种社会原因，在这种情况下让原企业承担工伤保险是不合情理的。本着谁用工谁负责的原则，由实际用工的单位作为工伤保险责任主体，不仅可以降低工伤职工的维权成本，也会督促用人单位不断提高管理水平，引进新技术新装备，尽力防止工伤事故的发生。

4.3.1.3　工伤责任认定的程序

工伤责任认定的机构是劳动保障行政部门。统筹地区的劳动保障部门分为省级和设区的市级，一般是由设区的市级劳动保障部门负责工伤认定，如果是属于省级劳动保障部门进行工伤认定的事项，则根据属地原则由用人单位所在地的设区的市级劳动保障部门办理。

（1）提出认定申请。工伤认定的申请人分为：用人单位、职工或者其直系亲属。用人单位申请的，应当在职工发生事故伤害或者被鉴定、诊断为职业病，所在单位应当自事故伤害发生之日或者被诊断、鉴定为职业病之日起的 30 日内，向统筹地区的劳动保障部门提出。如果有特殊情况，经过劳动行政部门同意，该期限可以适当延长。

用人单位未在规定的时限内提交工伤认定申请，在此期间发生符合规定的工伤待遇等有关费用由该用人单位负担。如果用人单位未按照前述规定提出工伤认定申请的，工伤职工或者其直系亲属、工会组织可以提出申请，申请有效期限为一年，这样规定有利于保护职工的合法权益。

（2）提交工伤认定材料。提出工伤认定申请应当提交下列材料：1）工伤认定申请表；2）与用人单位存在劳动关系（包括事实劳动关系）的证明材料；3）医疗诊断证明或者职业病诊断证明书（或者职业病诊断鉴定书）。其中工伤认定申请表应当包括事故发生的时间、地点、原因以及职工伤害程度等基本情况。工伤认定申请人提供材料不完整的，劳动保障行政部门应当一次性书面告知，工伤认定申请人需要补全材料。申请人按照书面告知要求补全材料后，劳动保障行政部门应当受理。

（3）调查核实、举证责任和认定。在接受工伤认定申请之后，劳动保障行政部门有权进行调查核实。用人单位、职工、工会组织、医疗机构以及有关部门应当予以协助。职业病诊断和诊断争议的鉴定，依照职业病防治法的有关规定执行。对依法取得职业病诊断证明书或者职业病诊断鉴定书的，劳动保障行政部门不再进行调查核实。如果受伤害职工或者其直系亲属认为是工伤，而用人单位不认为是工伤的，用人单位应当负举证责任，提出不是工伤的证据。证明属实的，认定为不属于工伤；不能证明或者证明不足的，认定为工伤。劳动保障行政部门应当自受理工伤认定申请之日起 60 日内做出工伤认定的决定，并书面通知申请工伤认定的职工或者其直系亲属和该职工所在单位。

劳动保障行政部门工作人员与工伤认定申请人有利害关系的应当回避。

4.3.2 劳动能力鉴定

在工伤发生之后，还应当对受害职工进行劳动能力鉴定。劳动能力鉴定不是工伤事故责任构成的基础事实，而是确定事故责任范围的基础事实，是给予受到伤害或患有职业病的职工工伤保险待遇的基础和前提条件。

4.3.2.1 劳动能力鉴定的内容

劳动能力鉴定的内容分为劳动功能障碍等级鉴定和生活自理障碍等级鉴定，这两部分合在一起称为劳动能力鉴定。劳动功能障碍等级鉴定是确定受害职工因为工伤致使其劳动能力下降的程度，也就是对劳动能力发挥的障碍程度。按照规定，劳动功能障碍的等级为十级，也称为十个伤残等级。最重的为一级，最轻的为十级。生活自理障碍等级鉴定分为三级，分别是生活完全不能自理、生活大部分不能自理和生活部分不能自理。根据受害职工的伤残情况和劳动能力鉴定标准，确定受害职工的劳动功能障碍等级和生活自理障碍等级，并且以此确定其享受的工伤保险待遇。除此之外，还规定了复查鉴定。根据《工伤保险条例》第二十八条规定："自劳动能力鉴定结论做出之日起 1 年后，工伤职工或者其直系亲属、所在单位或者经办机构认为伤残情况发生变化的，可以申请劳动能力复查鉴定。"复查鉴定仍然要做上述方面的鉴定。

4.3.2.2 劳动能力鉴定机构

劳动能力鉴定机构是劳动能力鉴定委员会，分为两级：省级劳动能力鉴定委员会和设区的市级劳动能力鉴定委员会。设区的市级劳动能力鉴定委员会的鉴定结论是第一级的鉴定结论，省级劳动能力鉴定委员会的鉴定结论是最终的鉴定结论。劳动能力鉴定委员会由劳动保障、人事、卫生、工会、经办机构代表以及用人单位代表组成。劳动能力鉴定委员会建立医疗卫生专家库，将具有医疗卫生高级专业技术职务任职资格、掌握劳动能力鉴定的相关知识和具有良好的职业品德的专家列入专家库中，作为劳动能力鉴定专家组的备用人选。

第一级劳动能力鉴定机构为设区的市级劳动能力鉴定委员会。第一级鉴定委员会收到劳动能力鉴定申请后，从医疗卫生专家库中随机抽取 3 名或者 5 名相关专家组成专家组，由专家组提出鉴定意见，第一级鉴定委员会根据专家组的鉴定意见做出工伤职工劳动能力鉴定结论，如需要鉴定委员会还可以委托具备资格的医疗机构协助进行有关的诊断。第一级鉴定委员会应当自收到劳动能力鉴定申请之日起 60 日内做出劳动能力鉴定结论，如果需要可以延长 30 日。鉴定结论应当及时送达申请鉴定单位和个人。

第二级劳动能力鉴定机构为省级劳动能力鉴定委员会。申请鉴定单位或个人对第一级鉴定委员会做出的鉴定结论不服的，可以在收到该鉴定结论之日起 15 日内向第二级鉴定委员会提出再次鉴定申请。第二级鉴定委员会做出的劳动能力鉴定结论为最终结论，不能再要求重新鉴定。

劳动能力鉴定工作应当客观、公正。劳动能力鉴定委员会组成人员或者参加鉴定的专家与当事人有利害关系的，应当回避。自劳动能力鉴定结论做出之日起 1 年后，工伤职工或者其直系亲属、所在单位或者经办机构认为伤残情况发生变化的，可以申请劳动能力复查鉴定。

4.3.2.3　劳动能力鉴定程序

A　劳动能力鉴定申请

按照《工伤保险条例》第二十三条规定："劳动能力鉴定由用人单位、工伤职工或者其直系亲属向设区的市级劳动能力鉴定委员会提出申请，并提供工伤认定决定和职工工伤医疗的有关资料。" 由此可知，劳动力鉴定的申请人主体一是"用人单位"，为职工申请工伤鉴定、劳动能力鉴定是用人单位的法定责任。二是受伤害职工本人或者其直系亲属，维护自己的合法权利。职工直系亲属包括配偶、子女、父母、兄弟姐妹等。

B　提交申请材料

根据《工伤保险条例》第二十三条规定："并提供工伤认定决定和职工工伤医疗的有关资料。"医疗资料包括在指定医院进行治疗记载的完整连续的原始病历、诊断证明、检验报告等。此外还应提供劳动能力鉴定申请书、工伤职工个人身份证（复印件）、照片等，如果是由直系亲属申请，还要提交职工与亲属的有效证明材料。

a　劳动能力受理鉴定

第一级劳动能力鉴定委员会对于申请材料进行核审，对于符合条件的予以受理，对申请内容不明确，材料不全的，不予受理。受理的要分类登记，组织专家进行鉴定。在 60 日内做出劳动能力鉴定结论，并填写《劳动能力鉴定表》，同时应通知当事人。

b　劳动能力再次鉴定

《工伤保险条例》第二十六条规定："申请鉴定的单位或个人如果对于设区的市级劳动能力鉴定委员会作出的鉴定结论不服的，可以在收到鉴定结论之日起 15 日之内向省、自治区、直辖市劳动能力鉴定委员会提出再次鉴定申请。"再次申请的时效日为 15 天，没有按照规定时限申请的原劳动能力鉴定结论产生法律效力，申请人再次向上一级鉴定机构申请鉴定的，上一级鉴定机构不予受理。

C　劳动能力复查鉴定

《工伤保险条例》第二十八条规定："自劳动能力鉴定结论作出之日起 1 年后，工伤职工或者直系亲属、所在单位或者经办机构认为伤残情况发生变化的，可以申请劳动能力复查鉴定。"

复查鉴定是指已经劳动能力鉴定委员会鉴定过的工伤职工，在做出结论之后的一年时间后，认为伤残情况发生变化，即出现劳动能力障碍程度和生活护理依赖程度加重或减轻的情况，向劳动能力鉴定委员会提出复查申请，劳动能力鉴定委员会依据国家标准对其再次进行鉴定，并做出鉴定结论。复查鉴定申请人可以是指工作所在单位、职工直系亲属，也可以是经办机构。因为职工劳动能力的变化直接影响到工伤保险的给付，如果职工劳动能力有了很大的改善，却仍然享受原有的伤残待遇，这样有失社会的公平。

4.3.2.4 工伤残鉴定标准

在职业活动中因工受伤或患有职业病致残程度的鉴定标准采用《职工工伤与职业病致残程度鉴定标准》（GB/T 16180—2006），该标准将工伤和职业病致残丧失劳动能力的程度划分为十个等级，最严重为一级，十级最轻。另外根据器官损伤、功能障碍、医疗依赖及护理依赖四个方面，将工伤、职业病致残等级分解为五个门类，仍划分为十个等级，共五百七十二个条目，条目比原标准增加了一百零二条。其中，符合标准一级至四级的为全部丧失劳动能力，五级至六级的为大部分丧失劳动能力，七级至十级的为部分丧失劳动能力。

4.3.3 工伤保险待遇

4.3.3.1 停工留薪待遇

按照《工伤保险条例》第三十一条规定："职工因遭受事故受伤害或者患职业病需要在暂停工作接受工伤医疗的，在停工留薪期内，原工资福利待遇不变，由所在单位按月支付。"

停职留薪期是指职工因工负伤或患职业病停止工作接受治疗并享受有关待遇的期限。停工留薪期一般不超过 12 个月。伤情严重或者情况特殊，经设区的市级劳动能力鉴定委员会确认，可以适当延长，但延长不得超过 12 个月。

职工因工作遭受事故伤害或者患职业病需要暂停工作接受工伤医疗的，在停工留薪期内，除享受医疗待遇外，原工资福利待遇不变，由所在单位按月支付。

这里的"原工资福利待遇"是指职工在受伤或未被确诊患职业病前，用人单位发给职工的全部工资和福利待遇。劳动能力鉴定后，停止享受工资福利待遇，按照鉴定等级享受相关等级的待遇。停职留薪期满后仍需治疗的可以继续享受《工伤保险条例》第三十三条至三十六条规定的工伤医疗待遇。

在停职留薪期内，生活不能自理的工伤职工在停工留薪期间需要护理的，由所在单位负责。工伤护理费的给付，在鉴定残疾等级之前，由单位按照实际支出承担责任，具体标准参照《人身损害赔偿司法解释》的有关规定，即护理人员有收入的，参照误工费的规定计算；护理人员没有收入或者雇佣护工的，参照当地护工从事同等级别护理的劳务报酬标准计算。

工伤护理费在鉴定残疾等级之后，并经劳动能力鉴定委员会确认需要生活护理的，从工伤保险基金按月支付生活护理费。生活护理费按照：生活完全不能自理、生活大部分不能自理或者生活部分不能自理三个不同等级支付，其标准分别为统筹地区上年度职工月平均工资的 50%、40% 或 30%。

4.3.3.2 工伤医疗待遇

工伤医疗待遇是指职工因工负伤或者患职业病进行治疗期间所发生的医疗康复费用。

包括住院伙食费用等。《工伤保险条例》第二十九条规定："职工因工作遭受事故伤害或者患职业病进行治疗，享受工伤医疗待遇。"工伤医疗待遇包括：

（1）职工因工作遭受事故伤害或者患职业病进行治疗，享受工伤医疗待遇。职工治疗工伤应当在签订服务协议的医疗机构就医，情况紧急时可以先到就近的医疗机构急救。

治疗工伤所需费用符合工伤保险诊疗项目目录、工伤保险药品目录、工伤保险住院服务标准的，从工伤保险基金支付。工伤保险诊疗项目目录、工伤保险药品目录、工伤保险住院服务标准，由国务院行政部门、药品监督管理部门等部门规定。

（2）职工住院治疗工伤的，由所在单位按照本单位因公出差伙食补助标准的70%发给住院伙食补助费；经医疗机构出具证明，报经办机构同意，工伤职工到统筹地区以外就医的，所需交通、食宿费用由所在单位按照本单位职工因公出差标准报销。

工伤职工治疗非工伤引起的疾病，不享受工伤医疗待遇，按照基本医疗保险办法处理。工伤职工到签订服务协议的医疗机构进行康复性治疗的费用，符合国家规定的药品诊疗项目、住院服务标准的，从工伤保险基金中支付。

（3）工伤职工因日常生活或者就业需要，经劳动能力鉴定委员会确认，可以安装假肢、矫形器、假眼、假牙和配置轮椅等辅助器具，所需费用按照国家规定的标准从工伤保险基金支付。

4.3.3.3 工伤致残待遇

A 一级至四级伤残享受的待遇

《工伤保险条例》第三十三条规定：职工因工致残被鉴定为一级至四级伤残的，保留劳动关系，退出工作岗位，享受以下待遇：

（1）从工伤保险基金按伤残等级支付一次性伤残补助金，标准为：一级伤残为24个月的本人工资，二级伤残为22个月的本人工资；三级伤残为20个月的本人工资；四级伤残为18个月的本人工资。

（2）从工伤保险基金按月支付伤残津贴，标准为：一级伤残为本人工资的90%；二级伤残为本人工资的85%；三级伤残为本人工资的80%；四级伤残为本人工资的75%。伤残津贴实际金额低于当地最低工资标准的，由工伤保险基金补足差额。

（3）工伤职工达到退休年龄并办理退休手续后，停发伤残津贴，享受基本养老保险待遇。基本养老保险待遇低于伤残津贴的，由工伤保险基金补足差额。

职工因工致残被鉴定为一级至四级伤残的，由用人单位和职工个人以伤残津贴为基数，缴纳基本医疗保险费。

一级至四级致残的属于完全丧失劳动能力类。从发放一次性补助金和伤残津贴来看：一是为了弥补由于工伤而造成的收入损失；二是为了对身体造成的伤残进行补偿，以减轻对个人生活及工作造成的不利影响。一次性工伤医疗补助金是对于伤残者与用人单位解除或者终止劳动关系时发生的一种保险待遇，对于保留劳动关系的伤残职工是没有这种待遇的。伤残津贴不是一次性的发放，而是长期或者持续一定时期的对因工伤致残的劳动者给予的基本补偿，伤残津贴是随着社会经济发展不断调整、不断提高的。

《工伤保险条例》规定，计发的基数为本人工资，工伤职工因工作遭受伤害或者患职业病前12个月的平均月缴费工资，本人工资高于统筹地区平均工资300%的，按照统筹地区职工平均工资的 300% 计算；本人工资低于统筹地区平均工资 60% 的，按照统筹地区职工平均工资的 60% 计算。

B 五级、六级伤残享受的待遇

《工伤保险条例》第三十四条规定：职工因工致残被鉴定为五级、六级伤残的，享受以下待遇：

（1）从工伤保险基金按伤残等级支付一次性伤残补助金，标准为：五级伤残为 16 个月的本人工资；六级伤残为 14 个月的本人工资。

（2）保留与用人单位的劳动关系，由用人单位安排适当工作，难以安排工作的，由用人单位按月发给伤残津贴标准为：五级伤残为本人工资的 70%；六级伤残为本人工资的 60%；并由用人单位按照规定为其缴纳应缴纳的各项社会保险费。伤残津贴实际金额低于当地最低工资标准的，由用人单位补足差额。

经工伤职工本人提出，该职工可以与用人单位解除或者终止劳动关系，由用人单位支付一次性工伤医疗补助金和伤残就业补助金。具体标准由省、自治区、直辖市人民政府规定。

五级、六级伤残职工属于大部分丧失劳动能力，大部分丧失劳动能力的职工用人单位应当与其保留劳动关系；同时鉴于其仍有部分劳动能力，在其身体机能恢复的基础上仍有能力行使择业自主权。为保障工伤职工与用人单位解除或者终止劳动合同关系后重新就业前的基本生活和基本医疗需求，用人单位应当向这些职工支付一次性工伤医疗补偿和伤残就业补助金。伤残就业补助金是对于与单位解除或者终止劳动关系的一种就业补偿，属于一次性补助金。

C 七级至十级伤残享受的待遇

按照《工伤保险条例》第三十五条规定：职工因工致残被鉴定为七级至十级伤残的，享受以下待遇：

（1）从工伤保险基金按伤残等级支付一次性伤残补助金，标准为：七级伤残为 12 个月的本人工资，八级伤残为 10 个月的本人工资，九级伤残为 8 个月的本人工资，十级伤残为 6 个月的本人工资。

（2）劳动合同期满终止，或者职工本人提出解除劳动合同的，由用人单位支付一次性工伤医疗补助金和伤残就业补助金。具体标准由省、自治区、直辖市人民政府规定。

五级、六级伤残职工属于部分丧失劳动能力，计发一次性待遇。

工伤职工工伤复发，确认需要治疗的按照《工伤保险条例》的规定，享受相应的医疗、差旅、配置辅助器具、工资福利等方面的待遇。

4.3.3.4 因工致亡补偿

A 致亡补偿规定

《工伤保险条例》第三十七条规定：职工因工死亡，其直系亲属按照下列规定从工伤保险基金领取丧葬补助金、供养亲属抚恤金和一次性工亡补助金：

（1）丧葬补助金为 6 个月的统筹地区上年度职工月平均工资；

（2）供养亲属抚恤金按照职工本人工资的一定比例发给由因工死亡职工生前提供主要生活来源、无劳动能力的亲属。标准为：配偶每月 40%，其他亲属每人每月 30%，孤寡老人或者孤儿每人每月在上述标准的基础上增加 10% 。核定的各供养亲属的抚恤金之和不应高于因工死亡职工生前的工资。供养亲属的具体范围由国务院劳动保障行政部门规定；

（3）一次性工亡补助金标准为 48 个月至 60 个月的统筹地区上年度职工月平均工资。具体标准由统筹地区的人民政府根据当地经济、社会发展状况规定，报省、自治区、直辖市人民政府备案。

伤残职工在停工留薪期内因工伤导致伤亡的，其直系亲属享受第一项规定的待遇。一级至四级伤残职工在停工留薪期满后死亡的，其直系亲属可以享受本条第（1）项、第（2）项规定的待遇。

丧葬补助金、供养亲属抚恤金、一次性工亡补助金都由工伤保险基金中支付。而供养亲属抚恤金是长期的或者持续一定时期支付的。

B 　致亡供养亲属范围

《因工伤死亡职工供养亲属范围规定》（原劳动和社会保障部第 19 号令 2003 年 9 月 23 日）规定：所谓供养亲属是指因工死亡职工生前提供主要生活来源、无劳动能力的亲属。因工死亡职工供养亲属是指该职工的配偶、子女、父母、祖父母、外祖父母、孙子女、外孙子女、兄弟姐妹。本规定所谓子女包括婚生子女、非婚生子女和有养子女关系的继子女，其中婚生子女、非婚生子女包括遗腹子女；所谓父母包括生父母、养父母和有抚养关系的继父母；所谓兄弟姐妹包括同父母的兄弟姐妹、同父异母或者同母异父的兄弟姐妹、养兄弟姐妹有抚养关系的继兄弟姐妹。

上述规定的人员依靠因工死亡职工生前提供主要生活来源并有下列情形之一的，可按照规定申请供养亲属抚恤金：完全丧失劳动能力的；工亡职工配偶男性满 60 周岁，女性满 55 周岁的；工亡职工父母男性满 60 周岁，女性满 55 周岁的；工亡子女未满 18 周岁的等七条规定。

C 　致亡领取一次性补助金的顺序

目前有关法律规定领取一次性工亡补助金的顺序是：无配偶的发给子女和父母（包括养父母，下同）；无父母的发给子女和配偶；既有父母又有配偶、子女的，父母、配偶按每人系数 1、子女按每人系数 1.3 的比例分配；既无父母又无配偶的，发给其子女；无父母、配偶、子女的，发给祖父母或 16 周岁以下的弟妹或供养的其他亲属；生活在一起的其他亲属。

4.4 　建筑农民工工伤保险

2006 年 3 月 27 日，中华人民共和国中央人民政府网公布《国务院关于解决农民工问题的若干意见》（国发〔2006〕5 号），文件中要求：

（1）高度重视农民工社会保障工作。根据农民工最紧迫的社会保障需求，坚持分类指导、稳步推进，优先解决工伤保险和大病医疗保障问题，逐步解决养老保障问题。农民工的社会保障，要适应流动性大的特点，保险关系和待遇能够转移接续，使农民工在流动就业中的社会保障权益不受损害；要兼顾农民工工资收入偏低的实际情况，实行低标准进入、渐进式过渡，调动用人单位和农民工参保的积极性。

（2）依法将农民工纳入工伤保险范围。各地要认真贯彻落实《工伤保险条例》。所有用人单位必须及时为农民工办理参加工伤保险手续，并按时足额缴纳工伤保险费。在农民工发生工伤后，要做好工伤认定、劳动能力鉴定和工伤待遇支付工作。未参加工伤保险的农民工发生工伤，由用人单位按照工伤保险规定的标准支付费用。当前，要加快推进农民工较为集中、工伤风险程度较高的建筑行业、煤炭等采掘行业参加工伤保险。建筑施工企业同时应为从事特定高风险作业的职工办理意外伤害保险。

（3）抓紧解决农民工大病医疗保障问题。各统筹地区要采取建立大病医疗保险统筹基金的办法，重点解决农民工进城务工期间的住院医疗保障问题。根据当地实际合理确定缴费率，主要由用人单位缴费。完善医疗保险结算办法，为患大病后自愿回原籍治疗的参保农民工提供医疗结算服务。有条件的地方，可直接将稳定就业的农民工纳入城镇职工基本医疗保险。农民工也可自愿参加原籍的新型农村合作医疗。

（4）探索适合农民工特点的养老保险办法。抓紧研究低费率、广覆盖、可转移，并能够与现行的养老保险制度衔接的农民工养老保险办法。有条件的地方，可直接将稳定就业的农民工纳入城镇职工基本养老保险。已经参加城镇职工基本养老保险的农民工，用人单位要继续为其缴费。劳动保障部门要抓紧制定农民工养老保险关系异地转移与接续的办法。

建筑农民工工伤保险具有以下特点：

1）以项目为单位参保；

2）注册地与属地均可参保；

3）建筑农民工个人不缴保费；

4）工伤保险实行公示制度。

全国各地对建筑农民工工伤保险待遇项目基本相同，但由于各地社会经济与建筑市场发展不同，各项百分比稍有差异。

思 考 题

4-1　简述职业病、职业病危害因素、职业禁忌证的概念。

4-2　举例简述10类职业病类别内容。

4-3　简述建筑行业的主要职业病危害因素及防护措施。

4-4　简述用人单位职业病危害管理的内容。

4-5　简述企业工伤保险的对象与范围。

4-6　简述工伤保险认定的环节与程序。

建筑工程安全管理的原则与内容

5.1 建筑工程安全管理的原则与内容

5.1.1 建筑工程安全管理的原则

根据现阶段建筑业安全生产现状及特点，要达到安全管理的目标，建筑工程安全管理应遵循以下六个原则：

（1）以人为本的原则。建筑安全管理的目标是保护劳动者的安全与健康不因工作而受到损害，同时减少因建筑安全事故导致的全社会包括个人家庭、企业行业以及社会的损失。这个目标充分体现了以人为本的原则，坚持以人为本是施工现场安全管理的指导思想。

在生产经营活动中，在处理保证安全与实现施工进度、工程成本及其他各项目标的关系上，始终把从业人员和其他人员的人身安全放到首位，绝不能冒生命危险抢工期、抢进度，绝不能依靠减少安全投入达到增加效益、降低成本的目的。

（2）安全第一的原则。我国建筑工程安全管理的方针是"安全第一，预防为主"。"安全第一"就是强调安全，突出安全，把保证安全放在一切工作的首要位置。当生产和安全工作发生矛盾时，安全是第一位的，各项工作要服从安全。安全第一是从保护生产力的角度和高度，肯定安全在生产活动中的位置和重要性。

（3）预防为主的原则。进行安全管理不是处理事故，而是针对施工特点在施工活动中对人、物和环境采取管理措施，有效地控制不安全因素的发展与扩大，把可能发生的事故消灭在萌芽状态之中，以保证生产活动中人的安全健康。

贯彻"预防为主"原则应做到以下几点：一是要加强全员安全教育与培训，让所有员工切实明白"确保他人的安全是我的职责，确保自己的安全是我的义务"，从根本上消除习惯性违章现象，减少发生安全事故的概率；二是要制订和落实安全技术措施，消除现场的危险源，安全技术措施要有针对性、可行性，并要得到切实的落实；三是要加强防护用品的采购质量和安全检验，确保防护用品的防护效果；四是要加强现场的日常安全巡查与检查，及时辨识现场的危险源，并对危险源进行评价，制订有效措施予以控制。

（4）动态管理的原则。安全管理不是少数管理者和安全机构的事，而是一切与建筑生产有关的所有参与人共同的事。安全管理涉及生产活动的方方面面，涉及从开工到竣工交付的全部生产过程，涉及全部的生产时间，涉及一切变化着的生产因素。当然，这并非否定安全管理第一责任人和安全机构的作用。

因此，生产活动中必须坚持"四全"动态管理：全员、全过程、全方位、全天候的动态安全管理。

（5）强制性原则。严格遵守现行法律法规和技术规范是基本要求，同时强制执行和必要的惩罚必不可少。关于《中华人民共和国建筑法》（以下简称《建筑法》）、《中华人民共和国安全生产法》（以下简称《安全生产法》）、《工程建设标准强制性条文》等一系列法律、法规的规定，都是在不断强调和规范安全生产，加强政府的监督管理，做到对各种生产违法行为的强制制裁有法可依。

安全是生产的法定条件，安全生产不能因领导人的看法和注意力的改变而改变。项目的安全机构设置、人员配备、安全投入、防护设施用品等都必须采取强制性措施予以落实，"三违"现象（违章指挥、违章操作、违反劳动纪律）必须采取强制性措施加以杜绝，一旦出现安全事故，首先追究项目经理的责任。

（6）发展性原则。安全管理是对变化着的建筑生产活动中的动态管理，其管理活动是不断发展变化的，以适应不断变化的生产活动，消除新的危险因素。这就需要我们不断地摸索新规律，总结新的安全管理办法与经验，指导新的变化后的管理，只有这样才能使安全管理不断地上升到新的高度，提高安全管理的艺术和水平，促进文明施工。

5.1.2 建筑工程安全管理的内容

根据施工项目的实际情况和施工内容，识别风险和安全隐患，找出安全管理控制点。根据识别的重大危险源清单和相关法律法规，编制相应管理方案和应急预案。组织有关人员对方案和预案进行充分性、有效性、适宜性的评审，完善控制的组织措施和技术措施。

进行安全策划（脚手架工程、高处作业、机械作业、临时用电、动用明火、沉井、深挖基础、爆破作业、铺架施工、有线施工、隧道施工、地下作业等要作出规定），编制安全规划和安全措施费的使用计划；制定施工现场安全、劳动保护、文明施工和作业环境保护措施，编制临时用电设计方案；按安全、文明、卫生、健康的要求布置生产（安全）、生活（卫生）设施；落实施工机械设备、安全设施及防护用品进厂计划的验收；进行施工人员上岗安全培训、安全意识教育（三级安全教育）；对从事特种作业和危险作业人员、四新人员要进行专业安全技能培训，对从业资格进行检查；对洞口、临边、高处作业所采取的安全防护措施（"三宝"——安全帽、安全带、安全网；"四口"——楼梯口、电梯井口、预留洞口、通道口），指定专人负责搭设和验收；对施工现场的环境（废水、尘毒、噪声、振动、坠落物）进行有效控制，防止职业危害的发生；对现场的油库和炸药库等设施进行检查；编制施工安全技术措施等。

进行安全检查，按照分类方式的不同，安全检查可以分为定期和不定期检查；专业性和季节性检查；班组检查和交接检查。检查可通过"看"、"量"、"测"、"现场操作"等检查方法进行。检查内容包括：安全生产责任制、安全保证计划、安全组织机构、安全保证措施、安全技术交底、安全教育、安全持证上岗、安全设施、安全标识、操作行为、规范管理、安全记录等。安全检查的重点是违章指挥和违章作业、违反劳动纪律。还有就是安全技术措施的执行情况，这也是施工现场安全保障的前提。

针对检查中发现的问题，下达"隐患整改通知书"，按规定程序进行整改，同时制定相应的纠正措施，现场安全员组织员工进行原因分析总结，吸取其中的教训，并对纠正措施的实施过程和效果进行跟踪验证。针对已发生的事故，按照应急程序进行处置，使损失最小化，对事故是否按处理程序进行调查处理，对应急准备和响应是否可行进行评价，并改进、完善方案。

5.2　建筑工程项目安全管理的现状

5.2.1　当前建筑工程安全管理的主要问题

　　根据我国住建部的数据统计来看，2014 年上半年，全国共发生房屋市政工程生产安全事故 225 起、死亡 267 人，比去年同期事故起数减少 21 起、死亡人数减少 46 人，同比分别下降 8.54% 和 14.70%。其中较大事故 9 起、死亡 32 人，比去年同期事故起数减少 4 起、死亡人数减少 21 人，同比分别下降 30.77% 和 39.62%；未发生重大及以上事故。2014 年上半年，建筑工程安全生产形势总体平稳，并呈现好转态势，事故起数和死亡人数比去年同期有所下降，全国有 16 个地区事故起数和死亡人数同比下降，较大事故起数和死亡人数较去年同期有较大幅度下降。但当前的安全生产形势依然不容乐观，部分地区事故起数和死亡人数同比上升，充分说明建筑工程安全管理工作中依然存在部分漏洞。

　　（1）法律法规不健全和可操作性差，带来政府监管机制不适应市场经济体制要求，未能形成有效的外部监督管理机制。依据我国现行的法律法规，对建筑施工企业进行外部监督管理的有以下四个方面：第一，建设行政主管部门进行的行政执法监督管理；第二，《建筑法》规定的员工意外伤害保险，由保险单位进行的监督管理；第三，《工伤保险条例》（国务院令第 375 号）对施工单位执行安全卫生规程和标准、预防工伤事故发生进行的监督管理；第四，《建设工程安全生产管理条例》规定的工程监理单位进行的监督管理。上述第一项行政执法监督管理，因长期缺乏专职机构、人员编制和经费以及执法人员整体业务水平不高，难以形成有效的外部监管机制；第二项监督管理，在实际操作过程中，尚未形成由保险单位对施工单位的监督管理；第三项监督管理，属社会保险范畴，但缺乏具体依据和可操作性；第四项监督管理，要形成监督管理机制还需不断完善，要通过法律法规和规范标准等的健全和完善，使之具有较强的可操作性，才能使建筑工程安全监理制度很好地发挥外部监管功能。因此，法律法规及规范的不健全和可操作性差等，导致了政府监督管理机制不能适应市场经济发展要求，未形成有效的外部监督管理机制。

　　（2）建筑业从业人员整体素质低、安全技术与管理滞后，给施工安全管理带来挑战。目前，我国建筑业从业人员有 3893 万人，农民工大约 3137 万人，占建筑业从业人员总数的 80% 以上，其安全防护意识薄弱、操作技能低下。建设行业安全技术与安全管理人员偏少，特别是专职安全生产管理人员就更少了。同时，建筑业从业人员的安全教育落实情况较差，安全培训严重不足。我国建筑业安全生产科技相对落后，科研经费投入不足，安全技术与管理难以满足当前科技含量高、施工难度大和危险性高的施工安全要求。

　　（3）安全教育培训制度不健全。目前，我国土木工程专业、工程管理专业等建筑类高等学校、中等学校削弱或忽视了施工安全技术与安全管理的教育与培训，造成后备人才严重不足。施工企业的企业安全教育培训，如三级安全教育、安全培训等没有建立有效的监督约束机制，流于形式，效果较差。

　　（4）安全管理资金的投入严重不足。施工安全成本支出得不到保障。施工企业对工程施工安全生产所必需的投入严重不足，特别是安全生产资金。建筑工程安全施工需要有一定执业资格的工作人员，合格的工器具，符合标准的加工对象和能源、动力，成熟的施工工艺技术及完备的安全保障设施等。这些都必须要投入必要的资金，构成建筑工程施工安全直接成本，同时，安全施工还需要监测人员、监测设备等，即构成建设工程施工安全间接成本。建筑工程施工安全成本包括建筑工程施工安全直接成本和建筑工程施工安全间接成本。当建筑工程施工安全成本投入较低时，工程安全事故率升高，反之，当建筑工程施工安全成本投入较高时，工程安全事故率降低。

建筑工程施工安全成本理所当然地应计入工程成本，并且施工安全成本应得到补偿。但是，目前我国建筑市场，特别是招投标市场管理等尚未完全规范，建设单位（或业主）严重压价，施工单位层层违法转包或分包，施工单位的承包收入难以保证建筑工程施工安全成本得到补偿，这是建筑工程安全生产形势严峻的重要经济原因。

（5）施工企业的安全管理缺乏内部监管机制。施工企业安全管理包括对施工单位内部安全行为的监管和对分包等单位安全行为的监管。由于招投标市场的过度竞争，施工企业的承包价格往往不能对建筑工程施工安全成本进行完全补偿，很难保证施工安全费用的投入。同时，施工企业要追求最大利润，决定了它自身不会主动加强自我监管，不会自身增大监管成本。正因为如此，相当多的施工企业撤销安全管理机构和专职安全生产管理人员、安检员等。因此，众多施工企业缺乏正常运转的内部安全监管机制。

（6）部分施工企业未建立生产安全事故应急救援机制。部分施工企业未能建立有效的生产安全事故应急救援机制，包括未制定应急救援预案，未建立应急救援组织，未落实应急救援器材、设备和人员等。发生生产安全事故后，未能及时有效地开展救援工作，导致安全事故的扩大化。

（7）建筑工程项目各方主体安全责任未落实到位。部分施工企业安全生产主体责任意识不强，重效益、轻安全，安全生产基础工作薄弱，安全生产投入严重不足，安全培训教育流于形式，施工现场管理混乱，安全防护不符合标准要求，"三违"现象时有发生，未能建立起真正有效运转的安全生产保证体系；一些建设单位，包括有些政府投资工程的建设单位，未能真正重视和履行法规规定的安全责任，随意压缩合理工期，忽视安全生产管理；部分监理单位对应负的安全责任认识不清，对安全生产隐患不能及时进行处理，《建设工程安全生产管理条例》规定的安全生产监理责任未能真正落实到位。

（8）保障安全生产的各个环境要素尚需完善。一些建设项目施工不履行法定建设程序，游离于建设行政主管部门的监管范围之外，企业之间恶性竞争，低价中标、违法分包、非法转包、无资质单位挂靠、以包代管现象突出；建筑行业生产力水平偏低，技术装备水平较落后，科技进步在推动建筑安全生产形势好转方面的作用还没有充分体现出来。建筑施工安全生产领域的中介机构发展滞后，在政府和企业之间缺少相应的机构和人员提供安全评价、咨询、技术等方面的服务。

综上所述，要解决我国建筑工程项目安全管理的诸多问题，应当健全和完善建筑工程安全生产法律法规和规范标准；规范建设市场，完善招投标市场；加大安全事故等安全问题违法违规成本；完善政府监督管理机制；严格执行强制性员工意外伤害保险制度；充分发挥市场机制，推进保险单位、工程监理单位、建筑安全服务机构等多方参与建筑工程施工安全生产的多方面的外部监管，推行建筑工程安全监理等制度；借鉴发达国家建筑工程施工安全管理的成功经验等。只有这样，才能更有效地提高我国建筑工程安全生产管理水平。

5.2.2 建筑工程安全管理问题成因分析

5.2.2.1 法律、法规落实情况分析

按照"三级立法"的原则及"安全第一，预防为主，综合治理"的安全生产方针，近年来，我国的建筑安全生产法律法规更趋于系统、严密，形成了较完善的法律法规体系。按层次由高到低为：国家根本法、国家基本法、其他法律、行政法规、部门规章、地方性法规和规章、安全技术标准规范。宪法为最高层次，每类部门法均由若干个法律组成；国务院及住建部制定的大量建筑安全法规、规章是效力范围较大、法律效力较强的建筑安全行政法规。建筑安全管理法律法规体系在现实的运行中存在以下问题：

（1）现行安全法律法规体系有待进一步完善。虽然现在的法律法规体系已经比较完整，但是由于工程项目是一个动态的过程，随着时间的推移一些新的问题又会出现，因此建筑安全法律法规体系应该不断地完善。

（2）企业或项目负责人还不能很好地落实安全法律法规。虽然国家在建筑安全的各个方面都制定了比较完整的法律法规，但企业在实际的执行中往往马虎对待，靠经验进行安全管理。企业从不组织或很少组织企业安全管理人员学习相关的法律法规。

（3）企业基层员工的法律法规意识薄弱，多数是凭经验做事，容易产生"想当然"的思想，有时甚至会与现行法律法规相悖。

（4）企业内部缺乏相应的长效机制以有效地落实法律法规。而仅凭企业管理层人员的协调，单纯地"头痛医头、脚痛医脚"，不能从企业内部制度根源上保证安全法律法规的落实。

5.2.2.2 安全管理制度、组织结构分析

安全管理制度、组织结构存在的问题主要有以下几个方面：

（1）施工企业安全管理机构设置不合理，有的单位未设置单独的安全管理部门，有的单位虽有单独的安全管理部门（即安全处、安全科等），但人员配备不足，有的单位安全管理人员身兼数职，对企业安全管理不知从何做起，导致施工现场安全管理不到位，甚至失控。

（2）在建筑行业中，一些施工企业没有完整的安全管理组织机构，专职安全员形同虚设，平时在现场根本看不到，只有应付上级检查时才拉出人来充当。安全生产管理制度无法落实，安全生产没有切实根本的保障。而一些安全管理组织机构比较健全的施工企业，虽然有安全管理制度，但往往是"贴在墙上，挂在嘴上，不能落到行动上"，在施工现场安全管理制度很难落实。并且当施工的进度、质量、效益、安全几方面发生冲突时，往往忽视安全生产，注重的只是进度和效益。

（3）施工现场的安全管理不到位，安全生产责任制没有具体落实。施工现场的安全管理是一种动态管理，建筑施工现场物的不安全因素在减少，但人的不安全行为却没有得到有效监控。施工现场虽都安排了一定比例的专职安全员，但部分安全员责任心不强，没有严格履行职责，没起到巡查纠错的作用。盲目施工、瞎指挥、强令工人冒险作业等违章现象时有发生。再加上有些施工安全管理人员安全意识淡薄，对工人的一些违章现象视而不见，这无疑使施工现场安全管理工作雪上加霜，导致建筑人员伤亡等安全事故层出不穷。

5.2.2.3　安全教育培训分析

安全教育培训分为两方面，一方面是对管理人员的培训，对施工单位的主要负责人、安全管理部门管理人员、项目经理、技术负责人、专职安全员要进行定期培训；另一方面是对作业人员的培训。

随着建筑企业改制和用工制度的改革，建筑从业人员队伍发生了根本变化，管理层与劳务层相分离，使建筑企业一线工作人员由原来的固定的自有员工，转变为现在临时的农民工。建筑从业人员从原来具有 1～8 级技术水平的人员，转变为现在未经任何培训的农民工，他们成为建筑从业人员的主力。农民工对建筑工程高风险的认识不足，发生死亡事故的绝大多数是刚进工地不久的年轻劳力。农民工安全教育中存在的主要问题如下：

（1）文化素质偏低，安全意识薄弱。建筑市场的农民工大部分只是小学毕业，有的虽然初中毕业，但知识水平只相当于小学文化水平。据调查，有90%以上的农民工未参加过技能岗位培训或未取得有关岗位证书和技术等级证书，放下镰刀就拿起瓦刀，不具备应有的岗位知识，缺乏必要的安全技能培训教育。

（2）农民工是工伤事故的最大受害群体。当前，很多工程项目要求二级以上资质等级的施工企业参加投标，企业用工基本是在本地劳务市场招聘的。招聘的农民工没有经过系统的安全培训，就连入场的二三级教育也往往是走形式（少数项目甚至连口头教育也没做），特别是对那些刚从农村出来的农民工，他们不熟悉施工现场的作业环境，不了解施工过程中的不安全因素，缺乏安全知识、安全意识和自我保护能力，不能辨别危害和危险，甚至于有的农民工第一天来上班，当天就发生了伤亡事故。还有些工程项目对分包单位实行"以包代管"，使得建筑施工中有关安全生产的法规、标准只停留在项目管理班子这一层，落实不到施工队伍上，操作人员不了解或者不熟悉安全规范和操作规程，又缺乏管理，违章作业现象不能及时得到制止和纠正，安全事故隐患未能及时发现或消除。所以，他们既是安全事故的肇事者，又是安全事故的受害者。

（3）农民工缺乏有效的管理体制。农民工为建筑业快速发展提供了人力资源保障，同时在以农民工为主的建筑劳务市场也存在一些亟待解决的问题，一是用工企业与"包工头"签订劳务合同，一些"包头工"随意用工、管理混乱，违法转嫁经营风险，损害农民工的合法权益；二是农民工队伍庞大松散，无序流动，带来行业管理的困难。农民工是以劳务形式进入建筑工地的，大多数是属于自愿、松散的临时性组合团体。而用人单位则重使用、轻培训，安全教育很难落实，缺乏有效的安全管理体制。

5.2.2.4　安全管理投入分析

建筑工程安全投入是为达到保障建筑工程的正常开展、控制危险源、更好地实现工程建设的目的，而将一定资源投放到安全领域的一系列经济活动和资源的总称。该含义具有双重性：既是指安全投资所进行的一系列经济活动（如安全设施维护、保养及改造、安全教育及培训的花费、事故救援及预防等），又是指投入到安全活动中的资金（如为了改善安全生产条件、预防各种事故伤害、消除事故隐患等有害作业环境的全部费用，也就是为了保护员工在生产过程中的安全健康所支出的全部费用）。

目前，我国建筑工程的安全投入严重不足，其原因主要包括以下几个方面：

（1）企业对安全投入重要性的认识不够。由于安全投入效益具有滞后性、潜在性、隐蔽性等特点，其投入往往得不到足够的重视，这也使得在过去的很长时间里，为了谋求利润最大化，决策者往往注重生产性项目的投入与管理，而忽视项目的安全投入。

（2）安全投入决策者所掌握信息的数量和准确度的影响。决策的正确性必须建立在广泛的知识和信息之上。在安全投入决策中，决策者根据收集到的信息资料判断各种影响因素，并对其进行分析，为决策提供依据。信息的翔实和准确是正确决策的基础，要保证安全投入决策的正确性，决策者所掌握的信息数量和准确性就显得尤为重要。

（3）安全投入决策程序的规范化与合理性。决策程序是人们在决策实践中不断总结经验、对客观事物规律认识深化的基础上制定出来的。投入决策的过程，应在科学理论的指导下，遵循投入决策程序，由具有丰富经验的专家、学者和决策者通过可行性研究和科学的分析，选择最优方案。科学的决策，必须建立在规范的决策程序的基础上，否则，决策就会表现出主观性和盲目性。

（4）经济发展水平是影响安全投入绝对量和相对量的主要因素。一个国家、行业或部门，能将多少资源投入工作人员的安全保障，归根到底是受社会经济发展水平制约的。在经济比较落后的地区或时期。人们只能顾及基本的生存需要，因而主要考虑把资金用于满足生活的基本需求，而安全、健康则被放在次要的地位。随着经济的发展，人民生活水平的逐步提高，一方面科学技术和经济条件提供了基础保证，另一方面人们心理和生理对安全与健康的要求在随之提高，这就要求安全的投入随之增大。

（5）政治因素对安全投入的制约。一定社会条件下的安全是受该社会的政治制度和经济制度制约的。一个国家或地区的安全投入规模，也受政治制度、政治形势，乃至政治决策人对安全重视程度等因素的制约。我围的政治制度决定了国家机构的重要职能是在发展生产的基础上，不断满足人民物质和文化生活的需要。提高人民生产和生活的安全与健康水平、关心和重视劳动保护事业是党和政府主要工作宗旨之一。这就使得我国政府是能够在经济能力许可的基础上，尽最大可能地保障安全的投入。政治形势的变化显然会对安全的投入带来影响。如资本主义社会的资本积累初期，资本家主要考虑资本的增值，很少重视工人的生命健康与安全，对安全的投入非常少，使得职业事故与伤害发生率较高，工人对自身权利的要求由于受政治形势的威胁而没有得到正确的认识，因而这种不合理的状况得以维持和存在。随着社会的发展，这种状况有了显著的改善。

5.3　建筑工程安全管理的重要性

有效地遏制安全事故的发生，确保建筑施工现场作业人员的人身安全，创造文明、和谐、人性化的施工环境，是建筑施工行业贯彻落实科学发展观，真正实现以人为本价值诉求的重要手段。如何保证建筑施工过程中工作人员的生命财产安全，如何落实建筑工程安全管理，是建筑施工行业应时刻考虑和重视的问题。

（1）做好安全管理是防止事故和职业危害的根本对策。安全管理是减少、控制事故尤其是人因事故发生的有效屏障。为适应社会主义市场经济的需要，1993年国务院将原来的"国家监察、行政管理、群众监督"的安全生产管理体制，发展为"企业负责、行政管理、国家监察、群众监督"。同时，又考虑到许多安全事故的发生是由于劳动者违章违纪造成的，所以增加了"劳动者遵章守纪"这一条规定。由此可见，随着社会主义现代化建设的需要，国家也在逐步完善安全生产监察制度，愈加重视安全生产，并专门成立了安全生产监督委员会，从原来的劳动部脱离直接划归国务院管理。我国1997年颁布的《中华人民共和国建筑法》（2011年对其进行了修订），及2003年颁布的《建设工程安全生产管理条例》，都对建筑施工企业的安全生产管理作出了明确规定，反映出国家对建筑施工企业关乎民生问题的重视，确立了建筑施工企业安全管理制度的重要性。

（2）"安全第一，预防为主，综合治理"是企业安全生产的工作方针，但现在仍有许多企业对安全生产不够重视，安全投入不足，这其实是项目负责人在项目管理的同时没有认清安全与企业经营、项目施工管理紧密相连的普遍反映。建筑施工企业在完善企业规章制度的前提下，相对应不同的建筑工程，建立起施工现场的安全生产保证体系，保证企业安全生产和创造效益，创建优良工程，才能树立起企业品牌和行业信誉，提高市场竞争力。因此，安全生产管理是建筑施工企业生存和发展的保证。

（3）有效的安全管理是促进安全技术和劳动卫生措施发挥应有作用的动力。安全技术指有关安全的专门技术，如防电、防水、防火、防爆等安全技术。劳动卫生指对尘毒、噪声、辐射等各方面物理及化学危害因素的预防和治理。毫无疑问，安全技术和劳动卫生措施对于从根本上改善劳动条件、实现安全生产具有巨大作用。然而这些纵向单独分科的硬技术，基本上是以物为主的，是不可能自动实现的，需要人们计划、组织、督促、检查，进行有效的安全管理活动，才能发挥它们应有的作用。再者，单独某一方面的安全技术，其安全保障作用是有限的，因此要求综合应用各方面的安全技术，才能求得整体的安全。

（4）随着社会的发展与进步，安全生产的概念也在不断地发展。安全生产概念已不仅仅是保证不发生伤亡事故和保证生产顺利进行，更是增加了对人的身心健康的要求，提出了搞好安全生产以促进社会经济发展、社会稳定及社会进步的要求。我们应从理论、政治、经济、伦理和社会影响等不同角度来理解安全生产，从而进一步搞好安全生产管理工作。

（5）从经济上讲，安全生产是发展社会主义市场经济的重要条件。生产力的高低决定着经济发展的高低，我们要保护和发展生产力，最重要的还是保障劳动者的安全，保护他们的生命和健康。同时家庭是社会的细胞，尤其对于我们中国，重视家庭生活是传统美德。如果我们当中有一个家庭的某一个成员因生产事故而伤残或死亡，会造成这个家庭的极大不幸。并且每一起安全生产事故除了造成人员伤亡以外，还将造成一定的经济损失，这些直接或间接的经济损失有时是巨大的，甚至是一个企业或个人难以承受的。所以搞好安全生产管理就是保护劳动力，促进经济发展。

（6）生产安全事故的频发，一方面影响政府的形象，带来招商引资的负面影响，引起经济发展的波动；另一方面由于安全事故造成的人身伤害和财产损失，产生众多的经济纠纷，往往会引起人们对政府甚至对社会的不满，易引发社会的不稳定，成为社会不稳定因素。

总之，建筑工程安全管理是关系到企业生存发展和前途命运的大事，建筑企业的管理者务必要高度重视起来，要把安全生产管理系统化、具体化、普遍化。做到管理者重视安全，懂得安全管理的重要性。

思 考 题

5-1   建筑工程安全管理的原则是什么?

5-2   建筑工程安全管理的内容是什么?

5-3   试分析建筑工程安全管理的现状。

5-4   建筑工程安全管理的重要性体现在哪些方面?

建筑工程安全管理体系

6.1 我国建筑工程安全生产概况

6.1.1 我国建筑工程安全基本情况

进入新世纪以来，随着我国基础建设投入的进一步加大，建筑行业发展十分迅猛，根据国家统计局显示的数字，从2003年到2012年建筑业增加值总额达到178591亿元。但是，限于科技水平和地区经济发展的不平衡，我国建筑工程事故频发不止，事故次数和伤亡人数始终居高不下，图6.1为2003～2012年建筑业死亡人数和事故次数两项指标统计。

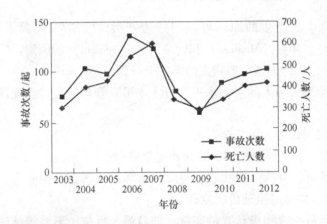

图6.1 2003～2012年我国建筑业事故次数和死亡人数统计图

按照《企业伤亡事故类型》（GB 6441—86）划分的20种事故类型，2003～2012十年间建筑行业的统计结果见表6.1。统计表明，建筑行业最为突出的事故类型为坍塌，十年间一共发生坍塌事故521起，占全部事故次数的53.93%。其他主要事故类型还有：高处坠落（114起）、车辆伤害（61起）、中毒和窒息（56起）、物体打击（37起）等。根据《生产安全事故报告和调查处理条例》将事故划分为特别重大事故、重大事故、较大事故和一般事故4个等级，我国建筑业特别重大事故、重大事故、较大事故、一般事故的比例约为1：10.67：292：16.43，其中较大事故占全部事故次数的90.63%，一般事故占5.69%，重大事故占3.31%。建筑行业事故的严重程度是比较高的，单次死亡3人以上的事故占九成以上。

针对我国建筑业的安全现状，我国先后颁布了多项法律法规，在全国基本形成了"纵向到底，横向到边"的建筑安全生产监督管理体系，并不断加大对建筑安全的监管力度，但与欧美发达国家相比较，我国每年建筑安全事故率和死亡人数仍然偏高。

表 6.1　2003～2012 年我国建筑业事故类型统计表

事故类型	发生次数/起	死亡人数/人	事故类型	发生次数/起	死亡人数/人
坍　塌	521	2229	透　水	7	23
物体打击	37	117	放　炮	6	26
车辆伤害	61	285	淹　溺	24	74
机械伤害	12	37	瓦斯爆炸	2	46
起重伤害	28	105	火药爆炸	1	8
触　电	36	134	其他爆炸	17	88
灼　烫	2	11	锅炉爆炸	0	0
火　灾	10	49	容器爆炸	1	4
高处坠落	114	502	中毒和窒息	56	202
冒顶片帮	7	26	其他伤害	24	80

6.1.2　我国建筑工程安全事故产生的原因

建筑工程安全事故产生的原因可以归结为四类，即"4M"要素：人（Men）、物（Machine or Matter）、环境（Medium）和管理（Management）的因素。

（1）人的因素。人的因素一般指人的不安全行为。

1）人的不安全行为与人的文化水平、技术水平、管理能力、作业能力及身体素质密切相关。

2）人的因素又可以分为下几个方面：

① 人接受教育的程度，包括学历教育和安全培训；

② 人的身体状况，包括生理状态、健康状态和精神状态，如听力、视力不良，反应迟钝，疾病、酗酒、疲劳等生理机能障碍等；

③ 工作中缺乏科学或积极认真的态度，如怠慢、反抗、不满等情绪，消极或玩忽职守的工作态度等。

（2）物的因素。物的因素指物的不安全状态。

1）机具的缺陷或限控装置、保险装置失效；

2）作业地点机具安设、材料堆放储运不符合要求；

3）高空作业缺乏必要的保护措施或保护措施失效。

（3）环境因素。环境因素包括作业环境、自然环境和人文环境。

1）作业地点无安全防护措施或防护措施不符合安全要求；

2）自然环境，包括气候、温度、自然地理条件等因素的影响；

3）一个企业从领导到职工，人人讲安全，人人重视安全，形成一个良好的安全氛围，即形成了企业的安全文化，在这样的环境下的安全生产是有保障的，反之亦然。

（4）管理因素。管理因素指管理缺陷。

人的不安全行为和物体的不安全状态，往往只是造成事故的直接和表面原因，而发生事故的根本原因还是管理上的缺陷。

6.1.3 我国建筑工程安全生产存在的问题

总结建筑业各个时期的发展，可以看出，凡是社会政治稳定，安全规章制度健全，有机构、有人员，深入开展安全生产管理工作的历史阶段，伤亡事故就会下降，安全生产工作就会得到好转；反之，就会出现伤亡事故上升的严峻局面。

我国现有建筑工人三四千万人，约占全世界建筑业从业人数的四分之一，但是他们的劳动环境和安全状况却存在很大的问题。由于行业特点、工人素质、管理难度等原因，以及文化观念、社会发展水平等社会现实，建筑工程安全生产形势严峻，建筑业已与危化、采矿并称为三大最危险行业。

近年来，随着各级政府对建筑安全生产工作的重视，全国的建筑工程安全生产状况有所好转，死亡人数基本呈下降趋势，但安全生产的整体形势还是比较严峻。

具体说来，主要有以下一些方面的问题制约着建筑工程安全生产水平的提高：

（1）法律法规方面。建筑工程相关的安全生产法律法规和技术标准体系有待进一步完善，相关标准也需要完善。虽然法规不少，但随着社会的发展，已暴露出不少缺陷和问题。与工业发达国家相比存在的差距是：建筑法律法规的可操作性差；法律法规体系不健全；部分法律法规还存在着重复和交叉等问题。

（2）政府监管方面。建筑业安全生产的监督管理基本上还停留在突击性的安全生产大检查上，缺少日常的监督管理制度和措施。监管体系不够完善，资金不落实，监管力度不够，手段落后，不能适应市场经济发展的要求。

（3）人员素质方面。建筑行业整体素质低下，建筑业是吸纳农村劳动力的产业，农民工比例占到80.58%，其安全防护意识和操作技能低下，而职业技能的培训却远远不够。全行业技术、管理人员偏少，专职安全管理人员更少，素质低，远达不到工程管理的需要。

（4）安全技术方面。建筑业安全生产科技相对落后，近年来，科学技术含量高、施工难度大和施工危险性大的工程增多，给施工安全生产管理提出了新课题、新挑战。一大批高、大、精、尖工程的出现，都使施工难度、危险性增大。

（5）企业安全管理方面。长期以来，我国安全生产工作的重点主要放在国有企业，特别是国有大中型企业。随着改革的深入和经济的快速发展，建设生产经营单位的经济成分及投资主体日趋多元化。

（6）安全教育方面。高等教育中与建筑安全有关的技术教育和安全系统工程专业学科很少。建筑业的三级安全教育执行情况较差，工人受到的安全培训非常少。

（7）个人安全防护。建筑业的个人安全防护装备落后，质量低劣，配备严重不足。

（8）建筑安全危险预防和评估。预防建筑工程安全生产中的事故，是实现建筑工程安全生产的基本保障，目前缺乏建筑安全危险的预防和评估机制。

（9）"诚信制度"和"意外伤害保险制度"建设。按照市场经济客观规律，运用市场信誉杠杆，建立成熟完善的保险市场，是市场经济安全生产管理的重要手段。目前我国建筑业的"诚信制度"和"意外伤害保险制度"建设与发达国家差距很大，企业安全生产信誉与市场进入准则脱节，意外伤害保险开展缓慢，已纳入保险（尤其是雇员险）的工程项目比例较低，不适应建立市场经济的客观要求。

产生安全事故的原因十分复杂，国内外学者自 20 世纪 30 年代以来，进行了大量的统计研究，先后提出了多个描述事故原因的理论模型。根据理论研究和大量安全事故分析，发现管理落后是发生安全事故的重要原因。例如，提出多米诺事故致因理论（Domino Accident Theory）的美国著名学者 Heinrich 在其著作《工业事故预防》一书中，认为人的不安全行为是事故产生的根本原因，管理应为事故发生负责；美国学者 Petersen 提出了复合因果理论模型（Multiple Causation Model），认为造成安全事故的原因是多方面的，根本原因在于管理系统，包括管理的规章制度、管理的程序、监督的有效性以及员工训练等方面的缺陷等，是因管理失效而造成了安全事故。

为了建筑行业的持续健康发展，国内很多学者从上世纪开始对建筑业的安全问题进行了大量深入研究，结果表明，管理的落后是发生安全事故的重要原因。因为大多数建筑单位对建筑安全技术比较重视，认为它是建筑安全生产的基本保证，而对建筑安全管理则比较轻视。但事故的发生原因是多因素综合作用的结果，绝大部分建筑安全事故与法制不健全、管理方法落后、管理不到位或管理缺失等因素有关。

6.1.4　建筑安全管理体系的基本内容

安全管理体系，顾名思义就是基于安全管理的一整套体系，包括软件、硬件方面。软件方面涉及思想、制度、教育、组织、管理；硬件包括安全投入、设备、设备技术、运行维护等等。构建安全管理体系的最终目的就是实现企业安全、高效运行。

在不同的行业及企业里，安全管理体系的关键要素虽存在差异，但是都大致具有以下几个类别的要素：

（1）安全文化及理念的树立；

（2）管理层的承诺、支持与垂范；

（3）安全专业组织的支持；

（4）可实施性好的安全管理程序或制度；

（5）有效且具有针对性的安全培训；

（6）员工的全员参与。

建筑业与矿山、危化同属于高风险行业，其施工企业应该建立起严密、协调、有效、科学的安全管理体系，以减少和避免安全事故的发生，保障企业的安全运营和良性发展。

什么是建筑安全管理体系，建筑安全管理体系是施工企业以保证施工安全为目标，运用系统的概念和方法，把安全管理的各阶段、各环节和各职能部门的安全职能组织起来，形成一个既有明确的任务、职责和权限，又能互相协调、促进的有机整体。

根据系统论的基本理论和系统构建的思路，建筑施工企业的安全管理体系理应包括如下基本内容：

（1）具有明确的安全方针、目标和计划。每个建筑施工企业的安全管理体系必须有明确的安全方针、安全目标、安全计划，才能把各个部门、环节的安全管理工作组织起来，充分发挥各方面的力量，使安全管理体系协调和正常运转。

（2）建立严格的安全生产责任制。安全管理工作是一项综合性工作，必须明确规定企业职能部门、各级人员在安全管理工作中所承担的职责、任务和权限。做到安全工作事事有人管，层层有人抓，检查有依据，评比有标准，建立一套以安全生产责任制为主要内容的考核奖惩办法和具有安全否决权的评比管理制度。

（3）设立专职安全管理机构。为了使安全管理体系卓有成效地运转，建筑企业各部门的安全职能得到充分的发挥，就应根据国家和行业的规定，建立一个负责组织、协调、检查、督促工作的专职安全管理机构。安全管理机构的设置由建筑施工企业的生产规模、施工性质、生产技术特点、生产组织形式所决定。工程局、工程处设安全生产委员会，施工队设安全生产领导小组，班组设安全员。

（4）建立高效而灵敏的安全管理信息系统。要使安全管理体系正常运转，必须建立一个高效、灵敏的企业内部信息系统，规范各种安全信息的传递方法和程序，在企业内形成畅通无阻的信息网，准确、及时地搜集各种安全卫生信息，并设专人负责处理。

（5）开展群众性的安全管理活动。安全管理体系应建立在保证建筑安全施工和保护员工劳动安全卫生的基础上，因此，必须在建筑施工生产的各环节经常性地开展各种形式的群众性安全管理宣传教育活动。

（6）实行安全管理程序化和管理业务标准化。安全管理流程程序化就是对企业生产经营活动中的安全管理工作进行分析，使安全管理工作过程合理化，并固定下来，用图表、文字表示出来。安全管理业务标准化就是将企业中行之有效的安全管理措施和办法制定成统一标准，纳入规章制度贯彻执行。建筑施工企业通过实现安全管理流程程序化和标准化，就可使安全管理工作条理化、规范化，避免职责不清、相互脱节、相互推诿等管理过程中常见的弊病。因此，它是安全管理体系的重要内容，也是建立安全管理体系的一项重要的基础工作。

（7）组织外部协作单位的安全保证活动。建筑施工企业所需的机械设备、安全防护用品等是影响施工安全的重要因素。安全性能良好的机械设备、安全防护用品等，是保证企业安全生产的必要条件。这就关系到外部协作单位对建筑施工企业在安全生产条件和生产技术方面的安全性、可靠性的保证，是建立和健全企业安全管理体系不可缺少的内容。

建筑企业建立安全管理体系，首先应有明确的指导思想，即安全是企业发展永恒的主题。因此，在建立企业安全管理体系的方式、方法上仍需不断完善。

必须克服在安全问题上的短期行为、侥幸心理和事故难免的思想；对安全问题要常抓不懈、居安思危、有备无患、坚定信心，坚持"安全第一、预防为主"的方针；依靠企业全体人员共同努力；企业法人代表负责，亲自抓安全；对施工组织进行安全评价与审核；加强施工事故的预防与不安全因素的控制，加速安全信息的传递；有计划、有步骤地把外协单位所提供的产品、零部件和劳务等的安全需求纳入本企业安全管理体系中；不断健全与完善安全管理体系。

建立安全管理体系要从企业的实际情况出发，选择合适的方式。可把整个企业生产经营活动作为一个大系统，再直接着手建立起安全生产的安全管理体系，也可把工程项目作为对象建立项目安全管理体系。

建立安全管理体系的目的是要根据安全方针、安全目标、安全计划的规定和安排，使它有效地运转起来，发挥作用，保证安全生产。这就要求全体职工对施工安全具有强烈的事业心和责任心，不断提高技术素质，胜任本岗位的安全操作。这些都是建立建筑施工企业安全管理体系过程中最重要的环节。真正转移到提高劳动者的安全科技文化素质，依靠先进的安全科学技术的轨道上来，同时也要加强组织学习国际上职业安全卫生管理体系的经验和标准，充实企业的安全管理体系。

6.2　建筑安全法律法规体系

近年来，随着我国基础建设和城镇化进程的加快，建筑业发展规模逐年增大，现已成为我国国民经济一个重要的支柱产业。然而，与建筑业的发展相伴的是建筑行业的安全生产问题，近年已与矿山开采、危险化学品企业并称之为三大高危行业，其安全生产已受到社会和业内人士的极大关注。目前我国已通过多种措施和手段对建筑行业的安全生产问题进行管理和控制，其中法制手段就是最为有效的一种方法。

加强建筑工程安全生产工作，要结合多种手段、方法进行管理，而从法制的角度、从法律层面对安全生产的管理进行控制才是最为根本的做法。因为完善的建筑安全生产法律、法规体系不但可以为参与建设活动的各方责任主体提供正确的行为模式，而且可以为政府主管部门强化安全监管赋予具有法律权威性的手段，可以依法对安全生产违法违规主体和行为实施法律制裁。

经过多年的探索，我国目前已经建立了一套较为完备的建筑工程安全法律法规体系，其对我国建筑领域的安全监管工作起到了非常重要的作用。

6.2.1　建设工程安全生产法律法规的立法历程

新中国成立以来，安全生产始终得到国家的高度重视。特别是改革开放 30 多年来，我国始终在探寻治标治本的安全生产道路。建筑工程领域安全生产活动的立法历程就反映了我国对安全生产工作制度化的历程。

1984 年，原城乡建设环境保护部就着手研究和起草《建筑法》，1997 年，经全国人民代表大会常务委员会第 28 次会议审议通过，1997 年 11 月 1 日正式颁布，1998 年 3 月 1 日起正式实施。《建筑法》的出台，对建筑业的良性发展提供了重要的法律依据，为解决当时建筑活动中存在的安全和其他问题提供了法律武器，同时为推进和完善建筑活动的法制建设提供了重要的法律依据。

《建筑法》共八章八十五条，其中有关安全管理的规定或涉及安全的内容有五章二十五条，并且第五章建筑安全生产管理，就安全生产的方针、原则，安全技术措施，安全工作职责与分工，安全教育和事故报告等做出了明确的规定。在《安全生产法》出台之前的一段时间内，《建筑法》是规范我国建筑工程领域安全生产的唯一一部法律。

《安全生产法》于 2002 年 6 月 29 日经全国人大常委会三次审议正式通过。《安全生产法》是我国安全生产领域的综合性基本法，它的颁布实施是我国安全生产领域的一件大事，是我国安全生产监督与管理正式纳入法制化管理轨道的重要标志，是加入 WTO 后依照国际惯例，以人为本、关爱生产、热爱生命、尊重人权、关注安全生产的具体体现，是我国为加强安全生产监督管理，防止和减少安全生产事故，保障人民群众生命财产安全所采取的一项具有战略意义、标本兼治的重大措施。

1996 年，原建设部就起草了《建设工程安全生产管理条例》并上报国务院。1998 年，国务院法制办将收到的 24 个地区和 27 个部门对《建设工程安全生产管理条例》的修改意见返回原建设部。原建设部结合《建筑法》、《招标投标法》、《建设工程质量管理条例》等法律、法规，认真研究了各地区、部门提出的意见，对《建设工程安全生产管理条例》

作了相应修改。《安全生产法》颁布后，原建设部根据《安全生产法》再次进行了修改，又征求了各地区、各有关部门的意见，并召开了法律界专家、建设活动各责任主体等有关方面人员参加的专家论证会，于 2003 年 1 月 21 日形成《建设工程安全生产管理条例》送审稿。2003 年国务院法制办将其列入立法计划，并在送审稿的基础上，经过反复论证和完善，形成《建设工程安全生产管理条例》草案。2003 年 11 月 12 日，国务院第 28 次常务会议讨论并原则上通过了该草案，11 月 24 日国务院第 393 号令予以公布，自 2004 年 2 月 1 日起施行。《建设工程安全生产管理条例》确立了有关建设工程安全生产监督管理的基本制度，明确了参与建设活动各方责任主体的安全责任，确保了参与各方责任主体安全生产利益及建筑工人安全与健康的合法权益，为维护建筑市场秩序，加强建设工程安全生产监督管理提供了重要的法律依据。

《建设工程安全生产管理条例》是我国第一部规范建设工程安全生产的行政法规。它的颁布实施是工程建设领域贯彻落实《建筑法》和《安全生产法》的具体表现，标志着我国建设工程安全生产管理进入法制化、规范化发展的新时期。《建设工程安全生产管理条例》全面总结了我国建设工程安全管理的实践经验，借鉴了国外发达国家建设工程安全管理的成熟做法，对建设活动各方主体的安全责任、政府监督管理、生产安全事故的应急救援和调查处理以及相应的法律责任作了明确规定，确立了一系列符合中国国情以及适应社会主义市场经济要求的建设工程安全管理制度。《建设工程安全生产管理条例》的颁布实施，对于规范和增强建设工程各方主体的安全行为和安全责任意识，强化和提高政府安全监管水平和依法行政能力，保障从业人员和广大人民群众的生命财产安全，具有十分重要的意义。

《生产安全事故报告和调查处理条例》于 2007 年 3 月 28 日国务院第 172 次常务会议通过，国务院总理于 2007 年 4 月 9 日签署第 493 号国务院令予以公布，自 2007 年 6 月 1 日起施行。《生产安全事故报告和调查处理条例》是《中华人民共和国安全生产法》重要的配套行政法规，对生产安全事故的报告和调查处理作出了全面、明确的具体规定，是各级人民政府、安全生产监督管理部门和负有安全生产监督管理职责的有关部门做好事故报告和调查处理工作的重要依据。国务院 1989 年公布施行的《特别重大事故调查程序暂行规定》和 1991 年公布施行的《企业职工伤亡事故报告和调查处理规定》对规范事故报告和调查处理发挥了重要作用。但是，随着社会主义市场经济的发展，安全生产领域出现了一些新情况、新问题。比如，生产经营单位的所有制形式多元化，由过去以国有和集体所有为主发展为多种所有制的生产经营单位并存，特别是私营、个体等非公有生产经营单位在数量上占据多数，并且出现了公司、合伙企业、合作企业、个人独资企业等多样化的组织形式，生产经营单位的内部管理和决策机制也随之多样化、复杂化，给安全生产监督管理提出了新的课题；在经济持续快速发展的同时，安全生产面临着严峻形势，特别是矿山、危险化学品、建筑施工、道路交通等行业或者领域事故多发的势头没有得到根本遏制；安全生产监管体制发生了较大变化，各级政府特别是地方政府在安全生产工作中负有越来越重要的职责；社会各界对于生产安全事故报告和调查处理的关注度越来越高，强烈呼吁采取更加有效的措施，进一步规范事故报告和调查处理。为了适应安全生产的新形势、新情况，迫切需要在总结经验的基础上，制定一部全面、系统地规范生产安全事故报告和调查处理的行政法规，为规范事故报告和调查处理工作，落实事故责任追究制度，维护事故受害人的合法权益和社会稳定，预防和减少事故发生进一步提供法律保障。

《安全生产违法行为行政处罚办法》于 2008 年 1 月 1 日起施行，该办法对行政处罚的程序、适用和执行方面作了进一步补充和完善，对法律、行政法规已有明确规定，对不需要进一步量化、细化的条文进行了删简，对法律、行政法规已经作出的处罚规定（如对事故责任者的处罚）作出了衔接性规定。

6.2.2　建筑工程领域安全生产法律法规体系

目前，我国建筑工程领域安全生产法律体系主要由《建筑法》、《安全生产法》、《建设工程安全生产管理条例》以及相关的法律、法规、规章和工程建设强制性标准构成，现分别加以介绍。

6.2.2.1　法律

这里所说的法律是指狭义的法律，是指全国人大及其常务委员会制定的规范性文件，在全国范围内施行，其地位和效力仅次于宪法。

我国法律根据其制定机关不同可分为两类：一类是基本法律，由全国人大制定和修改，如民法、刑法等；另一类是基本法律以外的其他法律，由全国人大常务委员会制定和修改，如商标法、文物保护法等。另外，全国人大及其常务委员会作出的具有规范性的决议、决定、规定、办法等也都属于此处所指的狭义法律。

在法律层面上，《建筑法》和《安全生产法》是构建建筑工程安全生产法律法规体系的两大基础。《建筑法》是我国第一部规范建筑活动的部门法律，它的颁布施行强化了建筑工程质量和安全的法律保障。《建筑法》总计八十五条，通篇贯穿了质量安全问题，具有很强的针对性，对影响建筑工程质量和安全的各方面因素作了较为全面的规范。《安全生产法》是安全生产领域的综合性基本法，它是我国第一部全面规范安全生产的专门法律，是我国安全生产法律体系的主体法，是各类生产经营单位及其从业人员实现安全生产所必须遵循的行为准则，是各级人民政府及其有关部门进行监督管理和行政执法的法律依据，是制裁各种安全生产违法犯罪的有力武器。

下面简要介绍一下我国建筑工程领域与安全生产有关的主要法律。

A　《建筑法》关于安全生产的主要内容

《中华人民共和国建筑法》于 1997 年 11 月 1 日第八届全国人民代表大会常务委员会第 28 次会议通过，1997 年 11 月 1 日中华人民共和国主席令第 91 号发布，自 1998 年 3 月 1 日起施行。2011 年 4 月 22 日第十一届全国人大常委会第 20 次会议通过《关于修改〈中华人民共和国建筑法〉的决定》修正，自 2011 年 7 月 1 日起施行。

《建筑法》主要规定了建筑许可、建筑工程发包承包、建筑工程监理、建筑安全生产管理、建筑工程质量管理及法律责任等方面的内容。

《建筑法》确立了安全生产责任制度。安全生产责任制度是建筑生产中最基本的安全管理制度，是所有安全规章制度的核心。安全生产责任制度是指将各种不同的安全责任落实到负有安全管理责任的人员和具体岗位人员身上的一种制度。这一制度是"安全第一，预防为主"方针的具体体现，是建筑安全生产管理的基本制度。

在建筑活动中，只有明确安全责任，分工负责，才能形成完整有效的安全管理体系，激发每个人的安全责任感，严格执行建筑工程安全的法律、法规和安全规程、技术规范，防患于未然，减少和杜绝建筑工程事故，为建筑工程的安全生产创造一个良好的环境。

《建筑法》确立了群防群治制度。群防群治制度是职工群众进行预防和治理安全的一种制度。这一制度也是"安全第一、预防为主"的具体体现，同时也是群众路线在安全工作中的具体体现，是企业进行民主管理的重要内容，要求建筑企业职工在施工中遵守有关生产的法律、法规的规定和建筑行业安全规章、规程，不得违章作业，同时对于危及生命安全和身体健康的行为有权提出批评、检举和控告。

《建筑法》确立了安全生产教育培训制度。安全生产教育培训制度是对广大建筑干部职工进行安全教育培训，提高安全意识、增加安全知识和技能的制度。安全生产，人人有责，只有通过对广大职工进行安全教育、培训，才能使广大职工真正认识到安全生产的重要性、必要性，使广大职工掌握更多更有效的安全生产的科学技术知识，牢固树立安全第一的思想，自觉遵守各项安全生产和规章制度。

《建筑法》确立了安全生产检查制度。安全生产检查制度是上级管理部门或建筑施工企业，对安全生产状况进行定期或不定期检查的制度。通过检查可以发现问题，查出隐患，从而采取有效措施，堵塞漏洞，把事故消灭在发生之前，做到防患于未然，是"预防为主"的具体体现。通过检查，还可总结出好的经验加以推广，为进一步搞好安全工作打下基础。

《建筑法》确立了伤亡事故处理报告制度。施工中发生事故时，建筑企业应当采取紧急措施减少人员伤亡和事故损失，并按照国家有关规定及时向有关部门报告。事故处理必须遵循一定的程序，做到"四不放过"（事故原因未查清不放过；职工和事故责任人受不到教育不放过；事故隐患不整改不放过；事故责任人不处理不放过）。通过对事故的严格处理，可以总结出经验教训，为制定规程、规章提供第一手素材，指导今后的施工。

《建筑法》还确立了安全责任追究制度。规定建设单位、设计单位、施工单位、监理单位，由于没有履行职责造成人员伤亡和事故损失的，视情节给予相应处理；情节严重的，责令停业整顿，降低资质等级或吊销资质证书；构成犯罪的，依法追究刑事责任。

B　《安全生产法》的主要内容

《中华人民共和国安全生产法》于 2002 年 6 月 29 日全国人民代表大会常务委员会第 28 次会议通过，2002 年 6 月 29 日中华人民共和国主席令第 70 号公布，自 2002 年 11 月 1 日起施行，2014 年 8 月 31 日第十二届全国人民代表大会常务委员会第十次会议通过全国人民代表大会常务委员会关于修改《中华人民共和国安全生产法》的决定，自 2014 年 12 月 1 日起施行。

《安全生产法》中提供了四种监督途径，即工会民主监督、社会舆论监督、公众举报监督和社区服务监督。通过这些监督途径，使许多安全隐患及时得以发现，也将使许多安全管理工作中的不足得以改善；《安全生产法》中明确了生产经营单位必须做好安全生产的保证工作，既要在安全生产条件上、技术上符合生产经营的要求，也要在组织管理上建立健全安全生产责任并进行有效落实；《安全生产法》不仅明确了从业人员为保证安全生产所应尽的义务，也明确了从业人员进行安全生产所享有的权利。在正面强调从业人员应该为安全生产尽职尽责的同时，赋予从业人员的权利；也从另一方面有效保障了安全生产管理工作的有效开展；《安全生产法》明确规定了生产经营单位负责人的安全生产责任，因为一切安全管理，归根到底是对人的管理，只有生产经营单位的负责人真正认识到安全管理的重要性并认真落实安全管理的各项工作，安全管理工作才有可能真正有效进行。违法必究是我国法律的基本原则，在《安全生产法》中明确了对违法单位和个人的法律责任追究制度。生产安全事故，特别是重特大生产安全事故往往具有突发性、紧迫性，如果事先没有做好充分准备工作，很难在短时间内组织有效的抢救，防止事故的扩大，减少人员伤亡和财产损失。因此，《安全生产法》明确了要建立事故应急救援制度，制定应急救援预案，形成应急救援预案体系。

C 《劳动法》关于建设工程安全生产的主要内容

《中华人民共和国劳动法》于 1994 年 7 月 5 日中华人民共和国第八届全国人民代表大会常务委员会第 8 次会议通过，1994 年 7 月 5 日中华人民共和国主席令第 28 号发布，自 1995 年 1 月 1 日起施行。第十届全国人民代表大会常务委员会第 28 次会议于 2007 年 6 月 29 日修订通过，自 2008 年 1 月 1 日起施行。

该法与建设工程安全生产密切相关的规定主要包括：劳动安全卫生设施必须符合国家规定的标准。新建、改建、扩建工程的劳动安全卫生设施必须与主体工程同时设计、同时施工、同时投入生产和使用；用人单位必须为劳动者提供符合国家规定的劳动安全卫生条件和必要的劳动防护用品，对从事有职业危害作业的劳动者应当定期进行健康检查；从事特种作业的劳动者必须经过专门培训并取得特种作业资格；劳动者在劳动过程中必须严格遵守安全操作规程。劳动者对用人单位管理人员违章指挥、强令冒险作业，有权拒绝执行；对危害生命安全和身体健康的行为，有权提出批评、检举和控告；国家建立伤亡事故和职业病统计报告和处理制度。县级以上各级人民政府劳动行政部门、有关部门和用人单位应当依法对劳动者在劳动过程中发生的伤亡事故和劳动者的职业病状况，进行统计、报告和处理。

D 《刑法》关于建设工程安全生产的主要内容

《中华人民共和国刑法》于 1979 年 7 月 1 日第五届全国人民代表大会第二次会议通过，1997 年 3 月 14 日第八届全国人民代表大会第五次会议修订，至 2011 年 2 月 25 日经过八次修正。

《刑法》中有关建设工程安全生产的规定主要包括：

（1）在生产、作业中违反有关安全管理的规定，因而发生重大伤亡事故或者造成其他严重后果的，处三年以下有期徒刑或者拘役；情节特别恶劣的，处三年以上七年以下有期徒刑。

强令他人违章冒险作业，因而发生重大伤亡事故或者造成其他严重后果的，处五年以下有期徒刑或者拘役；情节特别恶劣的，处五年以上有期徒刑。

（2）安全生产设施或者安全生产条件不符合国家规定，因而发生重大伤亡事故或者造成其他严重后果的，对直接负责的主管人员和其他直接责任人员，处三年以下有期徒刑或者拘役；情节特别恶劣的，处三年以上七年以下有期徒刑。

举办大型群众性活动违反安全管理规定，因而发生重大伤亡事故或者造成其他严重后果的，对直接负责的主管人员和其他直接责任人员，处三年以下有期徒刑或者拘役；情节特别恶劣的，处三年以上七年以下有期徒刑。

（3）违反爆炸性、易燃性、放射性、毒害性、腐蚀性物品的管理规定，在生产、储存、运输、使用中发生重大事故，造成严重后果的，处三年以下有期徒刑或者拘役；后果特别严重的，处三年以上七年以下有期徒刑。

（4）建设单位、设计单位、施工单位、工程监理单位违反国家规定，降低工程质量标准，造成重大安全事故的，对直接责任人员，处五年以下有期徒刑或者拘役，并处罚金；后果特别严重的，处五年以上十年以下有期徒刑，并处罚金。

（5）违反消防管理法规，经消防监督机构通知采取改正措施而拒绝执行，造成严重后果的，对直接责任人员，处三年以下有期徒刑或者拘役；后果特别严重的，处三年以上七年以下有期徒刑。

在安全事故发生后，具有报告职责的人员不报或者谎报事故情况，贻误事故抢救，情节严重的，处三年以下有期徒刑或者拘役；情节特别严重的，处三年以上七年以下有期徒刑。

E 《消防法》关于建设工程安全生产的主要内容

《中华人民共和国消防法》于1998年4月29日中华人民共和国第九届全国人民代表大会常务委员会第2次会议通过，自1998年9月1日起施行。中华人民共和国第十一届全国人民代表大会常务委员会第5次会议于2008年10月28日修订通过，自2009年5月1日起施行。

《中华人民共和国消防法》与建设工程安全生产密切相关的规定主要包括：按照国家工程建筑消防技术标准需要进行消防设计的建筑工程，设计单位应当按照国家工程建筑消防技术标准进行设计，建设单位应当将建筑工程的消防设计图纸及有关资料报送公安消防机构审核；未经审核或者经审核不合格的，建设行政主管部门不得发给施工许可证，建设单位不得施工。经公安消防机构审核的建筑工程消防设计需要变更的，应当报经原审核的公安消防机构核准；未经核准的，任何单位、个人不得变更。按照国家工程建筑消防技术标准进行消防设计的建筑工程竣工时，必须经公安消防机构进行消防验收；未经验收或者经验收不合格的，不得投入使用。建筑构件和建筑材料的防火性能必须符合国家标准或者行业标准的要求。公共场所室内装修、装饰根据国家工程建筑消防技术标准的规定，应当使用不燃、难燃材料的，必须选用依照产品质量法的规定确定的检验机构检验合格的材料。

F 《环境保护法》及相关法律关于建设工程安全生产的主要内容

为保护和改善环境，防止污染，国家制定了一系列环境保护的法律、法规，如《中华人民共和国环境保护法》、《中华人民共和国大气污染防治法》、《中华人民共和国固体废物污染环境防治法》、《中华人民共和国环境噪声污染防治法》等。

上述法律的有关条文对施工单位保护环境的义务和法律责任做出了具体规定，如《中华人民共和国环境保护法》规定，产生环境污染和其他公害的单位，必须把环境保护工作纳入计划，建立环境保护责任制度；采取有效措施，防治在生产建设或者其他活动中产生的废气、废水、废渣、粉尘、放射性物质以及噪声、振动、电磁波辐射等对环境的污染和危害。

《中华人民共和国环境噪声污染防治法》规定，在城市市区范围内向周围生活环境排放建筑施工噪声的，应当符合国家规定的建筑施工场界环境噪声排放标准；在城市市区范围内，建筑施工过程使用机械设备，可能产生环境噪声污染的，施工单位必须向环境保护行政主管部门申报；因特殊需要必须连续作业的应由县级以上人民政府或者其他有关主管部门的证明，且须公告附近居民。

《中华人民共和国固体废物污染环境防治法》规定，施工单位应当及时清运、处置建筑施工过程中产生的垃圾，并采取措施，防止污染环境。对施工单位违反上述法律条文的，环境保护行政主管部门和有关部门可以对施工单位给予责令改正、停产整顿、处以罚款等处罚。

G　《行政处罚法》关于建设工程安全生产的主要内容

《中华人民共和国行政处罚法》于 1996 年 3 月 17 日第八届全国人民代表大会第 4 次会议通过，1996 年 10 月 1 日公布施行。中华人民共和国第十一届全国人民代表大会常务委员会第 10 次会议于 2009 年 8 月 27 日修订通过，自公布之日起施行。

行政处罚是一种非常重要的行政管理手段。《行政处罚法》规定，行政处罚只能由法律、法规或者规章设定，其他规范性文件不得设定行政处罚；规章只能设定警告或者一定数额的罚款；对违法行为给予行政处罚的规定必须公布，未经公布的，不得作为行政处罚的依据。行政处罚原则上只能由行政机关实施，事业单位未经法律、法规的授权或行政机关的委托，不得行使行政处罚权；没有法律、法规或者规章的明确规定，行政机关不得委托事业组织实施行政处罚。处罚主体是行政机关或其他行政主体；处罚对象是行政管理相对人；处罚的客体是违反行政法律规范的行为；处罚目的是惩戒违法，体现在：一是对违法的相对人权益的限制、剥夺。二是对其附以新的义务。

《行政处罚法》设定了：

（1）警告；

（2）罚款；

（3）没收违法所得、没收非法财物；

（4）责令停产停业；

（5）暂扣或吊销许可证、暂扣或吊销执照；

（6）行政拘留；

（7）法律、行政法规规定的其他行政处罚等七种行政处罚。

H　《行政复议法》关于建设工程安全生产的主要内容

《中华人民共和国行政复议法》于 1999 年 4 月 29 日第九届全国人民代表大会常务委员会第 9 次会议通过，自 1999 年 10 月 1 日起施行。

行政复议是指行政管理的相对人认为行政主体的具体行政行为侵犯其合法权益，依法向法定的机关提出申请，由受理机关根据法定程序对具体行政行为的合法性和适当性进行审查并作出相应决定的活动。行政复议法是行政机关解决行政纠纷的法律。主要规定了行政复议的条件，包括行政复议的范围、管辖与参加人，行政复议的程序与规则。

I　《行政诉讼法》关于建设工程安全生产的主要内容

《中华人民共和国行政诉讼法》于 1989 年 4 月 4 日第七届全国人民代表大会第 2 次会议通过，自 1990 年 10 月 1 日起施行。

行政诉讼法，是调整人民法院、诉讼当事人和其他诉讼参与人在行政诉讼中权利义务关系的法律规范的总称。行政诉讼法，是保证行政法贯彻落实和发展完善的最重要的程序法，是审理行政案件的程序法，是人民法院审判行政案件和诉讼参与人进行行政诉讼活动必须遵守的准则。《中华人民共和国行政诉讼法》分 11 章 75 条，主要内容有：行政诉讼法的重要原则；人民法院对行政案件的受案范围、管辖、受理、审理和判决；行政诉讼参加人；行政诉讼的证据；执行；行政侵权赔偿责任；涉外行政诉讼等。

6.2.2.2 行政法规

行政法规是由国务院制定的规范性文件，颁布后在全国范围内施行。《中华人民共和国立法法》第五十六条规定："国务院根据宪法和法律，制定行政法规。"行政法规可以就下列事项作出规定：

（1）为执行法律的规定需要制定行政法规的事项；

（2）宪法第八十九条规定的国务院行政管理职权的事项。

应当由全国人民代表大会及其常务委员会制定法律的事项，国务院根据全国人民代表大会及其常务委员会的授权决定先制定的行政法规，经过实践检验，制定法律的条件成熟时，国务院应当及时提请全国人民代表大会及其常务委员会制定法律。我国行政法规的名称，按照《行政法规制定程序条例》第 4 条的规定，一般称为"条例"、"规定"、"办法"。

在行政法规层面上，《建设工程安全生产管理条例》和《安全生产许可证条例》是建设工程安全生产法规体系中主要的行政法规。《建设工程安全生产管理条例》是根据《建筑法》和《安全生产法》制定的一部关于建筑工程安全生产的专项法规。它确立了我国关于建设工程安全生产监督管理的基本制度，明确了参与建设活动各方责任主体的安全责任，确保了建设工程参与各方责任主体安全生产利益及建筑从业人员安全与健康的合法权益，为维护建筑市场秩序，加强建设工程安全生产监督管理提供了重要的法律依据。在《安全生产许可证条例》中，我国第一次以法律形式确立了企业安全生产的准入制度，是强化安全生产源头管理，全面落实"安全第一、预防为主"安全生产方针的重大举措。

下面简要介绍一下我国与安全生产有关的主要行政法规。

A 《建设工程安全生产管理条例》的主要内容

《建设工程安全生产管理条例》（以下简称《安全条例》）于 2003 年 11 月 12 日国务院第 28 次常务会议通过，2003 年 11 月 24 日时任国务院总理温家宝签署第 393 号国务院令予以公布，自 2004 年 2 月 1 日起施行。

《安全条例》是我国工程建设领域安全生产工作发展历史中一件具有里程碑意义的大事，也是工程建设领域贯彻落实《中华人民共和国建筑法》和《中华人民共和国安全生产法》的具体表现，标志着我国建设工程安全生产管理进入法制化、规范化发展的新时期。该条例较为详细地规定了建设单位、勘察、设计、工程监理、其他有关单位的安全责任和施工单位的安全责任，以及政府部门对建设工程安全生产实施监督管理的责任等。

a 建设单位安全责任

《安全条例》中规定了建设单位应当承担的安全生产责任：

一是建设单位不得对勘察、设计、施工、工程监理单位提出不符合建设工程安全生产法律、法规和强制性标准规范的要求，不得压缩合同约定的工期，违反规定可处罚20万～50万元；

　　二是在工程概算中必须按规定确定安全措施费用（如违反可责令改正，逾期可停工等）；

　　三是建设单位不得明示或暗示施工单位购买、租赁、使用不符合安全施工要求的安全防护用具、机械设备、施工机具及构配件、消防设施和器材，违反规定可处罚20万～50万元；

　　四是领取施工许可证时，应当向施工单位提供工程所需有关资料，并将安全施工措施报送有关主管部门备案；

　　五是将拆除工程发包给有施工资质的单位等。

　　b　工程勘察、工程设计、工程监理及其他有关单位的安全责任

　　勘察单位应当按照法律、法规和工程建设强制性标准进行勘察，提供的勘察文件应当真实、准确，满足建设工程安全生产的需要；勘察单位在勘察作业时，应当严格执行操作规程，采取措施保证各类管线、设施和周边建筑物、构筑物的安全。

　　设计单位在建设工程设计中应充分考虑施工安全问题，防止因设计不合理产生坍塌等施工安全事故，主要包括两方面：

　　一是要对涉及施工安全的重点部位和环节在设计文件中注明，并提出防范事故的指导意见；

　　二是对于采用新结构、新材料、新工艺以及特殊结构的建设工程，应提出保障作业人员安全和防范事故的措施建议。《安全条例》还规定，设计单位和注册建筑师等注册执业人员应当对其设计负责。

　　工程监理单位对建设工程应当承担的三个方面的安全责任：

　　一是应当审查施工组织设计中的安全技术措施或专项施工方案是否符合工程建设强制性标准；

　　二是发现存在安全事故隐患，应当要求施工单位整改或暂停施工并报告建设单位；

　　三是应当按照法律、法规和工程建设强制性标准对建设工程安全生产承担监理责任。

　　对其他相关单位的安全责任，主要是提供机械设备和配件的单位，应当配备齐全有效的保险、限位等安全设施和装置；禁止出租检测不合格的机械设备和施工机具及配件；安装、拆卸施工起重机械等必须由具有相应资质的单位承担；检验检测机构应对施工起重机械等的检验检测结果负责。

　　c　施工单位安全责任

　　建设工程的施工是工程建设的关键环节，《安全条例》从以下几个方面强化了施工单位的安全责任：

　　一是施工单位在申请领取资质证书时，应当具备国家规定的注册资本、专业技术人员、技术准备和安全生产等条件。

　　二是施工单位建立健全安全生产责任制度和安全生产教育培训制度，制定安全生产规章制度和操作规程，对所承担的建设工程进行定期和专项安全检查，并明确规定了施工单位主要责任人和项目负责人的安全生产责任，施工单位主要负责人依法对本单位的安全生产工作全面负责，项目负责人对建设工程项目的安全施工负责。

三是为了从资金上保证安全生产，规定施工单位对列入建设工程概算的安全作业环境及安全施工措施所需费用，应当用于施工安全防护用具及设施的采购和更新、安全施工措施的落实、安全生产条件的改善，不得挪作他用。

四是进一步明确总承包单位与分包单位的安全责任，草案规定：建设工程实施施工总承包的，由总承包单位对施工现场的安全生产负总责，总承包单位依法将建设工程分包给其他单位的，分包合同中应当明确各自安全生产方面的权利和义务，并对分包工程的安全生产承担连带责任。同时，草案规定：分包单位应当服从总承包单位的安全生产管理，分包单位不服从管理导致生产安全事故的，由分包单位承担主要责任。

五是施工单位应当在施工组织设计中编制安全技术措施和施工现场临时用电方案，对一些特殊的工程还需要编制专项施工方案；建设工程施工前，施工单位负责项目管理的技术人员应当对有关安全施工的技术要求向施工作业班组、作业人员作出详细说明，并由双方签字确认。

六是为了保障施工现场作业人员的安全，规定施工单位应当对作业人员进行安全教育培训，向作业人员提供合格的安全防护用具和安全防护服装，书面告知危险岗位的操作规范和违章操作的危害，为施工现场从事危险作业的人员办理意外伤害保险；作业人员有权对施工现场的作业条件、作业程序和作业方式中存在的安全问题提出批评、检举和控告，有权拒绝违章指挥和强令冒险作业；在施工中发生危及人身安全的紧急情况时，作业人员有权立即停止作业或者在采取必要的应急措施后撤离危险区域。同时，为了改善作业人员的生活条件，规定施工单位应当将施工现场的办公区、生活区与作业区分开设置，并保持安全距离，职工的膳食、饮水、休息场所等应当符合卫生标准，不得在尚未竣工的建筑物内设置员工集体宿舍。

d 建设工程安全生产的基本管理制度

《安全条例》对政府部门、有关企业及相关人员的建设工程安全生产和管理行为进行了全面规范，确立了十三项主要制度。其中，涉及政府部门的安全生产监管制度有七项，依法批准开工报告的建设工程和拆除工程备案制度、三类人员考核任职制度、特种作业人员持证上岗制度、施工起重机械使用登记制度、政府安全监督检查制度、危及施工安全工艺、设备、材料淘汰制度和生产安全事故报告制度。《安全条例》进一步明确了施工企业的六项安全生产制度，即安全生产责任制度、安全生产教育培训制度、专项施工方案专家论证审查制度、施工现场消防安全责任制度、意外伤害保险制度和生产安全事故应急救援制度。

B 《安全生产许可证条例》关于建设工程的主要内容

《安全生产许可证条例》于 2004 年 1 月 7 日国务院第 34 次常务会议通过，自 2004 年 1 月 13 日起施行。该条例的颁布施行标志着我国依法建立起了安全生产许可证制度，其主要内容如下：

（1）国家对矿山企业、建筑施工企业和危险化学品、烟花爆竹、民用爆破器材生产企业（以下统称企业）实行安全生产许可制度。企业未取得安全生产许可证的，不得从事生产活动。国务院建设主管部门负责中央管理的建筑施工企业安全生产许可证的颁发和管理。省、自治区、直辖市人民政府建设主管部门负责非中央管理的建筑施工企业安全生产许可证的颁发和管理，并接受国务院建设主管部门的指导和监督。

（2）企业取得安全生产许可证，应当具备下列安全生产条件：

1）建立、健全安全生产责任制，制定完备的安全生产规章制度和操作规程；

2）安全投入符合安全生产要求；

3）设置安全生产管理机构，配备专职安全生产管理人员；

4）主要负责人和安全生产管理人员经考核合格；

5）特种作业人员经有关业务主管部门考核合格，取得特种作业操作资格证书；

6）从业人员经安全生产教育和培训合格；

7）依法参加工伤保险，为从业人员缴纳保险费；

8）厂房、作业场所和安全设施、设备、工艺符合有关安全生产法律、法规、标准和规程的要求；

9）有职业危害防治措施，并为从业人员配备符合国家标准或者行业标准的劳动防护用品；

10）依法进行安全评价；

11）有重大危险源检测、评估、监控措施和应急预案；

12）有生产安全事故应急救援预案、应急救援组织或者应急救援人员，配备必要的应急救援器材、设备；

13）法律、法规规定的其他条件。

（3）企业进行生产前，应当依照条例的规定向安全生产许可证颁发管理机关申请领取安全生产许可证，并提供条例第六条规定的相关文件、资料。安全生产许可证颁发管理机关应当自收到申请之日起 45 日内审查完毕，经审查符合本条例规定的安全生产条件的，颁发安全生产许可证；不符合本条例规定的安全生产条件的，不予颁发安全生产许可证，书面通知企业并说明理由。

（4）安全生产许可证的有效期为 3 年。安全生产许可证有效期满需要延期的，企业应当于期满前 3 个月向原安全生产许可证颁发管理机关办理延期手续。企业在安全生产许可证有效期内，严格遵守有关安全生产的法律法规，未发生死亡事故的，安全生产许可证有效期届满时，经原安全生产许可证颁发管理机关同意，不再审查，安全生产许可证有效期延期 3 年。

C　《国务院关于特大安全事故行政责任追究的规定》的主要内容

《国务院关于特大安全事故行政责任追究的规定》于 2001 年 4 月 21 日由国务院第 302 号令公布，自公布之日起施行。该规定对各级政府部门对特大安全事故的预防、处理职责作了相应规定，并明确了对特大安全事故行政责任进行追究的有关规定。现将该规定主要内容概述如下：

a　各级政府部门对特大安全事故预防的法律规定

（1）地方各级人民政府应当每个季度至少召开一次防范特大安全事故工作会议，分析、布置、督促、检查本地区防范特大安全事故的工作。

（2）市、县人民政府应当对本地区容易发生特大安全事故的单位、设施和场所安全事故的防范明确责任、采取措施，并组织有关部门对上述单位、设施和场所进行严格检查。发现特大安全事故隐患的，责令立即排除。

（3）市、县人民政府必须制定本地区特大安全事故应急处理预案。

（4）依法对涉及安全生产事项负责行政审批的政府部门或者机构，必须严格依照法律、法规和规章规定的安全条件和程序进行审查；不符合法律、法规和规章规定的安全条件的，不得批准。

b　各级政府部门对特大安全事故处理的法律规定

（1）地方各级人民政府及政府有关部门应当依照有关法律、法规和规章的规定，采取行政措施，对本地区实施安全监督管理，保障本地区人民群众生命、财产安全，对本地区或者职责范围内防范特大安全事故的发生、特大安全事故发生后的迅速和妥善处理负责。

（2）特大安全事故发生后，有关地方人民政府应当迅速组织救助，有关部门应当服从指挥、调度，参加或者配合救助，将事故损失降到最低限度。

（3）特大安全事故发生后，省、自治区、直辖市人民政府应当按照国家有关规定迅速、如实发布事故消息。

（4）特大安全事故发生后，按照国家有关规定组织调查组对事故进行调查，由调查组提出调查报告。调查报告应当包括依照本规定对有关责任人员追究行政责任或者其他法律责任的意见。省、自治区、直辖市人民政府应当自调查报告提交之日起 30 日内，对有关责任人员作出处理决定；必要时，国务院可以对特大安全事故的有关责任人员作出处理决定。

（5）各级政府部门负责人对特大安全事故应承担的法律责任。

（6）发生特大安全事故，社会影响特别恶劣或者性质特别严重的，由国务院对负有领导责任的省长、自治区主席、直辖市市长和国务院有关部门正职负责人给予行政处分。

（7）特大安全事故发生后，有关地方人民政府及政府有关部门隐瞒不报、谎报或者拖延报告的，对政府主要领导人和政府部门正职负责人给予降级的行政处分。

（8）市、县人民政府未履行或者未按照规定的职责和程序履行依照本规定应当履行的职责，本地区发生特大安全事故的，对政府主要领导人，根据情节轻重，给予降级或者撤职的行政处分；构成玩忽职守罪的，依法追究刑事责任。

负责行政审批的政府部门或者机构、负责安全监督管理的政府有关部门，未依照本规定履行职责，发生特大安全事故的，对部门或者机构的正职负责人，根据情节轻重，给予撤职或者开除公职的行政处分；构成玩忽职守罪或者其他罪的，依法追究刑事责任。

D　《特种设备安全监察条例》的主要内容

《特种设备安全监察条例》于 2003 年 2 月 19 日国务院第 68 次常务会议通过，2003 年 3 月 11 日中华人民共和国国务院令第 373 号公布，自 2003 年 6 月 1 日起施行。

《特种设备安全监察条例》规定了特种设备的生产（含设计、制造、安装、改造、维修，下同）、使用、检验检测及其监督检查，应当遵守本条例。军事装备、核设施、航空航天器、铁路机车、海上设施和船舶以及煤矿矿井使用的特种设备的安全监察不适用本条例。房屋建筑工地和市政工程工地用起重机械的安装、使用的监督管理，由建设行政主管部门依照有关法律、法规的规定执行。

E　《国务院关于进一步加强安全生产的决定》的主要内容

国务院于 2004 年 1 月 9 日发布了《国务院关于进一步加强安全生产的决定》（国发〔2004〕2 号）（以下简称《决定》）。

《决定》共23条，约6千字，分五部分，包括：提高认识，明确指导思想和奋斗目标；完善政策，大力推进安全生产各项工作；强化管理，落实生产经营单位安全生产主体责任；完善制度，加强安全生产监督管理；加强领导，形成齐抓共管的合力。

《决定》重点提出了党中央、国务院高度重视安全生产工作，新中国成立以来特别是改革开放以来，采取了一系列重大举措加强安全生产工作：颁布实施了《中华人民共和国安全生产法》等法律法规，明确了安全生产责任；初步建立了安全生产监管体系，安全生产监督管理得到加强；对重点行业和领域集中开展了安全生产专项整治，生产经营秩序和安全生产条件有所改善，安全生产状况总体上趋于稳定好转。

《决定》指出目前全国的安全生产形势依然严峻，煤矿、道路交通运输、建筑等领域伤亡事故多发的状况尚未根本扭转；安全生产基础比较薄弱，保障体系和机制不健全；部分地方和生产经营单位安全意识不强，责任不落实，投入不足；安全生产监督管理机构、队伍建设以及监管工作亟待加强。

《决定》强调各地区、各部门和各单位要加强调查研究，注意发现安全生产工作中出现的新情况，研究新问题，推进安全生产理论、监管体制和机制、监管方式和手段、安全科技、安全文化等方面的创新，不断增强安全生产工作的针对性和实效性，努力开创我国安全生产工作的新局面，为完善社会主义市场经济体制，实现党的十六大提出的全面建设小康社会的宏伟目标创造安全稳定的环境。

F　《生产安全事故报告和调查处理条例》的主要内容

《生产安全事故报告和调查处理条例》于2007年3月28日国务院第172次常务会议通过，2007年4月9日中华人民共和国国务院令第493号公布，自2007年6月1日起施行。《生产安全事故报告和调查处理条例》突出了"四不放过"的原则，规定了对事故发生单位最高可处200万元以上500万元以下的罚款，将事故划分为特别重大事故、重大事故、较大事故和一般事故4个等级，并按照"政府统一领导、分级负责"的原则规定了不同等级事故组织调查的责任，这就明确了事故查处的操作规程。有了此操作规程，事故相关单位、相关人员不再可能推卸责任、逃脱处罚，即：事故原因未查明不会被放过、责任人未处理不会被放过、整改措施未落实不会被放过、有关人员未受到教育不会被放过。《生产安全事故报告和调查处理条例》的及时出台，解决了过去很多不能解决尤其是不能区分的责任，引起社会的广泛关注，其主要内容如下所述。

a　事故报告

(1) 事故发生后，事故现场有关人员应当立即向本单位负责人报告；单位负责人接到报告后，应当于1小时内向事故发生地县级以上人民政府安全生产监督管理部门和负有安全生产监督管理职责的有关部门报告。情况紧急时，事故现场有关人员可以直接向事故发生地县级以上人民政府安全生产监督管理部门和负有安全生产监督管理职责的有关部门报告。

(2) 安全生产监督管理部门和负有安全生产监督管理职责的有关部门接到事故报告后，应当上报事故情况，并通知公安机关、劳动保障行政部门、工会和人民检察院，同时报告本级人民政府。国务院安全生产监督管理部门和负有安全生产监督管理职责的有关部门以及省级人民政府接到发生特别重大事故、重大事故的报告后，应当立即报告国务院。

(3) 安全生产监督管理部门和负有安全生产监督管理职责的有关部门逐级上报事故情

况，每级上报的时间不得超过2小时。

b 事故调查

（1）特别重大事故由国务院或者国务院授权有关部门组织事故调查组进行调查。重大事故、较大事故、一般事故分别由事故发生地省级人民政府、设区的市级人民政府、县级人民政府负责调查。省级人民政府、设区的市级人民政府、县级人民政府可以直接组织事故调查组进行调查，也可以授权或者委托有关部门组织事故调查组进行调查。未造成人员伤亡的一般事故，县级人民政府也可以委托事故发生单位组织事故调查组进行调查。

（2）上级人民政府认为必要时，可以调查由下级人民政府负责调查的事故。自事故发生之日起30日内（道路交通事故、火灾事故自发生之日起7日内），因事故伤亡人数变化导致事故等级发生变化，依照本条例规定应当由上级人民政府负责调查的，上级人民政府可以另行组织事故调查组进行调查。

（3）特别重大事故以下等级事故，事故发生地与事故发生单位不在同一个县级以上行政区域的，由事故发生地人民政府负责调查，事故发生单位所在地人民政府应当派人参加。

c 事故处理

（1）对于重大事故、较大事故和一般事故，负责事故调查的人民政府应当自收到事故调查报告之日起15日内作出批复；特别重大事故，30日内作出批复；特殊情况下，批复时间可以适当延长，但延长的时间最长不超过30日。

（2）事故发生单位应当认真吸取事故教训，落实防范和整改措施，防止事故再次发生。防范和整改措施的落实情况应当接受工会和职工的监督。安全生产监督管理部门和负有安全生产监督管理职责的有关部门应当对事故发生单位落实防范和整改措施的情况进行监督检查。

（3）事故处理的情况由负责事故调查的人民政府或者其授权的有关部门、机构向社会公布，应当依法保密的除外。

6.2.2.3 部门规章

规章是行政性法律规范文件，根据其制定机关不同可分为两类：一类是部门规章，是由国务院组成部门及直属机构在它们的职权范围内制定的规范性文件，部门规章规定的事项属于执行法律或国务院的行政法规、决定、命令的事项；另一类是地方政府规章，是由省、自治区、直辖市人民政府以及省、自治区人民政府所在地的市和经国务院批准的较大的市的人民政府依照法定程序制定的规范性文件。规章在各自的权限范围内施行。

《立法法》第七十一条规定："国务院各部、委员会、中国人民银行、审计署和具有行政管理职能的直属机构，可以根据法律和国务院的行政法规、决定、命令，在本部门的权限范围内，制定规章。"第七十三条规定："省、自治区、直辖市和较大的市的人民政府，可以根据法律、行政法规和本省、自治区、直辖市的地方性法规，制定规章。"

A 《建设行政处罚程序暂行规定》的主要内容

《建设行政处罚程序暂行规定》于1999年2月3日由原建设部第66号令发布，自发布之日起施行。本规定共6章40条，其制定的依据是《中华人民共和国行政处罚法》，制定目的是保障和监督建设行政执法机关有效实施行政管理，保护公民、法人和其他组织的合法权益，促进建设行政执法工作的程序化、规范化。在第三章行政处罚程序规定了3种建设行政处罚程序，现将其主要内容概述如下：

　　a　一般程序

　　（1）执法机关对于发现的违法行为，认为应当给予行政处罚的，应当立案，但适用简易程序的除外。

　　（2）立案后，执法人员应及时进行调查，收集证据；必要时可依法进行检查。只有查证属实的证据，才能作为处罚的依据。

　　（3）案件调查终结，执法人员应当出具书面案件调查终结报告。调查终结报告连同案件材料，由执法人员提交执法机关的法制工作机构，由法制工作机构会同有关单位进行书面核审。

　　（4）执法机关的法制工作机构对案件接审后，应提出以下书面意见：

　　1）对事实清楚、证据充分、定性准确、程序合法、处理适当的案件，同意执法人员意见；

　　2）对定性不准、适用法律不当、处罚不当的案件，建议执行人员修改；

　　3）对事实不清、证据不足的案件，建议执法人员补正；

　　4）对程序不合法的案件，建议执法人员纠正；

　　5）对超出管辖权的案件，按有关规定移送。

　　（5）执法机关对当事人作出行政处罚，必须制作行政处罚决定书，行政处罚决定书必须盖有作出处罚机关的印章。处罚决定确有错误需要变更或修改的，应由原执法机关撤销原处罚决定，重新作出处罚决定。

　　b　听证程序

　　（1）执法机关在作出吊销资质证书、执业资格证书、责令停业整顿（包括属于停业整顿性质的、责令在规定的时限内不得承接新的业务）、责令停止执业、业务、没收违法建筑物、构筑物和其他设施以及处以较大数额罚款等行政处罚决定之前，应当告知当事人有要求举行听证的权利。省、自治区、直辖市人大常委会或者人民政府对听证范围有特殊规定的，从其规定。

　　（2）当事人要求听证的，应自接到听证通知之日起三日内以书面或口头方式向执法机关提出，执法机关应当组织听证。听证规则可以由省、自治区、直辖市建设行政主管部门依据《行政处罚法》的规定制定。

　　c　简易程序

　　违法事实清楚、证据确凿，对公民处以50元以下、对法人或者其他组织处以1000元以下罚款或者警告的行政处罚，可以当场作出处罚决定。当场作出处罚决定，执法人员应当向当事人出示执法证件，填写处罚决定书并交付当事人。处罚决定书由执法人员签名或盖章。

　　B　《实施工程建设强制性标准监督规定》的主要内容

　　《实施工程建设强制性标准监督规定》于2000年8月21日第27次建设部常务会议通过，自2000年8月25日起施行。本规定共24条，主要规定了实施工程建设强制性标准的监督管理工作的政府部门，对工程建设各阶段执行强制性标准的情况实施监督的机构以及强制性标准监督检查的内容。

（1）国务院建设行政主管部门负责全国实施工程建设强制性标准的监督管理工作。国务院有关行政主管部门按照国务院的职能分工负责实施工程建设强制性标准的监督管理工作。县级以上地方人民政府建设行政主管部门负责本行政区域内实施工程建设强制性标准的监督管理工作。

（2）建设项目规划审查机构应当对工程建设规划阶段执行强制性标准的情况实施监督。施工图设计文件审查单位应当对工程建设勘察、设计阶段执行强制性标准的情况实施监督。建筑安全监督管理机构应当对工程建设施工阶段执行施工安全强制性标准的情况实施监督。工程质量监督机构应当对工程建设施工、监理、验收等阶段执行强制性标准的情况实施监督。

（3）强制性标准监督检查的内容包括：

1）有关工程技术人员是否熟悉、掌握强制性标准；

2）工程项目的规划、勘察、设计、施工、验收等是否符合强制性标准的规定；

3）工程项目采用的材料、设备是否符合强制性标准的规定；

4）工程项目的安全、质量是否符合强制性标准的规定；

5）工程中采用的导则、指南、手册、计算机软件的内容是否符合强制性标准的规定。

6.2.2.4 规范性文件

规范性文件是各级机关、团体、组织制定的各类文件中最主要的一类，因其内容具有约束和规范人们行为的性质，故名称为规范性文件。目前我国法律法规对于规范性文件的含义、制定主体、制定程序和权限以及审查机制等，尚无全面、统一的规定。

通常对于规范性文件的理解分为广义和狭义两种情况。广义的规范性文件，一般是指属于法律范畴（即宪法、法律、行政法规、地方性法规、自治条例、单行条例、国务院部门规章和地方政府规章）的立法性文件和除此以外的由国家机关和其他团体、组织制定的具有约束力的非立法性文件的总和。

狭义的规范性文件，一般是指法律范畴以外的其他具有约束力的非立法性文件。目前这类非立法性文件的制定主体非常之多，例如各级党组织、各级人民政府及其所属工作部门，人民团体、社团组织、企事业单位、法院、检察院等。

规章与规范性文件的主要区别为：从内容上看，凡是法律、法规规定以规章形式规定的事项，应当制定规章，比如，设定行政处罚，出台法律、法规的配套制度，均属于规章；至于规范性文件，主要用于部署工作，通知特定事项、说明具体问题，如《原建设部关于加强建筑意外伤害保险工作的指导意见》（建质〔2003〕107号）。

6.2.2.5 工程建设标准

工程建设标准是做好安全生产工作的重要技术依据，对规范建设工程各方责任主体的行为、保障安全生产具有重要意义。根据《中华人民共和国标准化法》（以下简称《标准化法》）的规定，标准包括国家标准、行业标准、地方标准和企业标准。

国家标准是指由国务院标准化行政主管部门或者其他有关主管部门对需要在全国范围内统一的技术要求制定的技术规范。

行业标准是指国务院有关主管部门对没有国家标准而又需要在全国某个行业范围内统一的技术要求所制定的技术规范。

按照《标准化法》的规定，国家标准和行业标准的性质可分为强制性标准和推荐性标准。《安全生产法》、《建设工程质量管理条例》、《建设工程勘察设计管理条例》和《建设工程安全生产管理条例》均把工程建设强制性标准的效力与法律、法规并列起来，使得工程建设强制性标准在法律效力上与法律、法规同等，明确了违反工程建设强制性标准就是违法，就要依法承担法律责任。

下面介绍一下我国《建筑施工安全检查标准》和《施工企业安全生产评价标准》的主要内容。

A   《建筑施工安全检查标准》的主要内容

《建筑施工安全检查标准》（JGJ 59—2011）适用于我国建设工程的施工现场，是建筑施工从业人员的行为规范，是施工过程建筑职工安全和健康的保障。该《标准》是建筑施工领域的强制性行业标准，于1999年颁布，2011年重新修订，2012年7月1日实施。制定该标准是为了科学地评价建筑施工安全生产情况，提高安全生产工作和文明施工的管理水平，预防伤亡事故的发生，确保职工的安全和健康，实现检查评价工作的标准化和规范化。

标准分为安全管理、文明施工、脚手架、基坑工程、模板支架、高处作业、施工用电、物料提升机与施工升降机、塔式起重机与起重吊装、施工机具10个分项189个子项。

建筑施工安全检查标准的内容很多，对于不同岗位的工作人员应有不同的要求。但任何级别的工作人员都有努力掌握标准的主要要求内容的义务。

建筑施工安全检查的总评分为优良、合格和不合格三个等级。建筑施工安全检查评定的等级划分应符合下列规定：

优良：分项检查评分表无零分，汇总得分值应在80分及以上；

合格：分项检查评分表无零分，汇总表得分值应在80分以下，70分及以上；

不合格：当汇总表得分值不足70分时或有一分项检查评分表得零分时。

标准的每个分项的评分均采用百分制，满分为100分。凡是有保证项目的分项，其保证项目满分为60分，一般项目满分为40分。为保证施工安全，当保证项目中有一个子项不得分或保证项目小计不足40分者，此分项评分表不得分。

汇总表也采用百分制，但各个分项在汇总表中所占的满分值不同。文明施工占15分、施工机具占5分，其余分项各占10分。

B   《施工企业安全生产评价标准》的主要内容

《施工企业安全生产评价标准》（JGJ/T 77—2010）是一部推荐性行业标准，于2003年正式实施，2010年重新修订。制定该标准的目的是加强施工企业安全生产的监督管理，科学地评价施工企业安全生产业绩及相应的安全生产能力，实现施工企业安全生产评价工作的规范化和制度化，促进施工企业安全生产管理水平的提高。

该标准主要依据《中华人民共和国安全生产法》、《中华人民共和国建筑法》、《建设工程安全生产管理条例》、《安全生产许可证条例》等有关法律、法规的要求制定。

标准分为安全生产管理评价、安全技术管理评价、设备和设施管理评价、企业市场行为评价、施工现场安全管理评价5个分项25个子项。

施工企业安全生产考核评定分为合格、基本合格、不合格三个等级，并符合下列要求：

（1）对有在建工程的企业，安全生产考核评定宜分为合格、不合格两个等级；

（2）对无在建工程的企业，安全生产考核评定宜分为基本合格、不合格两个等级。

标准的每个分项的评分均采用百分制，满分为 100 分。凡为合格和基本合格的项目，各项评分表中均不得出现评分为 0 的项目，总分必须大于或等于 75 分。

对于合格项目，每项评分表的得分必须大于或等于 70 分，且其中不得有一个施工现场评定结果为不合格；对于基本合格项目，每项评分表的得分只要大于或等于 70 分即可。

对于不合格项目，只要出现不满足基本合格条件的任意一项时即为不合格。

标准的编制使评价方和被评价方均有统一的标准可依，被评价方参照标准。可找出自身不完善的地方加以完善提高，评价方根据标准进行系统的客观的评价。这样，一方面帮助施工企业提高管理理念，加强安全管理规范化、制度化建设，完善安全生产条件，实现施工过程安全生产的主动控制，促进施工企业生产管理的基本水平的提高；另一方面通过建立安全生产评价的完整体系，转变安全监督管理模式，提高监督管理实效，促进安全生产评价的标准化、规范化和制度化。

评价方式可依据平时相关方的检查记录，也可在评价时抽查若干个工程项目，通过抽查工程项目的情况，以点带面，反映企业真实的安全管理情况，以便客观评价。

6.2.2.6 国际公约

国际公约是指我国作为国际法主体同外国缔结的双边、多边协议和其他具有条约、协定性质的文件。国际惯例是指以国际法院等各种国际裁决机构的判例所体现或确认的国际法规则和国际交往中形成的共同遵守的不成文的习惯。

对于涉外民事关系的法律适用我国民法通则第一百四十二条规定："中华人民共和国缔结或者参加的国际条约同中华人民共和国的民事法律有不同规定的，适用国际条约的规定，但中华人民共和国声明保留的条款除外。中华人民共和国法律和中华人民共和国缔结或者参加的国际条约没有规定的，可以适用国际惯例。"

《建筑业安全卫生公约》，也称 167 号公约或称建筑施工安全卫生公约，为建筑施工安全卫生的国际标准。1986 年国际劳动组织将 1937 年编制的建筑施工安全卫生规定进行了修订，利用三年的时间，在世界各国的建筑行业征求意见，我国建设系统也分别在 1986 年和 1987 年提出过修改意见和建议。

1988 年 6 月 1 日在日内瓦举行的第七十五届会议上，通过了建筑施工安全卫生国际标准，同年 6 月 20 日公布，编号为 167 号公约，为了区别 1937 年的公约而称为《1988 年建筑业安全卫生公约》，于 1991 年 1 月 11 日生效。

为进一步完善我国有关建筑安全卫生的立法，建立健全建筑安全卫生保障体系，提高我国的建筑安全卫生水平，原建设部于 1996 年开始申办在我国执行第 167 号公约，于 2001 年 10 月 27 日由我国人大常务委员会通过，成为国际上实施 167 号公约的第 15 个国家。

167 号公约共分五章 44 条，是建筑施工安全卫生的国际标准，它在实施的过程中，强调了政府、雇主、工人三结合的原则。对于任何一项标准、措施在制定、实施和奖罚时都要由三方共同商议，以三方都能接受的原则来确定三方共同执行。

6.2.3　建筑工程安全生产法律责任

建筑领域由于违法行为或违约行为而引发的安全生产责任事故，相关责任主体根据法律后果一般应承担的法律责任有刑事责任、民事责任、行政责任，其中，行政责任的种类包括行政处罚和行政处分。下边根据我国法律的相关要求，就建筑领域违法行为所应承担的法律责任分别说明。

6.2.3.1　违反《建筑法》的相关法律责任

A　建设单位相关法律责任

建设单位违反本法规定，要求建筑设计单位或者建筑施工企业违反建筑工程质量、安全标准，降低工程质量的，责令改正，可以处以罚款；构成犯罪的，依法追究刑事责任。

B　建筑施工企业相关法律责任

建筑施工企业违反本法规定，对建筑安全事故隐患不采取措施予以消除的，责令改正，可以处以罚款；情节严重的，责令停业整顿，降低资质等级或者吊销资质证书；构成犯罪的，依法追究刑事责任。

建筑施工企业的管理人员违章指挥、强令职工冒险作业，因而发生重大伤亡事故或者造成其他严重后果的，依法追究刑事责任。

C　设计单位相关法律责任

建筑设计单位不按照建筑工程质量、安全标准进行设计的，责令改正，处以罚款；造成工程质量事故的，责令停业整顿，降低资质等级或者吊销资质证书，没收违法所得，并处罚款；造成损失的，承担赔偿责任；构成犯罪的，依法追究刑事责任。

6.2.3.2　违反《建设工程安全生产管理条例》的相关法律责任

A　建设行政主管部门相关法律责任

县级以上人民政府建设行政主管部门或者其他有关行政管理部门的工作人员，有下列行为之一的，给予降级或者撤职的行政处分；构成犯罪的，依照刑法有关规定追究刑事责任：

(1) 对不具备安全生产条件的施工单位颁发资质证书的；

(2) 对没有安全施工措施的建设工程颁发施工许可证的；

(3) 发现违法行为不予查处的；

(4) 不依法履行监督管理职责的其他行为。

B　建设单位相关法律责任

(1) 建设单位未提供建设工程安全生产作业环境及安全施工措施所需费用的，责令限期改正；逾期未改正的，责令该建设工程停止施工。建设单位未将保证安全施工的措施或者拆除工程的有关资料报送有关部门备案的，责令限期改正，给予警告。

(2) 建设单位有下列行为之一的，责令限期改正，处 20 万元以上 50 万元以下的罚款；造成重大安全事故，构成犯罪的，对直接责任人员，依照刑法有关规定追究刑事责任；造成损失的，依法承担赔偿责任：

① 对勘察、设计、施工、工程监理等单位提出不符合安全生产法律、法规和强制性标准规定的要求的；

② 要求施工单位压缩合同约定的工期的；

③ 将拆除工程发包给不具有相应资质等级的施工单位的。

C 勘察、设计单位相关法律责任

勘察单位、设计单位有下列行为之一的，责令限期改正，处 10 万元以上 30 万元以下的罚款；情节严重的，责令停业整顿，降低资质等级，直至吊销资质证书；造成重大安全事故，构成犯罪的，对直接责任人员，依照刑法有关规定追究刑事责任；造成损失的，依法承担赔偿责任：

（1）未按照法律、法规和工程建设强制性标准进行勘察、设计的；

（2）采用新结构、新材料、新工艺的建设工程和特殊结构的建设工程，设计单位未在设计中提出保障施工作业人员安全和预防生产安全事故的措施建议的。

D 工程监理单位相关法律责任

工程监理单位有下列行为之一的，责令限期改正；逾期未改正的，责令停业整顿，并处 10 万元以上 30 万元以下的罚款；情节严重的，降低资质等级，直至吊销资质证书；造成重大安全事故，构成犯罪的，对直接责任人员，依照刑法有关规定追究刑事责任；造成损失的，依法承担赔偿责任：

（1）未对施工组织设计中的安全技术措施或者专项施工方案进行审查的；

（2）发现安全事故隐患未及时要求施工单位整改或者暂时停止施工的；

（3）施工单位拒不整改或者不停止施工，未及时向有关主管部门报告的；

（4）未依照法律、法规和工程建设强制性标准实施监理的。

E 施工单位相关法律责任

（1）施工起重机械和整体提升脚手架、模板等自升式架设设施安装、拆卸单位有下列行为之一的，责令限期改正，处 5 万元以上 10 万元以下的罚款；情节严重的，责令停业整顿，降低资质等级，直至吊销资质证书；造成损失的，依法承担赔偿责任：

1）未编制拆装方案、制定安全施工措施的；

2）未由专业技术人员现场监督的；

3）未出具自检合格证明或者出具虚假证明的；

4）未向施工单位进行安全使用说明，办理移交手续的。

施工起重机械和整体提升脚手架、模板等自升式架设设施安装、拆卸单位有前款规定的第 1）、3）项行为，经有关部门或者单位职工提出后，对事故隐患仍不采取措施，因而发生再大伤亡事故或者造成其他严重后果，构成犯罪的，对直接责任人员，依照刑法有关规定追究刑事责任。

（2）施工单位有下列行为之一的，责令限期改正；逾期未改正的，责令停业整顿，依照《中华人民共和国安全生产法》的有关规定处以罚款；造成重大安全事故，构成犯罪的，对直接责任人员，依照刑法有关规定追究刑事责任：

1）未设立安全生产管理机构、配备专职安全生产管理人员或者分部分项工程施工时无专职安全生产管理人员现场监督的；

2）施工单位的主要负责人、项目负责人、专职安全生产管理人员、作业人员或者特种作业人员，未经安全教育培训或者经考核不合格即从事相关工作的；

3）未在施工现场的危险部位设置明显的安全警示标志，或者未按照国家有关规定在施工现场设置消防通道、消防水源、配备消防设施和灭火器材的；

4）未向作业人员提供安全防护用具和安全防护服装的；

5）未按照规定在施工起重机械和整体提升脚手架、模板等自升式架设设施验收合格后登记的；

6）使用国家明令淘汰、禁止使用的危及施工安全的工艺、设备、材料的。

（3）施工单位挪用列入建设工程概算的安全生产作业环境及安全施工措施所需费用的责令限期改正，处挪用费用20%以上50%以下的罚款；造成损失的，依法承担赔偿责任。

（4）施工单位有下列行为之一的，责令限期改正；逾期未改正的，责令停业整顿，并处5万元以上10万元以下的罚款；造成重大安全事故，构成犯罪的，对直接责任人员，依照刑法有关规定追究刑事责任：

1）施工前未对有关安全施工的技术要求作出详细说明的；

2）未根据不同施工阶段和周围环境及季节、气候的变化，在施工现场采取相应的安全施工措施，或者在城市市区内的建设工程的施工现场未实行封闭围挡的；

3）在尚未竣工的建筑物内设置员工集体宿舍的；

4）施工现场临时搭建的建筑物不符合安全使用要求的；

5）未对因建设工程施工可能造成损害的毗邻建筑物、构筑物和地下管线等采取专项防护措施的。

施工单位有前款规定第4）、5）项行为，造成损失的，依法承担赔偿责任。

（5）施工单位有下列行为之一的，责令限期改正；逾期未改正的，责令停业整顿，并处10万元以上30万元以下的罚款；情节严重的，降低资质等级，直至吊销资质证书；造成重大安全事故，构成犯罪的，对直接责任人员，依照刑法有关规定追究刑事责任；造成损失的，依法承担赔偿责任：

1）安全防护用具、机械设备、施工机具及配件在进入施工现场前未经查验或者查验不合格即投入使用的；

2）使用未经验收或者验收不合格的施工起重机械和整体提升脚手架、模板等自升式架设设施的；

3）委托不具有相应资质的单位承担施工现场安装、拆卸施工起重机械和整体提升脚手架、模板等自升式架设设施的；

4）在施工组织设计中未编制安全技术措施、施工现场临时用电方案或者专项施工方案的。

（6）施工单位取得资质证书后，降低安全生产条件的，责令限期改正；经整改仍未达到与其资质等级相适应的安全生产条件的，责令停业整顿，降低其资质等级直至吊销资质证书。

F　设备供应单位相关法律责任

（1）为建设工程提供机械设备和配件的单位，未按照安全施工的要求配备齐全有效的保险、限位等安全设施和装置的，责令限期改正，处合同价款1倍以上3倍以下的罚款；造成损失的，依法承担赔偿责任。

（2）出租单位出租未经安全性能检测或者经检测不合格的机械设备和施工机具及配件

的，责令停业整顿，并处 5 万元以上 10 万元以下的罚款；造成损失的，依法承担赔偿责任。

G 建设工程安全生产有关人员相关法律责任

（1）注册执业人员未执行法律、法规和工程建设强制性标准的，责令停止执业 3 个月以上 1 年以下；情节严重的，吊销执业资格证书，5 年内不予注册；造成重大安全事故的，终身不予注册；构成犯罪的，依照刑法有关规定追究刑事责任。

（2）施工单位的主要负责人、项目负责人未履行安全生产管理职责的，责令限期改正；逾期未改正的，责令施工单位停业整顿；造成重大安全事故、重大伤亡事故或者其他严重后果，构成犯罪的，依照刑法有关规定追究刑事责任。

作业人员不服管理、违反规章制度和操作规程冒险作业造成重大伤亡事故或者其他严重后果，构成犯罪的，依照刑法有关规定追究刑事责任。

施工单位的主要负责人、项目负责人有前款违法行为，尚不够刑事处罚的，处 2 万元以上 20 万元以下的罚款或者按照管理权限给予撤职处分；自刑罚执行完毕或者受处分之日起，5 年内不得担任任何施工单位的主要负责人、项目负责人。

6.3 建筑工程各方责任主体的安全责任

建设工程安全责任主体有建设单位、施工单位、勘察设计单位、监理单位以及政府监管单位等，为明确各自责任，我国在 1998 年开始实施的《中华人民共和国建筑法》中就规定了有关部门和单位的安全生产责任。2003 年国务院通过并在 2004 年开始实施的《建设工程安全生产管理条例》中，对于各级部门和建设工程有关单位的安全责任有了更为明确的规定。主要规定如下。

6.3.1 建设单位的安全责任

建设单位应当向施工单位提供施工现场及毗邻区域内供水、排水、供电、供气、供热、通信、广播电视等地下管线资料，气象和水文观测资料，相邻建筑物和构筑物、地下工程的有关资料，并保证资料的真实、准确、完整。

建设单位不得对勘察、设计、施工、工程监理等单位提出不符合建设工程安全生产法律、法规和强制性标准规定的要求，不得压缩合同约定的工期。

建设单位在编制工程概算时，应当确定建设工程安全作业环境及安全施工措施所需费用。

建设单位不得明示或者暗示施工单位购买、租赁、使用不符合安全施工要求的安全防护用具、机械设备、施工机具及配件、消防设施和器材。

建设单位在申请领取施工许可证时，应当提供建设工程有关安全施工措施的资料。

依法批准开工报告的建设工程，建设单位应当自开工报告批准之日起 15 日内，将保证安全施工的措施报送建设工程所在地的县级以上地方人民政府建设行政主管部门或者其他有关部门备案。

建设单位应当将拆除工程发包给具有相应资质等级的施工单位。并应在拆除工程施工 15 日前，将下列资料报送建设工程所在地的县级以上地方人民政府建设行政主管部门或者其他有关部门备案：

（1）施工单位资质等级证明；

（2）拟拆除建筑物、构筑物及可能危及毗邻建筑的说明；

（3）拆除施工组织方案；

（4）堆放、清除废弃物的措施。

6.3.2　勘察单位的安全责任

勘察单位应当按照法律、法规和工程建设强制性标准进行勘察，提供的勘察文件应当真实、准确，满足建设工程安全生产的需要。

勘察单位在勘察作业时，应当严格执行操作规程，采取措施保证各类管线、设施和周边建筑物、构筑物的安全。

6.3.3　设计单位的安全责任

设计单位应当按照法律、法规和工程建设强制性标准进行设计，防止因设计不合理导致生产安全事故的发生。设计单位和注册建筑师等注册执业人员应当对其设计负责。

设计单位应当考虑施工安全操作和防护的需要，对涉及施工安全的重点部位和环节，在设计文件中注明，并对防范生产安全事故提出指导意见。对于采用新结构、新材料、新工艺的建设工程和特殊结构的建设工程，设计单位应当在设计中提出保障施工作业人员安全和预防生产安全事故的措施建议。

6.3.4　工程监理单位的安全责任

工程监理单位和监理工程师应当按照法律法规和工程建设强制性标准实施监理，并对建设工程安全生产承担监理责任。

工程监理单位应当审查施工组织设计中的安全技术措施或者专项施工方案是否符合工程建设强制性标准。

工程监理单位在实施监理过程中，发现存在安全事故隐患的，应当要求施工单位整改；情况严重的，应当要求施工单位暂时停止施工，并及时报告建设单位。施工单位拒不整改或者不停止施工的，工程监理单位应当及时向有关主管部门报告。

6.3.5　施工单位的安全责任

6.3.5.1　施工单位的安全生产责任

（1）施工单位从事建设工程的新建、扩建、改建和拆除等活动，应当具备国家规定的注册资本、专业技术人员、技术装备和安全生产等条件，依法取得相应等级的资质证书，并在其资质等级许可的范围内承揽工程。

（2）施工单位主要负责人依法对本单位的安全生产工作全面负责。施工单位应当建立健全安全生产责任制度和安全生产教育培训制度，制定安全生产规章制度和操作规程，对所承担的建设工程进行定期和专项安全检查，并做好安全检查记录。要保证本单位安全生产条件所需资金的投入，对于列入建设工程概算的安全作业环境及安全施工措施所需费用，应当说明用于施工安全防护用具及设施的采购和更新、安全施工措施的落实、安全生产条件的改善，不得挪作他用。

（3）施工单位应当设立安全生产管理机构，配备专职安全生产管理人员。

（4）施工单位应当在施工组织设计中编制安全技术措施和施工现场临时用电方案，对下列达到一定规模的危险性较大的分部分项工程编制专项施工方案，并附具安全验算结果，经施工单位技术负责人、总监理工程师签字后实施，由专职安全生产管理人员进行现场监督：

1）基坑支护与降水工程；

2）土方开挖工程；

3）模板工程；

4）起重吊装工程；

5）脚手架工程；

6）拆除、爆破工程；

7）国务院建设行政主管部门或者其他有关部门规定的其他危险性较大的工程。

对前款所列工程中涉及深基坑、地下暗挖工程、高大模板工程的专项施工方案，施工单位还应当组织专家进行论证、审查。

施工单位应当在施工现场入口处、施工起重机械、临时用电设施、脚手架、出入通道口、楼梯口、电梯井口、孔洞口、桥梁口、隧道口、基坑边沿、爆破物及有害危险气体和液体存放处等危险部位，设置明显的安全警示标志。安全警示标志必须符合国家标准。

施工单位应当根据不同施工阶段和周围环境及季节、气候的变化，在施工现场采取相应的安全施工措施。施工现场暂时停止施工的，施工单位应当做好现场防护，所需费用由责任方承担，或者按照合同约定执行。

施工单位应当将施工现场的办公区、生活区与作业区分开设置，并保持安全距离，办公、生活区的选址应当符合安全性要求。职工的膳食、饮水、休息场所等应当符合卫生标准。

施工单位不得在尚未竣工的建筑物内设置员工集体宿舍。

施工现场临时搭建的建筑物应当符合安全使用要求。施工现场使用的装配式活动房屋应当具有产品合格证。

施工单位对因建设工程施工可能造成损害的毗邻建筑物、构筑物和地下管线等，应当采取专项防护措施。

施工单位应当遵守有关环境保护法律、法规的规定，在施工现场采取措施，防止或者减少粉尘、废气、废水、固体废物、噪声、振动和施工照明对人和环境的危害和污染。在城市市区内的建设工程，施工单位应当对施工现场实行封闭围挡。

施工单位应当在施工现场建立消防安全责任制度，确定消防安全责任人，制定用火、用电、使用易燃易爆材料等各项消防安全管理制度和操作规程，设置消防通道、消防水源，配备消防设施和灭火器材，并在施工现场入口处设置明显标志。

施工单位应当向作业人员提供安全防护用具和安全防护服装，并书面告知危险岗位的操作规程和违章操作的危害。施工单位采购、租赁的安全防护用具、机械设备、施工机具及配件，应当具有生产（制造）许可证、产品合格证，并在进入施工现场前进行查验。

施工现场的安全防护用具、机械设备、施工机具及配件必须由专人管理，定期进行检查、维修和保养，建立相应的资料档案，并按照国家有关规定及时报废。

施工单位在使用施工起重机械和整体提升脚手架、模板等自升式架设设施前，应当组织有关单位进行验收，也可以委托具有相应资质的检验检测机构进行验收；使用承租的机械设备和施工机具及配件的，由施工总承包单位、分包单位、出租单位和安装单位共同进行验收，验收合格的方可使用。（特种设备安全监察条例）规定的施工起重机械，在验收前应当经有相应资质的检验检测机构监督检验合格。

施工单位应当自施工起重机械和整体提升脚手架、模板等自升式架设设施验收合格之日起 30 日内，向建设行政主管部门或者其他有关部门登记。登记标志应当置于或者附着于该设备的显著位置。

施工单位的主要负责人、项目负责人、专职安全生产管理人员应当经建设行政主管部门或者其他有关部门考核合格后方可任职。

施工单位应当对管理人员和作业人员每年至少进行一次安全生产教育培训，其教育培训情况记入个人工作档案。安全生产教育培训考核不合格的人员，不得上岗。

施工单位在采用新技术、新工艺、新设备、新材料时，应当对作业人员进行相应的安全生产教育培训。

施工单位应当为施工现场从事危险作业的人员办理意外伤害保险。意外伤害保险费由施工单位支付。实行施工总承包的，由总承包单位支付意外伤害保险费。意外伤害保险期限自建设工程开工之日起至竣工验收合格止。

施工单位应当制定本单位生产安全事故应急救援预案，建立应急救援组织或者配备应急救援人员，配备必要的应急救援器材、设备，并定期组织操练。

施工单位应当根据建设工程的特点、范围，对施工现场易发生重大事故的部位、环节进行监控，制定施工现场生产安全事故应急救援预案，工程总承包单位和分包单位按照应急救援预案，各自建立应急救援组织或者配备应急救援人员，配备救援器材、设备，并定期组织操练。

施工单位发生生产安全事故，应当按照国家有关伤亡事故报告和调查处理的规定，及时、如实地向负责安全生产监督管理的部门、建设行政主管部门或者其他有关部门报告；特种设备发生事故的，还应当同时向特种设备安全监督管理部门报告。发生生产安全事故后，施工单位应当采取措施防止事故扩大，保护事故现场。需要移动现场物品时，应当做出标记和书面记录，妥善保管有关证物。

6.3.5.2　总承包单位的安全责任

实行施工总承包的建设工程，由总承包单位对施工现场的安全生产负总责。

总承包单位的安全责任是：

（1）总承包单位应当自行完成建设工程主体结构的施工。

（2）总承包单位依法将建设工程分包给其他单位的，分包合同中应当明确各自的安全生产方的权利、义务。总承包单位和分包单位对分包工程的安全生产承担连带责任。

（3）建设工程实行总承包的，如发生事故，由总承包单位负责上报事故。

分包单位应当服从总承包单位的安全生产管理，分包单位不服从管理导致生产安全事故的，由分包单位承担主要责任。

6.3.6 施工单位内部的安全职责分工

《建设工程安全生产管理条例》的重点是规定建设工程安全生产的各有关部门和单位之间的责任划分。对于单位的内部安全职责分工应按照该条例的要求进行职责划分。特别是施工单位在"安全生产、人人有责"的思想指导下，在建立安全生产管理体系的基础上，按照所确定的目标和方针，将各级管理责任人、各职能部门和各岗位员工所应做的工作及应负的责任加以明确规定。要求通过合理分工，明确责任，达到增强各级人员的责任心，共同协调配合，努力实现既定的目标。

职责分工应包括纵向各级人员（包括主要负责人、管理者代表、技术负责人、财务负责人、经济负责人、党政工团、项目经理以及员工）的责任和横向各专业部门（安全、质量、设备、技术、生产、保卫、采购、行政、财务等）的责任。

（1）施工企业的主要负责人的职责是：

1）贯彻执行国家有关安全生产的方针政策和法规、规范；

2）建立、健全本单位的安全生产责任制，承担本单位安全生产的最终责任；

3）组织制定本单位安全生产规章制度和操作规程；

4）保证本单位安全生产投入的有效实施；

5）督促、检查本单位的安全生产工作，及时消除安全事故隐患；

6）组织制定并实施本单位的生产安全事故应急救援预案；

7）及时、如实报告安全事故。

（2）技术负责人的职责是：

1）贯彻执行国家有关安全生产的方针政策、法规和有关规范、标准，并组织落实；

2）组织编制和审批施工组织设计或专项施工组织设计；

3）对新工艺、新技术、新材料的使用，负责审核其实施过程中的安全性，提出预防措施，组织编制相应的操作规程和交底工作；

4）领导安全生产技术改进和研究项目；

5）参与重大安全事故的调查，分析原因，提出纠正措施，并检查措施的落实，做到持续改进。

（3）财务负责人的职责是：保证安全生产的资金能做到专项专用，并检查资金的使用是否正确。

（4）工会的职责是：

1）工会有权对违反安全生产法律、法规，侵犯员工合法权益的行为要求纠正；

2）发现违章指挥、强令冒险作业或者发现事故隐患时，有权提出解决的建议，单位应当及时研究答复；

3）发现危及员工生命的情况时，有权建议组织员工撤离危险场所，单位必须立即处理；

4）工会有权依法参加事故调查，向有关部门提出处理意见，并要求追究有关人员的责任。

（5）安全部门的职责是：

1）贯彻执行安全生产的有关法规、标准和规定，做好安全生产的宣传教育工作；

2）参与施工组织设计和安全技术措施的编制，并组织进行定期和不定期的安全生产检查。对贯彻执行情况进行监督检查，发现问题及时改进；

3）制止违章指挥和违章作业，遇有紧急情况有权暂停生产，并报告有关部门；

4）推广总结先进经验，积极提出预防和纠正措施，使安全生产工作能持续改进；

5）建立健全安全生产档案，定期进行统计分析，探索安全生产的规律。

（6）生产部门的职责是：合理组织生产，遵守施工顺序，将安全所需的工序和资源排入计划。

（7）技术部门的职责是：按照有关标准和安全生产要求编制施工组织设计，提出相应的措施，进行安全生产技术的改进和研究工作。

（8）设备材料采购部门的职责是：保证所供应的设备安全技术性能可靠，具有必要的安全防护装置，按机械使用说明书的要求进行保养和检修，确保安全运行。所供应的材料和安全防护用品能确保质量。

（9）财务部门的职责是：按照规定提供实现安全生产措施、安全教育培训、宣传的经费，并监督其合理使用。

（10）教育部门的职责是：将安全生产教育列入培训计划，按工作需要组织各级员工的安全生产教育。

（11）劳务管理部门的职责是：做好新员工上岗前培训、换岗培训，并考核培训的效果，组织特殊工种的取证工作。

（12）卫生部门的职责是：定期对员工进行体格检查，发现有不适合现岗的员工要立即提出。要指导组织监测有毒有害作业场所的有害程度，提出职业病防治和改善卫生条件的措施。

施工企业的项目经理部应根据安全生产管理体系要求，由项目经理主持，把安全生产责任目标分解到岗，落实到人。中华人民共和国国家标准《建设工程项目管理规范》规定项目经理部的安全生产责任制的内容包括：

（1）项目经理应当由取得相应执业资格的人员担任，对建设工程项目的安全施工负责，其安全职责应包括：认真贯彻安全生产方针、政策、法规和各项规章制度，制定和执行安全生产管理办法，严格执行安全考核指标和安全生产奖惩办法，确保安全生产措施费用的有效使用，严格执行安全技术措施审批和施工安全技术措施交底制度；建设工程施工前，施工单位负责项目管理的技术人员应当对有关安全施工的技术要求向施工作业班组、作业人员作出详细说明，并由双方签字确认；施工过程中定期组织安全生产检查和分析，针对可能产生的安全隐患制定相应的预防措施；当施工过程中发生安全事故时，项目经理必须及时、如实，按安全事故处理的有关规定和程序及时上报和处置，并制定防止同类事故再次发生的措施。

（2）施工单位安全员的安全职责应包括：对安全生产进行现场监督检查；发现安全事故隐患，应当及时向项目负责人和安全生产管理机构报告；对违章指挥、违章操作的，应当立即制止。

（3）作业队长安全职责应包括：向本工种作业人员进行安全技术措施交底，严格执行本工种安全技术操作规程，拒绝违章指挥；组织实施安全技术措施；作业前应对本次作业所使用的机具、设备、防护用具、设施及作业环境进行安全检查，消除安全隐患，检查安全标牌,是否按规定设置,标识方法和内容是否正确完整;组织班组开展安全活动,对作业人员进行安全操作规程培训,提高作业人员的安全意识,召开上岗前安全生产会;每周应进行安全讲评;当发生重大或恶性工伤事故时,应保护现场,立即上报并参与事故调查处理。

(4)作业人员安全职责应包括:认真学习并严格执行安全技术操作规程,自觉遵守安全生产规章制度,执行安全技术交底和有关安全生产的规定;不违章作业,服从安全监督人员的指导,积极参加安全活动;爱护安全设施。作业人员有权对施工现场的作业条件、作业程序和作业方式中存在的安全问题提出批评、检举和控告,有权对不安全作业提出意见;有权拒绝违章指挥和强令冒险作业,在施工中发生危及人身安全的紧急情况时,作业人员有权立即停止作业或者在采取必要的应急措施后撤离危险区域。

作业人员应当遵守安全施工的强制性标准、规章制度和操作规程,正确使用安全防护用具、机械设备等。

作业人员进入新的岗位或者新的施工现场前,应当接受安全生产教育培训。未经教育培训或者教育培训不合格的人员,不得上岗作业。垂直运输机械作业人员、安装拆卸工、爆破作业人员、起重信号工、登高架设人员等特种作业人员,必须按照有关规定经过专门的安全作业培训,并取得特种作业操作资格证书后,方可上岗作业。

作业人员应当努力学习安全技术,提高自我保护意识和自我保护能力。

6.3.7 其他有关单位的安全责任

为建设工程提供机械设备和配件的单位,应当按照安全施工的要求配备齐全有效的保险、限位等安全设施和装置。所出租的机械设备和施工机具及配件,应当具有生产(制造)许可证、产品合格证。

出租单位应当对出租的机械设备和施工机具及配件的安全性能进行检测,在签订租赁协议时,应当出具检测合格证明。禁止出租检测不合格的机械设备和施工机具及配件。

在施工现场安装、拆卸施工起重机械和整体提升脚手架、模板等自升式架设设施,必须由具有相应资质的单位承担。

安装、拆卸施工起重机械和整体提升脚手架、模板等自升式架设设施,应当编制拆装方案、制定安全施工措施,并由专业技术人员现场监督。

施工起重机械和整体提升脚手架、模板等自升式架设设施安装完毕后,安装单位应当自检,出具自检合格证明,并向施工单位进行安全使用说明,办理验收手续并签字。

6.4 我国建筑工程安全生产管理制度

建设工程劳动人数众多,规模巨大,且工作环境复杂多变,安全生产的难度很大。通过建立各项制度,规范建设工程的生产行为,对于提高建设工程安全生产水平是非常重要的。

《建筑法》、《安全生产法》、《安全生产许可证条件》、《建筑施工企业安全生产许可证管理规定》等与建设工程有关的法律法规和部门规章,对政府部门、有关企业及相关人员的建设工程安全生产和管理行为进行了全面的规范,确立了一系列建设工程安全生产管理制度。其中,涉及政府部门安全生产的监管制度有:建筑施工企业安全生产许可制度、三类人员考核任职制度、特种作业人员持证上岗制度、政府安全监督检查制度、危及施工安全工艺、设备、材料淘汰制度、生产安全事故报告制度和施工起重机械使用登记制度等；涉及施工企业的安全生产制度有：安全生产教育培训制度、专项施工方案专家论证审查制度、施工现场消防安全责任制度、意外伤害保险制度和生产安全事故应急救援制度等。

6.4.1　建筑施工企业安全生产许可制度

为了严格规范建筑施工企业安全生产条件，进一步加强安全生产监督管理，防止和减少生产安全事故，建设部根据《安全生产许可证条例》、《建设工程安全生产管理条例》等有关行政法规，于 2004 年 7 月制定建设部令第 128 号《建筑施工企业安全生产许可证管理规定》（以下简称《规定》）。主要内容如下：

（1）国家对建筑施工企业实行安全生产许可制度。建筑施工企业未取得安全生产许可证的，不得从事建筑施工活动。

（2）安全生产许可证的申请条件。建筑施工企业取得安全生产许可证，应当具备规定的安全生产条件。

（3）安全生产许可证的申请与颁发。建筑施工企业从事建筑施工活动前，应当依照《规定》向省级以上建设主管部门申请领取安全生产许可证。中央管理的建筑施工企业（集团公司、总公司）应当向国务院建设主管部门申请领取安全生产许可证，其他的建筑施工企业，包括中央管理的建筑施工企业（集团公司、总公司）下属的建筑施工企业，应当向企业注册所在地省、自治区、直辖市人民政府建设主管部门申请领取安全生产许可证。

（4）安全生产许可证的监督管理。县级以上人民政府建设主管部门应当加强对建筑施工企业安全生产许可证的监督管理。

（5）法律责任。违反规定的建设主管部门工作人员要承担相应的法律责任。

6.4.2　建筑施工企业三类人员考核任职制度

依据建设部《关于印发〈建筑施工企业主要负责人、项目负责人、专职安全生产管理人员安全生产考核管理暂行规定〉的通知》（建质〔2004〕59 号）的规定，为贯彻落实《安全生产法》、《建筑工程安全生产管理条例》和《安全生产许可证条例》，提高建筑施工企业主要负责人、项目负责人、专职安全生产管理人员（以下简称三类人员）安全生产知识水平和管理能力，保证建筑施工安全生产，对建筑施工企业三类人员进行考核认定。

三类人员应当经建设行政主管部门或者其他有关部门考核合格后方可任职，考核内容主要是安全生产知识和安全管理能力。

6.4.2.1　三类人员的安全责任

A　建筑施工企业主要负责人

主要负责人是指对本企业日常生产经营活动和安全生产工作全面负责、有生产经营决策权的人员，包括企业法定代表人、经理、企业分管安全生产工作的副经理等。

主要负责人对本企业安全生产工作全面负责，应当建立健全企业安全生产管理体系，设置安全生产管理机构，配备专职安全生产管理人员，保证安全生产投入，督促检查本企业安全生产工作，及时消除安全事故隐患，落实安全生产责任。

主要负责人应当与项目负责人签订安全生产责任书，确定项目安全生产考核目标、奖惩措施，以及企业为项目提供的安全管理和技术保障措施。工程项目实行总承包的，总承包企业应当与分包企业签订安全生产协议，明确双方安全生产责任。

主要负责人应当按规定检查企业所承担的工程项目，考核项目负责人安全生产管理能力。发现项目负责人履职不到位的，应当责令其改正；必要时，调整项目负责人。检查情况应当记入企业和项目安全管理档案。

B 建筑施工企业项目负责人

项目负责人是指由企业法定代表人授权，负责建设工程项目管理的负责人等。

项目负责人对本项目安全生产管理全面负责，应当建立项目安全生产管理体系，明确项目管理人员安全职责，落实安全生产管理制度，确保项目安全生产费用有效使用。

项目负责人应当按规定实施项目安全生产管理，监控危险性较大的分部分项工程，及时排查处理施工现场安全事故隐患，隐患排查处理情况应当记入项目安全管理档案；发生事故时，应当按规定及时报告并开展现场救援。

工程项目实行总承包的，总承包企业项目负责人应当定期考核分包企业安全生产管理情况。

C 建筑施工企业专职安全生产管理人员

是指在企业专职从事安全生产管理工作的人员，包括企业安全生产管理机构的负责人及其工作人员和施工现场专职安全生产管理人员。

企业安全生产管理机构专职安全生产管理人员应当检查在建项目安全生产管理情况，重点检查项目负责人、项目专职安全生产管理人员履责情况，处理在建项目违规违章行为，并记入企业安全管理档案。

项目专职安全生产管理人员应当每天在施工现场开展安全检查，现场监督危险性较大的分部分项工程安全专项施工方案实施。对检查中发现的安全事故隐患，应当立即处理；不能处理的，应当及时报告项目负责人和企业安全生产管理机构。项目负责人应当及时处理。检查及处理情况应当记入项目安全管理档案。

建筑施工企业应当建立安全生产教育培训制度，制定年度培训计划，每年对"三类人员"进行培训和考核，考核不合格的，不得上岗。培训情况应当记入企业安全生产教育培训档案。

建筑施工企业安全生产管理机构和工程项目应当按规定配备相应数量和相关专业的专职安全生产管理人员。危险性较大的分部分项工程施工时，应当安排专职安全生产管理人员现场监督。

国务院住房城乡建设主管部门负责对全国三类人员安全生产工作进行监督管理。

县级以上地方人民政府住房城乡建设主管部门负责对本行政区域内三类人员安全生产工作进行监督管理。

6.4.2.2 三类人员的考核任职

建筑施工企业管理（三类）人员必须经建设行政主管部门或者其他有关部门安全生产考核，考核合格取得安全生产考核合格证书后，方可担任相应职务。

6.4.2.3　三类人员安全生产考核

根据中华人民共和国住房和城乡建设部令第 17 号《建筑施工企业主要负责人、项目负责人和专职安全生产管理人员安全生产管理规定》的规定：

（1）三类人员应当通过其受聘企业，向企业工商注册地的省、自治区、直辖市人民政府住房城乡建设主管部门（以下简称考核机关）申请安全生产考核，并取得安全生产考核合格证书。安全生产考核不得收费。

（2）申请参加安全生产考核的三类人员，应当具备相应文化程度、专业技术职称和一定安全生产工作经历，与企业确立劳动关系，并经企业年度安全生产教育培训合格。

（3）全生产考核包括安全生产知识考核和管理能力考核。安全生产知识考核内容包括：建筑施工安全的法律法规、规章制度、标准规范，建筑施工安全管理基本理论等。安全生产管理能力考核内容包括：建立和落实安全生产管理制度、辨识和监控危险性较大的分部分项工程、发现和消除安全事故隐患、报告和处置生产安全事故等方面的能力。

（4）对安全生产考核合格的，考核机关应当在 20 个工作日内核发安全生产考核合格证书，并予以公告；对不合格的，应当通过三类人员所在企业通知本人并说明理由。

（5）安全生产考核合格证书有效期为 3 年，证书在全国范围内有效。

（6）安全生产考核合格证书有效期届满需要延续的，三类人员应当在有效期届满前 3 个月内，由本人通过受聘企业向原考核机关申请证书延续。准予证书延续的，证书有效期延续 3 年。

对证书有效期内未因生产安全事故或者违反本规定受到行政处罚，信用档案中无不良行为记录，且已按规定参加企业和县级以上人民政府住房城乡建设主管部门组织的安全生产教育培训的，考核机关应当在受理延续申请之日起 20 个工作日内，准予证书延续。

（7）三类人员变更受聘企业时，应当与原聘用企业解除劳动关系，并通过新聘用企业到考核机关申请办理证书变更手续。考核机关应当在受理变更申请之日起 5 个工作日内办理完毕。

6.4.2.4　三类人员的法律责任

（1）三类人员隐瞒有关情况或者提供虚假材料申请安全生产考核的，考核机关不予考核，并给予警告；三类人员 1 年内不得再次申请考核。

三类人员以欺骗、贿赂等不正当手段取得安全生产考核合格证书的，由原考核机关撤销安全生产考核合格证书；三类人员 3 年内不得再次申请考核。

（2）三类人员涂改、倒卖、出租、出借或者以其他形式非法转让安全生产考核合格证书的，由县级以上地方人民政府住房城乡建设主管部门给予警告，并处 1000 元以上 5000 元以下的罚款。

（3）建筑施工企业未按规定开展三类人员安全生产教育培训考核，或者未按规定如实将考核情况记入安全生产教育培训档案的，由县级以上地方人民政府住房城乡建设主管部门责令限期改正，并处 2 万元以下的罚款。

（4）建筑施工企业有下列行为之一的，由县级以上人民政府住房城乡建设主管部门责令限期改正；逾期未改正的，责令停业整顿，并处 2 万元以下的罚款；导致不具备《安全生产许可证条例》规定的安全生产条件的，应当依法暂扣或者吊销安全生产许可证：

1）未按规定设立安全生产管理机构的；

2）未按规定配备专职安全生产管理人员的；

3）危险性较大的分部分项工程施工时未安排专职安全生产管理人员现场监督的；

4）三类人员未取得安全生产考核合格证书的。

（5）三类人员未按规定办理证书变更的，由县级以上地方人民政府住房城乡建设主管部门责令限期改正，并处1000元以上5000元以下的罚款。

（6）主要负责人、项目负责人未按规定履行安全生产管理职责的，由县级以上人民政府住房城乡建设主管部门责令限期改正；逾期未改正的，责令建筑施工企业停业整顿；造成生产安全事故或者其他严重后果的，按照《生产安全事故报告和调查处理条例》的有关规定，依法暂扣或者吊销安全生产考核合格证书；构成犯罪的，依法追究刑事责任。

主要负责人、项目负责人有前款违法行为，尚不够刑事处罚的，处2万元以上20万元以下的罚款或者按照管理权限给予撤职处分；自刑罚执行完毕或者受处分之日起，5年内不得担任建筑施工企业的主要负责人、项目负责人。

（7）专职安全生产管理人员未按规定履行安全生产管理职责的，由县级以上地方人民政府住房城乡建设主管部门责令限期改正，并处1000元以上5000元以下的罚款；造成生产安全事故或者其他严重后果的，按照《生产安全事故报告和调查处理条例》的有关规定，依法暂扣或者吊销安全生产考核合格证书；构成犯罪的，依法追究刑事责任。

（8）县级以上人民政府住房城乡建设主管部门及其工作人员，有下列情形之一的，由其上级行政机关或者监察机关责令改正，对直接负责的主管人员和其他直接责任人员依法给予处分；构成犯罪的，依法追究刑事责任：

1）向不具备法定条件的三类人员核发安全生产考核合格证书的；

2）对符合法定条件的三类人员不予核发或者不在法定期限内核发安全生产考核合格证书的；

3）对符合法定条件的申请不予受理或者未在法定期限内办理完毕的；

4）利用职务上的便利，索取或者收受他人财物或者谋取其他利益的；

5）不依法履行监督管理职责，造成严重后果的。

6.4.3 政府安全监督检查制度

（1）建筑安全生产监督管理的含义。依据《建筑安全生产监督管理规定》的内容，建筑安全生产监督管理是指各级人民政府、建设行政主管部门及其授权的建筑安全生产监督机构，对于建筑安全生产所实施的行业监督管理。凡从事房屋建筑、土木工程、设备安装、管线敷设等施工和构配件生产活动的单位及个人，都必须接受建设行政主管部门及其授权的建筑安全生产监督机构的行业监督管理，并依法接受国家安全监察。

建筑安全生产监督管理根据"管生产必须管安全"的原则，贯彻"预防为主"的方针，依靠科学管理和技术进步，推动建筑安全生产工作的开展，控制人身伤亡事故的发生。

（2）《建设工程安全生产管理条例》第五章"监督管理"对建设工程安全生产的监督管理又做了新的明确规定，其主要内容如下：

　　1）政府安全监督检查的管理体制：

　　① 国务院负责安全生产监督管理的部门依照《中华人民共和国安全生产法》的规定，对全国建设工程安全生产工作实施综合监督管理。

　　② 县级以上地方人民政府负责安全生产监督管理的部门依照《中华人民共和国安全生产法》的规定，对本行政区域内建设工程安全生产工作实施综合监督管理。

　　③ 国务院建设行政主管部门对全国的建设工程安全生产实施监督管理。国务院铁路、交通、水利等有关部门按照国务院规定的职责分工，负责有关专业建设工程安全生产的监督管理。

　　④ 县级以上地方人民政府建设行政主管部门对本行政区域内的建设工程安全生产实施监督管理。县级以上地方人民政府交通、水利等有关部门在各自的职责范围内，负责本行政区域内的专业建设工程安全生产的监督管理。

　　2）政府安全监督检查的职责与权限：

　　① 建设行政主管部门和其他有关部门应当将依法批准开工报告的建设工程和拆除工程的有关备案资料，主要内容抄送同级负责安全生产监督管理的部门。

　　② 建设行政主管部门在审核发放施工许可证时，应当对建设工程是否有安全施工措施进行审查，对没有安全施工措施的，不得颁发施工许可证。

　　③ 建设行政主管部门或者其他有关部门对建设工程是否有安全施工措施进行审查时，不得收取费用。

　　④ 县级以上人民政府负有建设工程安全生产监督管理职责的部门在各自的职责范围内履行安全监督检查职责时，有权采取下列措施：

　　a. 要求被检查单位提供有关建设工程安全生产的文件和资料；

　　b. 进入被检查单位施工现场进行检查；

　　c. 纠正施工中违反安全生产要求的行为；

　　d. 对检查中发现的安全事故隐患，责令立即排除；重大安全事故隐患排除前或者排除过程中无法保证安全的，责令从危险区域内撤出作业人员或者暂时停止施工。

　　⑤ 建设行政主管部门或者其他有关部门可以将施工现场的监督检查委托给建设工程安全监督机构具体实施。

　　⑥ 国家对严重危及施工安全的工艺、设备、材料实行淘汰制度。具体目录由国务院建设行政主管部门会同国务院其他有关部门制定并公布。

　　⑦ 县级以上人民政府建设行政主管部门和其他有关部门应当及时受理对建设工程生产安全事故及安全事故隐患的检举、控告和投诉。

　　县级以上人民政府负有建设工程安全生产监督管理职责的部门在各自的职责范围内履行安全监督检查职责时，有权纠正施工中违反安全生产要求的行为，责令立即排除检查中发现的安全事故隐患，对重大隐患可以责令暂时停止施工。建设行政主管部门或者其他有关部门可以将施工现场的安全监督检查委托给建设工程安全监督机构具体实施。

6.4.4　安全生产责任制度

　　安全生产责任制度就是对各级负责人、各职能部门以及各类施工人员在管理和施工过程中应当承担的责任做出明确的规定。具体来说，就是将安全生产责任分解到施工单位的主要负责人、项目负责人、班组长以及每个岗位的作业人员身上。

安全生产责任制度是施工企业最基本的安全管理制度，是施工企业安全生产管理的核心和中心环节。《安全生产法》和《建设工程安全生产管理条例》都对施工单位的安全生产责任制度作了明确的规定。

（1）安全生产责任制度的主要内容：

1）施工企业主要负责人的安全生产责任；

2）施工企业各副职、技术负责人的安全生产责任；

3）生产、技术、安全、供应、经营、人事、纪检等职能部门的安全生产责任；

4）项目负责人（项目经理）的安全生产责任；

5）项目部副职、技术负责人的安全生产责任；

6）"五大员"（施工员、质量员、安全员、预算员和材料员）的安全生产责任；

7）队、班组长的安全生产责任；

8）各工种、各岗位的作业人员的安全生产责任。

（2）安全生产责任制度的检查和考核办法：

1）按隶属关系进行检查和考核；

2）按年度安全生产目标进行考核。

（3）设置专职安全生产管理机构：

《安全生产法》第17条、《建设工程安全生产管理条例》第23条都对建筑施工企业的安全生产管理机构作出了明确规定。建设部于2008年5月颁发了《建筑施工企业安全生产管理机构的设置及专职安全生产管理人员配备办法》，对建筑企业安全生产管理机构的设置及专职安全生产管理人员的配备作了详细的规定。

建筑施工企业安全生产管理机构专职安全生产管理人员的配备应满足下列要求，并应根据企业经营规模、设备管理和生产需要予以增加：

1）建筑工程、装修工程按照建筑面积配备：

①1万平方米以下的工程不少于1人；

②1万~5万平方米的工程不少于2人；

③5万平方米及以上的工程不少于3人，且按专业配备专职安全生产管理人员。

2）土木工程、线路管道、设备安装工程按照工程合同价配备：

①5000万元以下的工程不少于1人；

②5000万~1亿元的工程不少于2人；

③1亿元及以上的工程不少于3人，且按专业配备专职安全生产管理人员。

3）建筑施工总承包资质序列企业：特级资质不少于6人；一级资质不少于4人；二级和二级以下资质企业不少于3人。

4）建筑施工专业承包资质序列企业：一级资质不少于3人；二级和二级以下资质企业不少于2人。

5）建筑施工劳务分包资质序列企业：不少于2人。

6）建筑施工企业的分公司、区域公司等较大的分支机构（以下简称分支机构）应依据实际生产情况配备不少于2人的专职安全生产管理人员。

6.4.5 安全生产教育培训制度

前已述及，安全事故的致因有人的不安全行为、物的不安全状态、环境因素和管理上的缺陷，而所有这些因素都与人的素质有关，即施工企业管理人员（三类人员）的安全知识水平和管理能力如何，一线作业人员的安全意识、技术水平和操作水平如何直接决定了一个施工单位的安全状况。而提高人的素质最重要的途径就是进行安全教育和培训。

《中华人民共和国建筑法》第16条规定："建筑施工企业应当建立健全劳动安全教育培训制度，加强对企业安全生产的教育培训，未经安全生产教育培训的人员，不得上岗作业。"《中华人民共和国安全生产法》第21条规定：生产经营单位应当对生产从业人员进行安全生产教育培训，强制从业人员具备必要的安全生产知识，熟悉有关的安全生产规章制度和安全操作规程，掌握本岗位的安全操作技能。未经安全生产教育和培训合格的从业人员，不得上岗作业。

6.4.5.1 教育和培训的时间

根据建设部建教〔1997〕83号文件印发的《建筑企业职工安全培训教育暂行规定》的要求如下：

（1）企业法人代表、项目经理每年不少于30学时；

（2）专职管理和技术人员每年不少于40学时；

（3）其他管理和技术人员每年不少于20学时；

（4）特殊工种每年不少于20学时；

（5）其他职工每年不少于15学时；

（6）待、转、换岗重新上岗前，接受一次不少于20学时的培训；

（7）新工人的公司、项目、班组三级培训教育时间分别不少于15学时、15学时、20学时。

6.4.5.2 安全教育和培训的形式

A 新工人三级安全教育

对新工人或调换工种的工人，必须按规定进行安全教育和技术培训，经考核合格，方准上岗。

三级安全教育是每个刚进企业的新工人必须接受的首次安全生产方面的基本教育，三级安全教育是指公司（即企业）、项目（或工程处、施工处、工区）、班组这三级。对新工人或调换工种的工人，必须按规定进行安全教育和技术培训，经考核合格，方准上岗。

（1）公司级。新工人在分配到施工队之前，必须进行初步的安全教育。教育内容如下：

1）劳动保护的意义和任务的一般教育；

2）安全生产方针、政策、法规、标准、规范、规程和安全知识；

3）企业安全规章制度等。

（2）项目（或工程处、施工处、工区）级。项目级教育是新工人被分配到项目以后进行的安全教育。教育内容如下：

1）建筑施工相关人员安全生产技术操作一般规定；

2）施工现场安全管理规章制度；

3）安全生产纪律和文明生产要求；

4）施工过程的基本情况，包括现场环境、施工特点，可能存在不安全因素的危险作业部位及必须遵守的事项。

（3）班组级。岗位教育是新工人分配到班组后，开始工作前的一级教育。教育内容如下：

1）本人从事施工生产工作的性质、必要的安全知识、机具设备及安全防护设施的性能和作用；

2）本工种安全操作规程；

3）班组安全生产、文明施工基本要求和劳动纪律；

4）本工种事故案例剖析、易发事故部位及劳防用品的使用要求。

B 三级教育的要求

（1）三级教育一般由企业的安全、教育、劳动、技术等部门配合进行；

（2）受教育者必须经过考试合格后才准予进入生产岗位；

（3）给每一名职工建立职工劳动保护教育卡，记录三级教育、变换工种教育等教育考核情况，并由教育者与受教育着双方签字后入册。

C 特种作业人员培训

除进行一般安全教育外，还要执行《关于特种作业人员安全技术考核管理规划》（GB 5306—85）的有关规定，按国家、行为、地方和企业规定进行本工种专业培训、资格考核，取得《特种作业人员操作证》后上岗。

D 特定情况下的适时安全教育

（1）季节性，如冬季、夏季、雨雪天、汛台期施工；

（2）节假日前后；

（3）节假日加班或突击赶任务；

（4）工作对象改变；

（5）工种交换；

（6）新工艺、新材料、新技术、新设备施工；

（7）发现事故隐患或发生事故后；

（8）新进入现场等。

6.4.5.3 三类人员的安全培训教育

施工单位的主要负责人是安全生产的第一责任人，必须经过考核合格后，做到持证上岗。在施工现场，项目负责人是施工项目安全生产的第一责任者，也必须持证上岗，加强对队伍培训，使安全管理进入规范化。

6.4.5.4 安全生产的经常性教育

企业在做好新工人入场教育、特种作业人员安全生产教育和各级领导干部、安全管理干部的安全生产培训的同时，还必须把经常性的安全教育贯穿于管理工作的全过程，并根据接受教育对象的不同特点，采取多层次、多渠道和多种方法进行。安全生产宣传教育多种多样，应贯彻及时性、严肃性、真实性，做到简明、醒目，具体形式如下：

（1）施工现场（车间）入口处的安全纪律牌。

（2）举办安全生产训练班、讲座、报告会、事故分析会。

（3）建立安全保护教育室，举办安全保护展览。

（4）举办安全保护广播，印发安全保护简报、通报等，办安全保护黑板报、宣传栏。

（5）张挂安全保护挂图或宣传画、安全标志和标语口号。

（6）举办安全保护文艺演出、放映安全保护音像制品。

（7）组织家属做职工安全生产思想工作。

6.4.5.5　班前安全活动

班组长在班前进行上岗交流、上岗教育，做好上岗记录。

（1）上岗交底。交代当天的作业环境、气候情况、主要工作内容和各个环节的操作安全要求，以及特殊工种的配合等。

（2）上岗检查。查上岗人员的劳动防护情况，每个岗位周围作业环境是否安全无患，机械设备的安全保险装置是否完好有效，以及各类安全技术措施的落实情况等。

6.4.5.6　培训效果检查

对安全教育与培训效果的检查主要是以下几个方面：

（1）检查施工单位的安全教育制度。建筑施工单位要广泛开展安全生产的宣传教育，使各级领导和广大职工真正认识到安全生产的重要性、必要性，懂得安全生产、文明施工的科学知识，牢固树立安全第一的思想，自觉地遵守各项安全生产法令和规章制度。因此，企业要建立健全安全教育和培训考核制度。

（2）检查新入厂工人是否进行过三级安全教育。现在临时劳务工多，发生伤亡事故主要的多在临时劳务工之中，因此在三级安全教育上，应把临时劳务工作为新入厂工人对待。新工人（包括合同工、临时工、学徒工、实习和代培人员）都必须进行三级安全教育。主要检查施工单位、工区、班组对新入厂工人的三级教育考核记录。

（3）检查安全教育内容。安全教育要有具体内容，要把《建筑安装工人安全技术操作规程》作为安全教育的重要内容，做到人手一册，除此以外，企业、工程处、项目经理部、班组都要有具体的安全教育内容。电工、焊工、架工、司炉工、爆破工、机械工及起重工、打桩机和各种机动车辆司机等特殊工种的安全教育内容。经教育合格后，方可独立操作，每年还要复审。对从事有尘毒危害作业的工人，要进行尘毒危害和防治知识教育。也应有安全教育内容。

主要检查每个工人包括特殊工种工人是否人手一册《建筑安装工人安全技术操作规程》，检查企业、工程处、项目经理部、班组的安全教育资料。

（4）检查变换工种时是否进行安全教育。各工种工人及特殊工种工人除懂得一般安全生产知识外，还要懂各自的安全技术操作规程，当采用新技术、新工艺、新设备施工和调换工作岗位时，要对操作人员进行新技术操作和新岗位的安全教育，未经教育不得上岗操作。主要检查变换工种的工人在调换工种时重新进行安全教育的记录；检查采用新技术、新工艺、新设备施工时，应有进行新技术操作安全教育的记录。

（5）检查工人对本工种安全技术操作规程的熟悉程度。该条是考核各工种工人掌握《建筑工人安全技术操作规程》的熟悉程度，也是施工单位对各工种工人安全教育效果的检验。按《建筑工人安全技术操作规程》的内容，到施工现场（车间）进行随机抽查各工种工人对本工种安全技术操作规程的问答，各工种工人宜抽 2 人以上进行问答。

（6）检查施工管理人员的年度培训。各级建设行政主管部门若规定施工单位的施工管理人员进行年度有关安全安全生产方面的培训，施工单位应按各级建设行政主管部门文件规定，安排施工管理人员去培训。施工单位内部也要规定施工管理人员每年进行一次有关安全生产工作的培训学习。主要检查施工管理人员是否进行年度培训的记录。

（7）检查专职安全员的年度培训考核情况。建设部、各省、自治区、直辖市建设行政主管部门规定专职安全员要进行年度培训考核，具体由县级、地区（市）级建设行政主管部门经办。建筑企业应根据上级建设行政主管部门的规定，对本企业的专职安全员进行年度培训考核，提高专职安全员的专业技术水平和安全生产工作的管理水平。按上级建设行政管理部门和本企业有关安全生产管理文件，核查专职安全员是否进行年度培训考核及考核是否合格，未进行安全培训的或考核不合格的是否仍在岗工作等。

6.4.6 依法批准开工报告的建设工程和拆除工程备案制度

（1）建设工程备案制度。依法批准开工报告的建设工程，建设单位应当自开工报告批准之日起 15 日内，将保证安全施工的措施报送建设工程所在地的县级以上地方人民政府建设行政主管部门或者其他有关部门备案。

（2）拆除工程备案制度。建设单位应当将拆除工程发包给具有相应资质等级的施工单位。建设单位应当在拆除工程施工 15 日前，将下列资料报送建设工程所在的县级以上的地方人民政府建设行政主管部门或者其他有关部门备案：

1）施工单位资质等级证明；

2）拟拆除建筑物、构筑物及可能危及毗邻建筑的说明；

3）拆除施工组织方案；

4）堆放、清除废弃物的措施。

实施爆破作业的，应当遵守国家有关民用爆炸物品管理的规定。

实施爆破作业的，应当遵守国家民用爆炸物品关于申请、采购、运输、保管、防盗、领退、失效销毁等管理制度和规定，并编制爆破作业的安全技术措施。在市区或人口密集区实施较大规模的爆破工程，还应编制专项施工方案，并组织专家组（不少于 5 人）进行论证审查。

6.4.7 特种作业人员持证上岗制度

《建设工程安全生产管理条例》第 25 条规定：垂直运输机械作业人员、起重机械安装拆卸工、爆破作业人员、起重信号工、登高架设作业人员等特种作业人员，必须按照国家有关规定经过专门的安全作业培训，并取得特种作业操作资格证书后，方可上岗作业。

（1）特种作业定义。根据《特种作业人员安全技术培训考核管理办法》（1999 年 7 月 12 日国家经济贸易委员会第 13 号令）规定，特种作业是指容易发生人员伤亡事故，对操作者本人、他人及周围设施的安全有重大危害的作业。

在建筑工程领域，特种作业主要包括：电工作业、金属焊接气割作业、起重吊装作业、锅炉作业（含水质化验）、压力容器操作、爆破作业、水下作业、垂直运输设备作业

（包括司机、安装拆卸工、信号工的作业）、企业内部的机动车驾驶等。

（2）特种作业人员应具备的条件：

1）年龄满 18 岁；

2）身体健康、无妨碍从事相应工种作业的疾病和生理缺陷；

3）初中以上文化程度，具备相应工程的安全技术知识，参加国家规定的安全技术理论和实际操作考核成绩合格；

4）符合相应工种作业的其他条件。

（3）培训单位及培训内容：

1）各特种作业人员分别由行政主管部门组织培训；

2）专门的安全技术理论学习；

3）实际操作技能训练。

（4）考核、发证。具体参考国家安全生产监督管理总局 2010 年制定并实施的《特种作业人员安全技术培训考核管理规定》。

6.4.8 专项施工方案专家论证审查制度

依据《建设工程安全生产管理条例》第 26 条的规定，施工单位应当在施工组织设计中编制安全技术措施和施工现场临时用电方案，对达到一定规模的危险性较大的分部分项工程编制专项施工方案，并附安全验算结果，经施工单位技术负责人、总监理工程师签字后实施，由专职安全生产管理人员进行现场监督。

（1）编制专项施工方案所涉及的主要项目：

1）基坑支护与降水工程；

2）土方开挖工程；

3）模板工程；

4）起重吊装工程；

5）脚手架工程；

6）拆除、爆破工程；

7）国务院建设行政主管部门或者其他有关部门规定的其他危险性较大的工程。如建筑幕墙的安装施工、预应力结构张拉施工、隧道工程施工、桥梁工程施工（含桥架）、特种设备施工作业、大江、大河的导流、截流施工、港口工程、航道工程、采用"四新"可能影响质量和安全，已经行政部门许可但无技术标准的工程施工等。

（2）施工单位应当组织专家进行论证审查的工程：

1）深基坑工程。开挖深度大于等于 5m 或地下室三层及三层以上的深基坑，或深度虽未超过 5m，但地质条件和周围环境及地下管线极其复杂的基坑。

2）地下暗挖工程。地下暗挖及遇有溶洞、暗河、瓦斯、涌泥等隧道工程。

3）高大模板工程。水平混凝土构件模板支撑系统高度超过 8m 的模板及支撑系统；跨度超过 18m，施工总荷载大于 10kN/m，或集中线荷载大于 15kN/m 的模板及支撑系统，称为高大模板工程。

4）30m 及以上高空作业（特级高处作业）的工程。

5）大江、大河中的深水作业工程（一般指江河中桥梁的基础工程）。

6）城市中房屋拆除爆破和其他土方大爆破工程。

施工单位应组织专家（不少于5人）论证审查，并写出书面论证审查报告。该书面报告作为修改后的专项施工方案的附件一并贯彻执行。

6.4.9 建筑起重机械安全监督管理制度

2003年国务院颁发的《特种设备安全监察条例》将建筑起重机械列入了特种设备的范围内。特种设备是指涉及生命安全、危险性较大的设备，如锅炉、压力容器（含气瓶）、压力管道、施工（永久）电梯、起重机械、客运索道、大型娱乐设施等。

6.4.9.1 建筑起重机械的种类

（1）履带式起重机。其具有操作灵活、使用方便，在一般平整坚实的场地上可以载荷行驶和作业的特点，具体见图6.2。

（2）轮胎起重机。其适用于作业地点相对固定而作业量较大的场合，但由于需拖车移动和转移，已逐渐被汽车起重机取代，具体见图6.3。

（3）汽车起重机。其具有汽车的行驶通过性能，机动性强，行驶速度快，可以迅速转移，变幅大、起升高度大，是一种用途广泛、适用性强的通用性起重机。汽车起重机近年来发展很快，将逐步取代轮胎起重机，具体见图6.4。

汽车起重机按起重量分为以下三种：

轻型：起重量 <20t；

中型：20t≤起重量 <50t；

重型：起重量≥ 50t。

图6.2　履带式起重机　　　图6.3　轮胎起重机　　　图6.4　汽车起重机

（4）塔式起重机。其与汽车起重机相比，虽然起重量较小，但操作灵活、方便快捷，总体提升能力大，变幅大，提升高度大，在建（构）筑物施工中应用最为广泛。

塔式起重机的种类很多，在建筑施工中，应用最为广泛的是一机四用（轨道式、独立式、附着式和内爬式）的自升塔式起重机。

（5）施工升降机（施工电梯）。其一般用于高层和超高层建筑施工中，人员上下和运输小型材料。

另外还有桅杆式起重机、井架起重机、缆索起重机、卷扬机、拔杆等不再一一叙述。

6.4.9.2　建筑起重机械各方的安全生产责任

国务院于 2003 年 2 月颁发的《特种设备安全监察条例》和建设部颁发的《建筑起重机械安全监督管理规定》对建筑起重机械的出租、租赁、安装及拆卸、使用等单位的安全责任作了详细的规定。

A　出租单位、自购使用单位的安全责任

（1）出租单位在建筑起重机械首次出租前，自购使用单位在建筑起重机械首次安装前，应持建筑起重机械特种设备"三证"（制造许可证、产品合格证、制造监督检验证明）到所辖地区建设行政主管部门办理备案（《建设工程安全生产管理条例》第 35 条规定）。

（2）出租单位应当在签订的《建筑起重机械租赁合同》中，明确租赁双方的安全责任，并出具建筑起重机械的"三证"、备案证明和自检合格证明，提交安装使用说明书。

（3）有下列情形之一的建筑起重机械，不得出租、使用：

1）属国家明令淘汰或者禁止使用的；

2）超过安全技术标准或者制造厂家规定的使用年限的；

3）经检验达不到安全技术标准的；

4）没有完整安全技术档案的；

5）没有齐全有效的安全保护装置的。

建筑起重机械有 1）、2）、3）项情形之一的，出租单位或者自购使用单位应当予以报废，并向原备案机关办理注销手续。

（4）出租单位、自购使用单位应当建立建筑起重机械安全技术档案，其档案应包括以下资料：

1）购销合同、"三证"、备案证明、安装使用说明书等原始资料；

2）定期检验报告、定期自行检查记录、定期维护保养记录、维修和技术改造记录、运行故障和生产安全事故记录、累计运转记录等运行资料；

3）历次安装验收资料。

B　建筑起重机械安装单位（包括拆卸）的安全责任

（1）安装单位应当依法取得建设行政主管部门颁发的相应资质和建筑施工企业安全生产许可证，并在其资质许可范围内承揽建筑起重机械的安装、拆卸工程。

（2）建筑起重机械使用单位和安装单位在签订的合同中，明确双方的安全生产责任。

（3）安装单位应当履行下列责任：

1）按照安全技术标准及建筑起重机械性能要求，编制建筑起重机械安装、拆卸施工方案，并由本单位技术负责人签字；

2）按照安全技术标准及塔机使用说明书等检查建筑起重机械及施工条件；

3）组织安全技术交底并签字确认；

4）制定建筑起重机械安装、拆卸工程生产安全事故应急救援预案；

5）将安装、拆卸专项施工方案，安装、拆卸人员名单，安装、拆卸时间的资料报施工单位和监理单位审核后，告知工程所在地县级以上建设行政主管部门；

6）建筑起重机械安装、拆卸工程应根据专项施工方案及安全操作规程进行作业，专业技术人员、专职安全生产管理人员应当进行现场监督；

7）应建立建筑起重机械安装、拆卸工程档案，其档案应当包括以下资料：

① 安装、拆卸合同及安全协议书；

② 安装、拆卸工程专项施工方案；

③ 安全技术交底的有关资料；

④ 安装工程验收报告资料；

⑤ 安装、拆卸生产安全事故应急救援预案。

（4）建筑起重机械安装完毕后，使用单位应组织出租、安装、监理等有关单位进行验收。经验收合格后方可投入使用，未经验收或验收不合格的不得使用。

C 建筑起重机械使用单位的安全责任

具体见《特种设备安全监察条例》相关条例。

6.4.10 危及施工安全工艺、设备、材料淘汰制度

《建设工程安全生产管理条例》第四十五条规定："国家对严重危及施工安全的工艺、设备、材料实行淘汰制度。具体目录由我部会同国务院其他有关部门制定并公布。"本条是关于对严重危及施工安全的工艺、设备、材料实行淘汰制度的规定。

严重危及施工安全的工艺、设备、材料是指不符合生产安全要求，极有可能导致生产安全事故发生，致使人民生命和财产遭受重大损失的工艺、设备和材料。

对于已经公布的严重危及施工安全的工艺、设备和材料，建设单位和施工单位都应当严格遵守和执行，不得继续使用此类工艺和设备，也不得转让他人使用。

6.4.11 施工现场消防安全责任制度

（1）建筑物的消防设计、施工及验收：

1）设计单位必须按照国家建筑工程消防标准进行建筑消防设计；

2）建设单位应当将建筑工程的消防设计图纸及有关资料报送公安消防机构审核，未经审核和审核不合格的，建设行政主管部门不得发放施工证，建设单位不得组织施工。经审核过的消防设计需要变更的，应当报经原审核的公安消防机构核准；未经核准的，任何单位和个人不得变更；

3）建筑物消防与建筑工程要做到"三同时"，即同时设计、同时施工、同时竣工；

4）建筑工程竣工验收时，必须经公安消防机构进行消防验收，未经验收或验收不合格的，不得投入使用。

（2）建筑施工现场火源种类：

1）电气火灾，包括线路漏电、过流、短路、绝缘层老化等引发的火灾；

2）电焊、气割作业引发的火灾；

3）在有易燃易爆物品的场所，违章使用明火或违章操作等造成的火灾；

4）职工在住所或其他场所违章使用电炉、烤火炉或其他明火造成的火灾。

（3）消防设施及器具：

1）灭火器；

2）消防箱（配备有消防水带、水枪）；

3）消防水池；

4）消防栓；

5）消防车及消防通道等。

6.4.12 生产安全事故报告制度

《建设工程安全生产管理条例》第50条对建设工程生产安全事故报告制度的规定为："施工单位发生生产安全事故，应当按照国家有关伤亡事故报告和调查处理的规定，及时、如实地向负责安全生产监督管理的部门、建设行政主管部门或者其他有关部门报告；特种设备发生事故的，还应当同时向特种设备安全监督管理部门报告。接到报告的部门应当按照国家有关规定，如实上报。"

本条是关于发生伤亡事故时的报告义务的规定。

一旦发生安全事故，及时报告有关部门是及时组织抢救的基础，也是认真进行调查、明确责任的基础。因此，施工单位在发生安全事故时，不能隐瞒事故情况。

安全生产事故报告程序：

（1）依据《企业职工伤亡事故报告和处理规定》的规定，进行生产安全事故的报告。

（2）依据《工程建设重大事故报告和调查程序规定》的规定，进行工程建设重大事故的报告。

（3）依据《特别重大事故调查程序暂行规定》的规定，进行建设工程特别重大事故的报告。

施工单位发生安全事故时的处置措施：

（1）施工现场有关人员应立即报告本单位负责人。

（2）本单位负责人接到事故报告时，应迅速采取有效措施组织抢救，以减少人员伤亡和财产损失。

1）首先抢救受伤人员；

2）采取措施防止事故的蔓延、扩大；

3）保护好事故现场。因抢救人员、防止事故扩大等原因，需要移动现场物品时，应当做出标记（或从不同角度拍摄一些照片），绘制现场简图并做好书面记录，妥善保护有关证据。

4）单位负责人接到报告后，应于1小时内向事故发生地县级以上政府安全生产监督管理部门和建设行政主管部门报告，并于24小时内写出书面报告。事故报告应当及时、准确、完整，任何单位和个人对事故不得迟报、漏报、谎报或瞒报。事故报告应包括以下主要内容：

① 事故发生单位概况；

② 事故发生的时间、地点以及事故现场情况；

③ 事故的类别及事故的简要经过；

④ 事故伤亡人数（包括下落不明的人数）和初步估计的直接经济损失；

⑤ 已经采取的措施；

⑥ 其他应当报告的情况。

6.4.13 生产安全事故应急救援制度

国务院于 2001 年 4 月颁发的《国务院关于特大安全事故行政责任追究的规定》已将建筑施工现场列入重大危险源。《安全生产法》第 17 条规定："生产经营单位的主要责任人具有组织制定并实施本单位的生产安全事故应急救援预案的责任。"第 33 条规定："生产经营单位对重大危险源应当制定应急救援预案，并告知从业人员和相关人员在紧急情况下应当采取的应急措施。"《建设工程安全生产管理条例》第 48 条规定："施工单位应当制定本单位生产安全事故应急救援预案，建立应急救援预案组织或者配备应急救援人员，配备必要的应急救援器材、设备，并定期组织演练。"

6.4.13.1 应急救援预案的主要规定

（1）县级以上地方人民政府建设行政主管部门应当根据本级人民政府的要求，制定本行政区域内建设工程特大生产安全事故应急救援预案。

（2）施工单位应当制定本单位生产安全事故应急求援预案，建立应急救援组织或者配备应急救援人员，配备必要的应急救援器材、设备，并定期组织演练。

（3）施工单位应当根据建设工程施工的特点、范围，对施工现场易发生重大事故的部位、环节进行监控，制定施工现场生产安全事故应急救援预案，工程总承包单位和分包单位按照应急救援预案，各自建立应急救援组织或者配备应急救援人员，配备救援器材、设备，并定期组织演练。

（4）工程项目经理部应针对可能发生的事故制定相应的应急救援预案，准备应急救援的物资，并在事故发生时组织实施，防止事故扩大，以减少与之有关的伤害和不利环境的影响。

6.4.13.2 现场应急预案的内容

A 编制、审核和确认

（1）现场应急预案的编制。应急预案的编制应与安保计划同步编写。根据对危险源不利环境因素的识别结果，确定可能发生的事故或紧急情况的控制措施失效时所采取的补充措施和抢救行动，以及针对可能随之引发的伤害和其他影响所采取的措施。

应急预案是规定事故应急救援工作的全过程。应急预案适用于项目部施工现场范围内可能出现的事故或紧急情况的救援和处理。

应急预案中应明确：

1）应急救援组织、职责和人员的安排，应急救援器材、设备的准备和平时的维护保养。

2）在作业场所发生事故时如何组织抢救，以及保护事故现场的安排，其中应明确如何抢救，使用什么器材、设备。

3）应明确内部和外部联系的方法、渠道，根据事故性质，制定在多少时间内由谁如何向企业上级、政府主管部门和其他有关部门报告，需要通知有关的近邻及消防、救险、医疗等单位的联系方式。

4）工作场所内全体人员如何疏散的要求。

应急救援的方案（在上级批准以后），项目部还应根据实际情况定期和不定期举行应急救援的演练，检验应急准备工作的能力。

（2）现场应急预案的审核和确认。由施工现场项目经理部的上级有关部门，对应急预案的适宜性进行审核和确认。

B　现场应急救援预案的内容

应急救援预案可以包括下列内容，但不局限于下列内容：

（1）目的。

（2）适用范围。

（3）引用的相关文件。

（4）应急准备。领导小组组长、副组长及联系电话，组员，办公场所（指挥中心）及电话；项目经理部应急救援指挥流程图；急救工具、用具（列出急救的器材、名称）。

（5）应急响应：

1）一般事故的应急响应。当事故或紧急情况发生后，应明确由谁向谁汇报，同时采取什么措施防止事态扩大。现场领导如何组织处理，同时，在多少时间内向公司领导或主管部门汇报。

2）重大事故的应急响应。重大事故发生后，由谁在最短时间内向项目领导汇报，如何组织抢救，由谁指挥，配合对伤员、财物的急救处理，防止事故扩大。

项目部立即汇报：向内汇报，多少时间、报告哪个部门、报告的内容；向外报告，什么事故可以由项目部门直接向外报警，什么事故应由项目部上级公司向有关上级部门上报。

（6）演练和预案的评价及修改。项目部还应规定平时不定期演练的要求和具体项目。演练或事故发生后，对应急救援预案的实际效果进行评价并提出修改预案的要求。

6.4.14　意外伤害保险制度

根据《建筑法》第48条规定，建筑职工意外伤害保险是法定的强制性保险，也是保护建筑业从业人员合法权益，转移企业事故风险，增强企业预防和控制事故能力，促进企业安全生产的重要手段。

建设部为贯彻执行《建筑法》和《安全生产法》，于2003年5月颁发了《住房和城乡建设部关于加强建筑意外伤害保险指导意见》，对建筑意外伤害保险做出了具体规定和要求。

（1）建筑意外伤害保险的范围：1）在施工现场的所有作业人员和管理人员，已在企业所在地参加工伤保险的人员，从事现场施工时仍可参加建筑意外伤害保险；2）地点范围应当覆盖工程项目。

（2）建筑意外伤害保险的期限。时间应涵盖项目开工之日至工程竣工验收之日。提前竣工的，保险责任自行终止；因故延长工期的，应当办理保险顺延手续。

（3）保险金额。最低保险金额由当地县级以上建设行政主管部门确定。企业投保时，不得低于此标准。

（4）保险费率。保险费率由施工企业和保险公司平等协商确定，提倡差别费率和浮动费率。

1）差别费率。差别费率可与工程规模、类型、工程项目风险程度和施工现场环境等因素挂钩。

2）浮动费率。浮动费率可与施工企业的安全生产业绩、安全生产管理状况等因素挂钩。对重视安全生产管理、安全生产业绩好的企业可下浮费率；对安全管理不善、安全业绩差的企业可采用上浮费率。通过浮动费率机制，可激励投保企业搞好安全生产的积极性。

其余建筑意外伤害保险的投保、索赔及安全服务的内容见相关规范和条例。

6.4.15 建设工程施工许可管理制度

为了加强对建筑活动的监督管理，维护建筑市场秩序，保证建筑工程的质量和安全，根据《中华人民共和国建筑法》，建设部于 1999 年 10 月颁发了《建筑工程施工许可管理办法》（以下简称《办法》），并分别于 2001 年 7 月和 2014 年 6 月对其进行了修改完善，最新办法自 2014 年 10 月 25 日起施行。

在我国境内从事各类房屋建筑及其附属设施的建造、装修装饰和与其配套的线路、管道、设备的安装，以及城镇市政基础设施工程的施工、建设单位在开工前应当依照《办法》的规定，向工程所在地的县级以上地方人民政府住房城乡建设主管部门申请领取施工许可证。

建设单位申请领取施工许可证，应当具备下列条件，并提交相应的证明文件：

（1）依法应当办理用地批准手续的，已经办理该建筑工程用地批准手续。

（2）在城市、镇规划区的建筑工程，已经取得建设工程规划许可证。

（3）施工场地已经基本具备施工条件，需要征收房屋的，其进度符合施工要求。

（4）已经确定施工企业。按照规定应当招标的工程没有招标，应当公开招标的工程没有公开招标，或者肢解发包工程，以及将工程发包给不具备相应资质条件的企业的，所确定的施工企业无效。

（5）有满足施工需要的技术资料，施工图设计文件已按规定审查合格。

（6）有保证工程质量和安全的具体措施。施工企业编制的施工组织设计中有根据建筑工程特点制定的相应质量、安全技术措施。建立工程质量安全责任制并落实到人。专业性较强的工程项目编制了专项质量、安全施工组织设计，并按照规定办理了工程质量、安全监督手续。

（7）按照规定应当委托监理的工程已委托监理。

（8）建设资金已经落实。建设工期不足一年的，到位资金原则上不得少于工程合同价的 50%，建设工期超过一年的，到位资金原则上不得少于工程合同价的 30%。建设单位应当提供本单位截至申请之日无拖欠工程款情形的承诺书或者能够表明其无拖欠工程款情形的其他材料，以及银行出具的到位资金证明，有条件的可以实行银行付款保函或者其他第三方担保。

（9）法律、行政法规规定的其他条件。对于未取得施工许可证或者为规避办理施工许可证将工程项目分解后擅自施工的，由有管辖权的发证机关责令停止施工，限期改正，对建设单位处工程合同价款 1% 以上 2% 以下罚款，对施工单位处 3 万元以下罚款。

建设单位采用欺骗、贿赂等不正当手段取得施工许可证的，由原发证机关撤销施工许可证，责令停止施工，并处 1 万元以上 3 万元以下罚款；构成犯罪的，依法追究刑事责任。

建设单位隐瞒有关情况或者提供虚假材料申请施工许可证的，发证机关不予受理或者不予许可，并处 1 万元以上 3 万元以下罚款；构成犯罪的，依法追究刑事责任。

建设单位伪造或者涂改施工许可证的，由发证机关责令停止施工，并处 1 万元以上 3 万元以下罚款；构成犯罪的，依法追究刑事责任。

依照本办法规定，给予单位罚款处罚的，对单位直接负责的主管人员和其他直接责任人员处单位罚款数额 5% 以上 10% 以下罚款。单位及相关责任人受到处罚的，作为不良行为记录予以通报。

6.5　施工现场安全管理与文明施工

建筑施工的特点决定了建筑业属于高危行业，存在着诸多危险源，极易引发安全生产事故。通过施工现场安全管理，减少或消除人的不安全行为，减少物的不安全状态和消除环境的不安全因素，以预防和避免人身伤害和财产损失事故的发生，使项目施工始终处于最佳生产状态。

施工现场的管理与文明施工是安全生产的重要组成部分。安全生产是树立以人为本的管理理念，保护社会弱势群体的重要体现；文明施工是现代化施工的一个重要标志，是施工企业一项基础性的管理工作，坚持文明施工具有重要意义。安全生产与文明施工是相辅相成的，建筑施工安全生产不但要保证职工的生命财产安全，同时要加强现场管理，保证施工井然有序，改变过去脏乱差的面貌，对提高投资效益和保证工程质量也具有深远意义。

6.5.1　施工现场安全管理

（1）建立健全各项安全生产规章制度。建筑企业安全管理法制化、规范化、制度化是一种趋势，企业只有遵循一定的工作制度，才能科学地规范安全生产管理和工作过程中的各种行为，实现建筑施工过程的安全。因此，建筑企业应该在国家有关安全生产法律法规和标准规范的指导下，建立起安全生产管理制度，以保证安全管理模式的正常进行。

项目部应建立健全以下安全生产规章制度：1）各级各部门安全生产责任制度；2）安全生产教育制度；3）安全生产检查制度；4）安全生产费用的投入和管理制度；5）安全生产会议制度；6）安全生产领导值班制度；7）安全生产岗位培训、考核、认证制度；8）施工管理人员考核任职管理制度；9）特种作业人员持证上岗制度；10）班组班前安全活动制度；11）专、兼职安全员管理制度；12）外协单位和外协人员安全管理制度；13）建设工程和拆除工程备案制度；14）安全技术措施、专项施工方案的编制、审批和备案制度；15）安全操作规程的制定和管理制度；16）安全技术交底制度；17）安全作业环境、作业条件标准及管理制度；18）重大危险源管理制度；19）垂直运输设备安装、拆卸和使用管理制度；20）机具、设备、材料的采购、发放管理制度；21）劳动保护用品的采购和使用管理制度；22）易燃易爆、有毒有害物品保管和使用管理制度；23）施工现场消防保卫制度；24）文明施工制度；25）门卫管理制度；26）生产安全事故应急救援管理制度；27）生产安全事故的统计报告制度；28）安全生产责任考核和安全奖惩制度等。

（2）建筑施工企业在编制施工组织设计时，应当根据建筑工程的特点和施工现场的作业条件，制定相应的安全措施；对专业性较强的工程项目，应当编制专项安全施工组织设计，并采取安全技术措施。

（3）施工现场实行封闭管理，建筑施工企业应当按照规定在施工现场周围设置围挡。高层和临街的建筑施工，应当采用密目网或者其他装置进行遮护。

（4）施工现场对毗邻的建筑物、构筑物和特殊作业环境可能造成损害的，建筑施工企业应当采取安全防护措施。

（5）建筑施工企业在施工过程中，应当根据施工组织设计和施工进度，向不同工种的施工人员进行专项的安全技术交底。

（6）建筑施工企业的职工应当按照施工安全技术标准和本工种的安全操作规程进行施工作业，发现施工现场安全异常情况，应当立即采取有效的防护措施，并向安全生产管理人员报告。

（7）建筑施工企业的职工对影响身体健康的作业程序和作业条件，有权提出改进或者改善的建议；对企业管理人员违章指挥、强令冒险作业的，有权拒绝执行和检举、控告。

（8）建筑施工企业应当加强对施工现场的安全巡视和检查，督促施工人员遵守建筑生产的安全操作规程和技术标准，发现安全事故隐患以及违反施工安全技术规范或者安全操作规程的行为，及时予以制止或者纠正。

（9）重大危险源的控制和管理：1）重大危险源安全控制技术。重大危险源安全控制技术是通过对危险源的辨识、风险评价之后采取的一项技术措施。对于重大危险源，必须首先明确其存在的不安全因素或事故隐患及其危害程度，须达到的安全目标，由责任部门制定专项安全施工方案，通过资金保证，明确相关人员的职责，来落实安全技术措施。公司安全生产监督部门应对专项施工方案及其控制执行情况进行检查。2）建立重大危险源的公示制度。通过对危险源的辨识、风险评价，将各个危险源的名称、发生地点、施工阶段、引发安全事故的种类、处置措施、风险评价、责任人进行登记、汇总，并制成排版予以公示。

重大危险源公示制度的作用，有以下几点：①时刻提醒相关作业人员一定要按限控技术和安全操作规程进行作业；②责任落实到人，有利于对危险源的安全管理；③有利于各级安全检查人员和管理人员的监督检查。

重大危险源的公示制度，包括重大危险源标识牌和重大危险源公示，分别悬挂于进场门口附近和危险源显著位置。

6.5.2 文明施工管理

（1）施工现场的布置。施工现场的平面布置图是施工组织设计的重要组成部分，必须科学合理地规划，绘制出施工现场平面布置图，在施工实施阶段按照施工总平面图要求，设置道路、组织排水、搭建临时设施、堆放物料和设置机械设备等。

施工现场平面布置应遵循以下原则：

1）施工现场一般应划分为施工作业区、辅助作业区、大宗材料堆放区和办公生活区。

2）办公生活区应与作业区分开设置，并保持一定距离。办公生活区的选址应符合安全性要求，不得在尚未竣工的建筑物内设置职工集体宿舍。职工宿舍采用的装配式活动板房应具有产品合格证。

3）施工现场的场地应平整，无障碍物，无洼坑，雨期不积水。场内应设置良好的排水系统。

（2）所有位于塔吊回转半径内的作业区和办公生活区，必须设置能防止穿透的防护装置。

（3）应在施工现场入口处、施工起重机械、临时用电设施、脚手架、出入通道口、楼梯口、电梯井口、孔洞口、桥梁口、隧道口、基坑沿边、爆破物及有害危险气体和液体存放处等危险部位，设置明显的安全警示标志。

1）施工现场应当根据工程特点及施工的不同阶段，有针对性地设置，悬挂安全标志。安全警示标志是指提醒人们注意的各种标牌、方案、符号以及灯光等。一般来说，安全警示标志包括安全色和安全标志。安全警示标志应当明显，便于作业人员识别。

2）根据《安全标志》（GB 2894—1996）规定，安全标志是用于表达特定信息的标志，由图形符号、安全色、几何图形（边框）或文字组成。安全标志分禁止标志、警告标志、指令标志和提示标志。安全警示标志的图形、尺寸、颜色、文字说明和制作材料等，均应符合国家标准规定。

（4）施工现场必须在场门入口处附近明显位置设置"五牌一图"，即工程概况牌、工程标牌（管理人员名单及监督电话牌）、安全生产牌、消防保卫牌、文明施工牌及总平面布置图。同时设置施工许可牌和安全生产规划许可证牌。

施工现场应该设置"两栏一报"，即读报栏、宣传栏和黑板报，丰富学习内容，表扬好人好事。

（5）施工机械应当按照施工总平面布置图规定的位置和线路设置，不得任意侵占场内道路。施工机械进场须经过安全检查，经检查合格的方能使用。施工机械操作人员必须建立机组责任制，并依照有关规定持证上岗，禁止无证人员操作。

（6）施工现场的用电线路、用电设施的安装和使用必须符合安装规范和安全操作规程，并按照施工组织设计进行架设，严禁任意拉线接电。施工现场必须设有保证施工安全要求的夜间照明；危险潮湿场所的照明以及手持照明灯具，必须采用符合安全要求的电压。

（7）施工现场的道路应当平整、畅通，主干道应为混凝土路面，并设置交通指示标志。通行危险的地段应当悬挂警戒标志，夜间设置红灯示警。在车辆、行人通过的地方施工，应当对沟、坑、井等进行覆盖，并设置施工标志和防护设施。

（8）施工单位必须执行国家有关安全生产和劳动保护的法规，建立安全生产责任制，加强规范化管理，进行安全交底、安全教育和安全宣传，严格执行安全技术方案。施工现场的各种安全设施和劳动保护器具，必须定期进行检查和维护，及时消除隐患，保证其安全有效。

（9）施工现场应当设置各类必要的职工生活设施，并符合卫生、通风、照明等要求。职工的膳食、饮水供应等应当符合卫生要求。

（10）建设单位或者施工单位应当做好施工现场安全保卫工作，采取必要的防盗措施，在现场周边设立围护设施。施工现场在市区的，周围应当设置遮挡围栏，临街的脚手架也应当设置相应的围护设施。非施工人员不得擅自进入施工现场。

（11）施工单位应当严格依照《中华人民共和国消防条例》的规定，在施工现场建立和执行防火管理制度，设置符合消防要求的消防设施，并保持完好的备用状态。在容易发生火灾的地区施工或者储存、使用易燃易爆器材时，施工单位应当采取特殊的消防安全措施。

（12）施工现场发生的工程建设重大事故的处理，依照《工程建设重大事故报告和调查程序规定》执行。

（13）施工单位应当遵守国家有关环境保护的法律规定，采取措施控制施工现场的各种粉尘、废气、废水、固定废弃物以及噪声、振动对环境的污染和危害。

（14）施工单位应当采取下列防止环境污染的措施：

1）妥善处理泥浆水，未经处理不得直接排入城市排水设施和河流；

2）除设有符合规定的装置外，不得在施工现场熔融沥青或者焚烧油毡、油漆以及其他会产生有毒有害烟尘和恶臭气体的物质；

3）使用密封式的圈筒或者采取其他措施处理高空废弃物；

4）采取有效措施控制施工过程中的扬尘；

5）禁止将有毒有害废弃物用作土方回填；

6）对产生噪声、振动的施工机械，应采取有效控制措施，减轻噪声扰民。

思 考 题

6-1 简述建设工程施工伤亡事故产生的原因。

6-2 简述建筑施工伤亡事故的种类及部位。

6-3 建设工程责任方包括哪些单位，其中建设方和设计方应承担哪些安全责任？

6-4 建设工程安全生产管理制度主要有哪些？

6-5 建筑施工企业三类人员是什么，其安全教育培训的时间是多少？

6-6 建筑工程特种作业包括哪些，其作业人员应具备什么条件？

6-7 建设工程中的哪些工程必须编写专项施工方案？哪些工程必须组织专家论证审查？

6-8 建筑火灾主要有哪几种类型？

6-9 施工单位发生安全事故时的处置措施主要有哪些？

6-10 建筑施工企业安全生产管理机构专职安全生产管理人员的配备应满足哪些要求？

6-11 建筑工程安全生产保证体系包括哪些内容？

7 建筑工程安全保险机制

7.1 工程保险

7.1.1 工程保险的含义

保险通常意义上是指商业保险，即通过合同形式，运用商业化的经营原则，由专门机构向投保人收取保费，建立保险基金，对被保险人在合同范围内的财产损失，人身伤亡以及年老丧失能力的经济损失给付一定的经济补偿。

保险既是一种经济制度，又是一种法律关系。一方面，保险首先是一种经济制度，它是为了确保经济生活的稳定，对特定风险事故或特定时间内发生的事故所导致的损失，运用社会经济单位的共同力量，通过建立共同的基金来进行补偿或给付的一种经济保障制度。另一方面，保险又是一种法律关系，由于保险这一经济制度对于国民经济有着重要作用，所以世界大多数国家都将这一经济制度运用法律形式固定下来，借以巩固这一经济补偿制度。从法律角度看，保险是根据法律规定或当事人双方约定，由一方承担支付保险费的义务，获取另一方按照事先约定对其因意外事故出现所导致的损失进行经济补偿或给付权利的一种法律关系。

保险的法律关系与一般损害赔偿的民事法律关系不同。首先，保险事故的发生不是保险人的行为所致。保险人不是因侵权或违约行为而承担损害的赔偿责任，而是因为法律规定或保险合同确定所承担的补偿损失义务。同时，保险人承担的只是损失补偿的责任。造成损失就补偿，没造成损失就不补偿，在约定范围内，损失多少就补偿多少。其次，保险法律关系的另一方是以支付保费来换取风险保障的权利，所以保险费用的支出是取得风险保障的代价，保险法律关系是一种有一定代价的权利义务关系。

那么如何对"保险"下一个定义呢？由上述分析可得出，保险就是具有法律资格的社会机构，通过向投保人收取保费，建立保险基金用于保险双方就事前约定时间内、约定的事件发生时所造成的损失向投保人进行补偿的一种经济制度。保险人与被保险人之间构成投保人承担支付保费的义务，保险人承担事前约定的赔偿责任的一种法律关系。

工程保险指投保人（即承包商、业主或工程风险的其他承担者）通过与保险人（即保险公司）签订工程保险合同，投保人支付保险金，在保险期内一旦发生自然灾害、意外事故或人为原因所造成人身伤亡、财产损失、第三者责任造成损失时，保险人按照合同约定承担保险赔付责任的商业行为。现代工程保险已经发展成为产品体系较为完善的具有较强专业特征且相对独立的一个保险领域。

7.1.2 工程保险的特征

工程保险属于财产保险的领域，但其与普通财产保险相比具有显著的区别。主要表现在以下几点：

（1）特殊性。工程保险承保的风险具有特殊性，首先，表现在工程保险既承保被保险人的财产损失风险，同时还承保被保险人的责任风险。其次，承保风险标的中大部分暴露于风险之中，自身抵御风险的能力大大低于普通财产的标的。最后，工程在施工中始终处于一种动态的过程，而且存在大量的交叉作业，各种风险因素错综复杂，风险程度高。

（2）综合性。工程保险的主要责任范围一般由物质损失部分和第三者责任部分构成。同时工程保险还可以针对工程项目风险的具体情况提供运输过程中、人员工地外出过程中、保证期过程中各类风险的专门保障，是一种综合性保险。

（3）广泛性。普通财产保险的被保险人的情况较为单一，通常只有一个明确的被保险人。工程保险在建设过程中可能涉及的当事人较多，关系相对复杂，业主、总承包商、分包商、设备和材料供应商、勘察设计商、技术部门、监理人、投资者、贷款银行等，均可能对项目拥有保险利益，成为被保险人。

（4）不确定性。普通财产保险的保险期限相对较为固定，通常为一年。工程保险的保险期限一般是根据工期确定的，往往是几年，甚至是十几年。工程保险期限的时点也是不确定的，是根据保险单和工程的具体情况确定的。为此，工程保险通常采用工期费率而较少采用年度费率。

（5）变动性。普通财产保险的金额在保险期内是相对固定不变的，工程保险中物质损失部分针对的标的实际价值在保险限期内是随着工程建设的进度不断增长的。所以保险限期内，不同时点的实际保险金额是不同的。

7.1.3　工程保险的作用

（1）分散市场风险，保障建筑市场的稳定发展。现代建筑尤其是大型建筑物的建设具有工艺技术复杂，资金投入巨大，建设周期长，时效要求高等特点。因此，建筑工程涉及的环节多，出错的概率也大，事故的原因也越趋复杂。通常，追查事故原因需要有一段时间，但建筑行业的资金投入巨大，且不说重大毁灭性事故发生后重建的资金筹集有困难，即使是局部性事故使工程暂停、延期，其造成的资金、利息及建筑物不能按时投入使用的损失都是巨大的。

根据《保险法》规定，非人寿保险必须将每笔保险业务额的20%办理再保险，而对一次保险事故可能造成的最大损失所承担的责任不得超过该保险公司资本金加公积金总和的10%，超过部分必须购买再保险。这些规定使资金巨大的建筑工程通常以主保、分保和再保等形式在几家保险公司投保。因而，一旦事故发生，损失将由几家保险公司，甚至整个保险业承担。这样，通过保险，建筑市场的风险被分散，事故发生后的震荡被减弱。由此，建筑市场的运转得以稳定，避免了因不可测因素而导致的建筑商破产及随之而来的市场动荡。

工程保险的另一作用是使企业可通过购买保险将不确定的成本转化为确定的成本打入预算之内，使企业内部的管理稳定、规范，效益得到保障。建筑物在建设过程中事故风险概率大，因而不可预测的费用占预算成本的比例很高，这给管理与融资都带来很大的困难。用购买保险的方法，可使风险成本列入管理成本中，降低了经营与融资的风险。

（2）规范市场准入，促进建筑市场建立"优胜劣汰"的机制。在国内建筑市场的投标竞争中，国家有关部门颁发的施工证书是建筑承包商能否参加投标的主要依据。但一些劣质的施工单位却可通过拉关系、走后门、请客送礼等不正当竞争手段获取证书和施工合同，使政府规范机制名存实亡。因为政府行政人员的行为是游离于市场之外的，能否准确地评估施工队伍的质量与他们的经济利益无直接关联。但保险公司则不同，让不合格的建筑商投保，将使保险公司蒙受惨重的经济损失。因而保险公司必然要对前来投保的建筑承包商的施工能力及管理水平进行严格审查，对资质差的建筑商不予投保或提高保费。

在市场经济成熟的国家，购买不到保险的建筑商无法进入建筑市场，用高费率买到保险的建筑商在竞标中也处于劣势。因此，保险公司客观上起到了市场规范者的作用。建筑商在安全生产与优质生产上投入成本多，就可在保险市场中获得优惠的认可，能够较为容易地进入建筑市场。这样，建筑市场优胜劣汰的良性循环系统逐步形成。

（3）实施全程监督，保证施工安全和建筑质量。政府用发证评级的方式来制止劣质施工队进入建筑市场是对建筑工程的事前监督，而质检机构现有的完工验收又是一种事后监督，监理部门负责工程中的监督。这三个部门三张皮，不法建筑商往往各个击破，形成漏洞。保险公司则不然，国外的调查表明，由于产生损失原因的多样性和复杂性，保险公司每年需赔付的赔偿金数额相当可观。作为经济实体，保险公司事先对建筑商的施工能力进行审查，而且还通过有关保险条例规范建筑商行为，并派出自己的监理员全程监督工程的施工，甚至从一开始就参与工程的设计，以便切实有效地降低风险，最大限度地降低事故发生概率，在事故发生后，最大限度地降低事故损失，以使保险公司的损失降到最小。保险公司的这一目标，客观上最大限度地保证了施工的安全和建筑质量的提高。安联承保中国香港新机场的案例就说明了这一点。德国安联保险集团作为总保险人，参与中国香港新机场及其基础设施建设的全过程，他们以雄厚的实力和中国香港政府一起制定出完善的风险管理计划，内容包括：工程进度报告、工程范围考察、可赔付风险范围、估算风险因素、分析风险因素、调查损失及其发生频率、推荐防损措施，不同阶段进行各种风险测试等。这种保险公司对建设项目全程的风险管理，更有效地保障了建设工程的质量。

（4）规范统筹事故处理程序，合理保障事故各方的权益。建筑工程事故原因复杂，往往涉及各方面的利益，对于未投保工程，一旦发生事故，经常会引发诸多的经济和法律纠纷。由于各方对损害赔偿和损失分担无事先约定，极可能陷入一场旷日持久的谈判或诉讼中，耗费大量的精力和资金。伤亡者家属或动员大批亲友盘桓纠缠，或势单力孤听天由命，事故单位的主要负责人必须花费大量精力处理此类事情，甚至闹得无法办公、休息，企业和个人都蒙受巨大的精神和物质损失。在法制尚不健全的我国，此类纠纷屡见不鲜。如1993年上海海底皇宫娱乐总会火灾案中，分包商的施工人员违规操作引起火灾，造成12人死亡，15人受伤，损失巨大。由于未投保任何工程险，对于事故责任和补偿尤其是对伤亡人员补偿费用的分担和补偿标准问题各方始终未能达成一致，导致双方对簿公堂，前后历时达7个月之久不能了结。若有保险公司的介入，损害赔偿、损失分担、协调和事后处理工作都可交由保险公司负责。保险公司在处理这些问题上有丰富的经验和完善的处理程序，并严格执行签订的保险合同，可使一切问题化繁为简，大大减轻政府部门和企业的负担，迅速妥善地处理纠纷，合理地保障事故各方的权益。

7.1.4　工程保险的原则

在保险的发展过程中，逐渐产生并完善了保障其正常开展工程保险的特定原则，这些原则已为世界保险界所公认，也是我们进行工程保险时应遵循的准则。保险的应用原则一般要坚持如图 7.1 所示的 6 条基本原则。

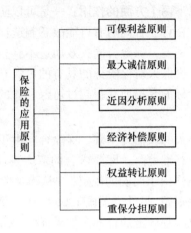

图 7.1 保险的应用原则

7.1.4.1 可保利益原则

可保利益（保险利益）是指投保人对保险标的所具有的法律上承认的经济利益。它体现了投保人或被投保人与保险标的之间存在的经济利益关系，即保险标的损害或丧失，投保人或被保险人必然蒙受经济损失。

保险利益构成的三个条件：

（1）必须是法律认可的利益。保险利益必须是符合法律规定，符合社会公共利益要求，被法律认可并受法律保护的利益。主要体现在三个方面：所有权，如被保险人是所保标的的所有人、接受委托负责保管的负责人或受益人；留置权，被保险人对标的安全负有责任或对标的享有留置权；由合同派生的利益，如承租人依据租约享有租赁房屋的使用权。

（2）必须是客观存在的利益。保险利益必须是客观上或事实上的利益，所谓事实上的利益包括"现有利益"和"期待利益"。可保利益主要是指投保人或被投保人的现有利益，诸如财产所有权、公有权、使用权等。如果期待利益可以确定并可以实现的话，也可以作为可保利益。

（3）必须是经济上能确定的利益，即通过货币形式可以计算的利益。无法用货币形式来计算其价值，发生损失无法用金钱给予补偿的利益，不能作为保险利益。保险利益原则是指在订立和履行保险合同的过程中，投保人或被投保人对保险标的必须具有可保利益，如果投保人对保险标的不具有可保利益，确定的保险合同无效；或者保险合同生效后，投保人或被保险人失去了对保险标的的可保利益，保险合同也随之失效。《中华人民共和国保险法》第 11 条第 1 款明确规定："投保人对保险标的应当具有可保利益。"第 2 款规定："投保人对保险标的不具有保险利益的，保险合同无效。"

与其他财产保险不同，工程保险中承保的风险是综合的，主要有业主风险和承包商风险，有时还包括设计单位、监理单位和供应商的风险，同时，承保的标的是多样的，主要有工程项目、相关责任和费用。所以工程保险的保险利益体现为多主体和多形式，而不像财产保险较为单纯，在确定工程保险的保险利益时，主要依据所有权、合同和相关法律。

在工程保险中，业主、承包商、材料供应商都有各自的可保利益。可保利益原则要求投保人在保险事故发生时或在保险合同成立时，对保险标的必须具有可保利益，否则保险合同无效。强调可保利益有以下两个方面的作用：一是可以防止道德风险，如投保人将工地上他人的房屋及设备投保，在订立合同后有可能故意制造保险事故以谋取赔偿，产生道德风险，但由于其不具有可保利益，保险合同失效而达不到目的，甚至受到法律制裁；二是可以作为赔偿的最高限额，投保人对保险标的具有的可保利益，是保险人承担保险责任的最高限度，投保人因为保险标的受损而获得超过可保利益的额外收入。

7.1.4.2　最大诚信原则

合同的签订是以合同当事人的诚信为基础，保险合同由于其具有特殊性，对当事人诚信的要求要比一般民事行为的标准更高，即要求合同双方遵循最大诚信原则。对此，《中华人民共和国保险法》第 4 条作出了明确的规定："从事保险活动必须遵守法律、遵守法规，遵守自愿和诚实信用的原则。"另外，英国 1906 年的《海上保险法》也规定："海上保险合同是建立在最大诚信原则基础上的合同，如果任何一方不遵守这一原则，另一方可以宣告合同无效。"

诚信是指诚实、守信。"诚实"是指一方当事人对另一方当事人不得隐瞒欺骗；"守信"是指任何一方当事人都必须善意地、全面地履行自己的义务。最大诚信原则是指保险合同双方在签订和履行合同时，必须以最大的诚意履行自己应尽的义务，互不欺骗和隐瞒，恪守合同的认定与承诺，否则保险合同无效。

在工程保险中，由于工程项目尤其是一些大型项目均具有较强的专业性和特殊性，尽管一些从事工程保险的专业人员具有一定的工程建设基本知识，但是他们不可能对项目的个性化和特殊的风险进行全面的了解。为此，根据最大诚信原则，投保人应将项目风险的情况如实告知保险人，使保险人在决定承保和确定保险方案与费率时，对项目风险的实际情况有较为充分的把握。

最大诚信原则的具体内容包括"告知"和"保证"，这是工程保险合同双方履行最大诚信原则的依据和标准。

"告知"是指投保人在订立保险合同时，应将与保险相关的重要事实如实地向保险人陈述，以便让保险人判断是否接受承保和以什么条件承保。关于"重要事实"的问题，英国 1906 年《海上保险法》的定义是："影响慎重的保险人决定是否承保和确定保险费等承保条件的一切资料。"

关于"告知"的程度问题有两种类型：一种是"充分（无限）告知"，即承担告知义务的一方应将其知道的所有关于保险标的风险的情况主动告知对方；另一种是"优先告知"，即当事人一方只需要针对对方提出的问题进行如实的告知即可。我国现行的保险法和工程保险条款均是采用"优先告知"的原则，即"有问有答，不问不答"。为此，工程保险的投保人在办理保险的过程中，只要针对保险人在工程保险投保单提出的问题进行如实回答，即履行保险合同项下对被保险人的"告知"义务。

"保证"分为"确认保证"和"承诺保证"。"确认保证"是指投保人或者被保险人确认过去或者现在的某一特定事项的存在或者不存在的保证。在工程保险中，保险人通常会要求投保人对影响风险程度的一些情况进行确认，如公司周围是否有河流、湖泊或者海洋等。"承诺保证"是指投保人对将来某一事项作为或者不作为的保证。如在工程项目中，投保人承诺一旦保险标的风险发生变更,将立即通知保险人。

"保证"还可分为"明示保证"和"默示保证"。"明示保证"是指将保证的内容以文字的形式在保险合同中载明。如条款中规定,被保险人"在保险财产遭受盗窃或恶意破坏时,立即向公安局报案"。"默示保证"是指投保人或被保险人对于某一种特定事项虽然没有明确表示担保其真实性,但该事项的真实存在是保险人决定承保的重要依据,并成为保险合同的内容之一。默示保证一般是由法律作出规定。

7.1.4.3　近因分析原则

所谓近因,不是指在时间或空间上与损失结果最为接近的原因,而是指促成损失结果的最有效的或起决定作用的原因。

工程保险标的损害并不总是由单一的原因造成的,损害发生的原因经常是错综复杂的,其表现形式也是多种多样的。有的是同时发生,有的是不间断地连续发生,有的则是短时间内发生,而且这些原因有的属于保险责任,有的不属于保险责任。对于这类因果关系较为复杂的理赔案,保险人应如何判断责任归属呢?这就要根据近因分析原则。

在实务中,导致损失的原因是各种各样的。因此,损失近因的确定要根据具体情况作出具体分析。

(1)单一原因导致损失近因的判定。单一原因导致损失及造成损失的原因只有一个,没有其他原因,则该种原因就称为近因。

(2)多种原因同时导致损失近因的判定。多种原因同时导致损失,即各种原因发生无先后之分,且对损害结果的形成都有直接与实质的影响效果,则原则上它们都是损失的近因。若多种原因都属于保险责任,对其所致的损失保险人必须承担赔偿责任;若都属于除外责任,保险人不负赔偿责任。若多种原因中既有保险责任,又有除外责任,同时它们所导致的损失能够分清,保险人则对承保的危险所造成的损失予以负责。如果保险危险与除外危险所导致的损失无法分清,此种情形的处理有两种意见:一种主张是损失由保险人与被保险人平均分摊;另一种主张是保险人可以完全不负赔偿责任。

(3)多种原因连续发生导致近因的判定。多种原因连续发生,即各种原因依次发生、持续不断,且具有前因后果的关系。如果造成的损失是由两个以上原因造成的,且各种原因之间的因果关系在未中断的情况下,其最先发生并造成一连串事故的原因为近因。如果这个近因是保险责任的,保险人应当负责赔偿损失,否则不负赔偿责任。

(4)多种原因间接发生导致损失近因的判定。多种原因间接发生,即各种原因的发生虽有先后之分,但它们之间不存在因果关系,且对损失结果的形成都有影响效果。此种情形损失近因的判定及保险人承担责任的处理方法与多种原因同时导致损失的情形基本相同。

7.1.4.4　经济补偿原则

经济补偿原则是指保险合同生效后,如果发生保险人范围内损失,被保险人有权按照合同的约定,获得全面、充分的赔偿。保险赔偿是弥补被保险人由于保险标的遭受损失而失去的经济利益,被保险人不能因保险赔偿而获得额外的利益。

经济补偿原则的核心是要维护保险作为一个社会经济制度的积极意义,即它一方面要确保被保险人遇到承保风险所造成损失能够得到充分的补偿,以稳定其正常的生产和生活活动;另一方面又要防止一些不法的被保险人利用保险进行非法牟利。只有这样,保险才能健康、有序地发展，才能正常发挥其保障的作用。

经济补偿原则的应用不是绝对的，也有例外。例外是指在保险实务中对于经济补偿原则使用上的例外情况。这些例外情况主要存在于人身保险、定值保险、重置价值保险和施救费用赔偿的领域。其中，重置价值保险与工程被保险人关系密切。所谓重置价值保险是指以被保险人重置或者重建保险标的所需要的费用或成本确定保险金额的保险。但是，应当注意的是这种赔偿方式是有前提条件的，即投保人应当按照重置价格进行投保。在工程保险的理赔中，往往因赔偿标准的问题产生纠纷，其核心的问题就是前提条件的确认和维持。如果被保险人没有按照重置价格进行投标，则保险人可以拒绝按照重置方式进行赔偿。但是经常出现的问题是在保险限期内工程的重置价格发生了较大的变化，投保人或被保险人没有及时通知保险人，到了损失发生时，保险人才发现。这种情况可以通过"申报制度"的方式加以解决，就是对那些工期较长的项目要求投保人每隔一定的时间向保险人申报一次合同金额的变化情况。另一种解决的方式是保险人经常对合同金额可能发生的变化进行检查和核对。

7.1.4.5 权益转让原则

权益转让原则对保险人来说又称代位追偿原则，是经济补偿原则的派生原则。权益转让原则是指在财产保险，被保险标的发生保险事故造成推定全损，或者保险标的的损失是由第三者的责任造成的，保险人按照合同的约定履行了赔偿责任后，被保险人应将享有的向第三者（责任人）索赔的权益转让给保险人，保险人取得该项权益，即可以把自己放在被保险人的地位，向责任方追偿。

在理解工程保险项下的权益转让原则时，应当注意两个问题：一是当工程项目一旦发生保险事故，造成了损失，而这种损失的全部或者部分应由第三者负责时，投保了工程保险的被保险人在这种情况下对索取对象具有选择权，根据保险合同，被保险人具有这种权利，只要损失本身属于保险责任范围，被保险人就有权向保险人索赔；二是被保险人选择向保险人索赔的先决条件，即如果保险责任项下负责的损失涉及其他责任方时，不论保险人是否已赔偿被保险人，被保险人均应立即采取一切必要措施行使或保留向该责任方索赔的权利。在保险人赔偿后，被保险人应将向该责任方追偿的权利转让给保险人，移交一切必要的单证，并协助保险人向责任方追偿。

另外，工程保险中的第三者可能涉及两类：一是没有作为工程保险被保险人的、存在合同关系的当事人；二是不存在合同关系的当事人。

7.1.4.6 重保分摊原则

被保险人以一个保险标的的同时向两个或两个以上的保险人投保同一危险，就构成重复保险，简称"重保"。其保险金额的总和往往超过保险标的的可保价值，为了防止被保险人获得超额赔偿，通常采用各保险人之间分摊的办法，分摊的方式有以下三种：

（1）比例分摊：按各个保险人承保保险金额的比例分摊损失金额。

（2）限额分摊：按各个保险人在没有其他保险人重复保险的情况下，各自按单独承保的保险金额占总保险金额的比例分摊赔偿款。

（3）顺序分摊：最先承保的保险人先赔偿，后承保的保险人依次赔偿实际损失与已补偿金额之间的差额。

7.1.5　建筑工程保险险种

7.1.5.1　国外工程保险主要险种

国外工程保险具有悠久的历史,市场化程度高。工程保险险种主要有以下几种:

(1) 建筑工程一切险,简称建工险(包括建筑工程第三者责任险)。建筑工程一切险是对各种建筑工程项目提供全面保障,既对在施工期间工程本身(包含工程质量/施工机具或工地设备)所遭受的损失予以赔偿,也对因施工而给第三者造成的物资损失或人员伤亡承担赔偿责任。建筑工程险的被保险人可以包括:项目法人;总承包商;分包项目法人;聘用的监理工程师;与工程有密切关系的单位或个人,如设计单位、供应商、贷款银行或投资人等。建筑工程险适用于所有房屋工程和公共工程,尤其是住宅、商业医院、学校、剧院;工业厂房、电站;公路、铁路、飞机场;桥梁、船坝、隧道、排灌工程、水渠及港埠等。

(2) 安装工程一切险,简称安装险(包括安装工程第三者责任险)。安装工程一切险属于技术险种。这种保险旨在为各种机器设备的安装及钢结构工程的施工提供尽可能全面的专门保险(质量)。安装工程险主要适用于安装各种工厂用的机器、设备、储油(气)结构、起重机、吊车以及包含机械工程因素的各种建造工程。

(3) 机动车辆险。机动车辆险也属于财产损失险与责任险的综合性的财产保险,其保险责任包括由自然灾害或意外事故造成的投保车辆的损害。除此之外,机动车辆险的标的还包括第三者责任。机动车分为私用汽车和商用汽车。对承包商而言,必须对意外事故高发生率的运输车辆进行保险。机动车辆险在商业保险业务中占有相当大的比重。当前,世界上机动车辆的保费占世界非寿险保费的60%以上。

(4) 雇主责任险和人身意外伤害险。雇主责任险是雇主为其雇员办理的保险,若雇员在受雇期间因工作原因遭受意外,导致伤残、死亡或患有与工作有关的职业病,将获得医疗费用、伤亡赔偿、工伤休假期间工资、康复费用以及必要的诉讼费用。在雇主责任险中,雇主是投保人,雇员是被保险人。

雇主责任险的保险期限通常为一年,其最高赔偿限额是以雇员若干个月的工资收入作为计算依据,并视伤害程度而具体确定。雇主责任险的保险费率按不同行业工种、不同工作性质分别订立。

人身意外伤害险的保险标的也是被保险人的身体或劳动能力。它是以被保险人因遭受意外伤害而造成伤残、死亡、支出医疗费用、暂时丧失劳动能力作为赔付条件的人身保险业务。

(5) 运输险。运输险是指工程建设过程中业主或者施工单位面临的建设物质(材料或设备)和施工机具在运输途中由于自然灾害或意外事故可能遭遇到的损坏和灭失的风险。在工程建设中,材料和设备的成本通常占到工程总价的60%以上,这些物资不可能在工程当地采购,需要从外地甚至国外购买,施工机具也需要从一个工地运到另一个工地,在运输中可能会遇到各种风险。运输险的承担主体可以是买方(业主或承包商)也可以是卖方(供应商),在国际采购中,通常是以合同规定的交货地点确定,若是以公司为交货地点的,则由卖方承担运输风险,反之若是买方自行提货,运输险则是由买方承担。运输险一般分为国内货物运输险和进口货物运输险。

(6) 施工机具与设备险。施工机具与设备险,属于财产保险范畴,主要是针对承包商所拥有的或租借的用于工程施工的机具和设备并以其为标的物的险种。施工机具与设备险的保险期一般为 1 年，需要时再续保，施工机具与设备险可以附加因承包商拥有或使用施工机具和设备而造成的他人损失、人身伤害或财产损失的第三者责任保险。

（7）机器损害险。机器损害险是一种建筑竣工后，专门承保已经安装完毕并投入运行的电气或机械设备因人为的、意外的或物理原因造成的物质损失的险种。机器损害险将机械和电气设备的设计、原材料和安装设备的内在缺陷列入承保的责任范围。一般按年度安排，每年续保。

（8）工程保险新险种 CIP。CIP 是 Control Insurance Programs 的缩写，可以直译为受控保险计划，有时也被称为 Managed Insurance Programs。CIP 是近几年才出现的新险种，目前美国许多大的工程项目，如旧金山国际机场项目、菲尼克斯英特尔装配工厂项目，都采用了 CIP。CIP 的基本运行机制是，按照合同规定，业主或承包商统一购买保险，保险覆盖业主、承包商和所有分包商。绝大多数的 CIP 包括工人赔偿险、雇主责任险、一般责任险、建筑工程一切险、安装工程一切险等承保 CIP 的保险商在工程现场设置安全管理顾问，并向承包商和分包商提供包括风险管理程序和与 CIP 相关表格的指南手册。在安全顾问的参与下，业主、承包商、分包商要制定相关的防损计划和事故报告程序，并在安全管理顾问的监督下严格贯彻实施。CIP 主要有两个特性：一是综合性，即 CIP 覆盖了工程项目的业主、承包商和分包商几乎所有保险险种；二是控制性，即承保人通过现场安全顾问指导和监督防损计划和事故报告程序的制定和执行，从而实现对项目风险管理的控制。

CIP 同传统工程项目保险的购买方式相比具有三方面优点：

1）以最佳的价格提供最优的保险范围。因为是由业主或承包商统一购买覆盖整个项目的保险，所以可以对保险范围进行优化，避免各个承包商、分包商在分别购买保险时会出现重复或遗漏。另外，不需要每一个分包商都查核保险单，也避免了每一个分包商在检查和接受保险单时可能出现的错误和遗漏。对业主来说，最大优点是可以避免重复保险，争取优惠的保险费率，降低保险费，从而降低工程造价。

2）减少诉讼，便于索赔。在有多个承保人的传统保险方式下，当损失发生时，为了确定损失事故的最终责任，各个承包商之间，各个承保人之间往往相互推卸责任，极易导致诉讼。单一的承保人避免了在出现损失时一个项目涉及多个承保人时所具有的潜在诉讼。另外，CIP 促进了项目管理，为项目现场各方提供了统一的损失控制和索赔控制计划管理，保证了对所有索赔的彻底调查和及时索赔。

3）实施有效的风险管理。由于 CIP 设置了安全顾问，采用了一致的安全措施和一个高效率、低成本、结果导向的安全计划，从而减少或杜绝了损失事件的发生，增进了项目安全，有利于保障项目目标的实现。另外，通过实施 CIP，小的分包商也可以得到富有经验和技巧的安全顾问和防损人员的帮助，实施有效的安全管理。

7.1.5.2 中外工程险种的比较

通过以上介绍我们可以看到发达国家与建筑工程有关的险种非常丰富，几乎涵盖了所有的工程风险，投保率超过了 98%。而我国现在开展得较为广泛的险种只有建筑工程一切险、安装工程一切险以及建筑意外伤害险，少量的其他险种目前只是在试点阶段。我国工程保险险种同美国、英国工程险种的区别如表 7.1 所示。

表7.1 中国、美国、英国工程保险险种比较

序号	中国		美国		英国	
1	建筑工程一切险		承包商险	强制	雇主责任险	强制
2	安装工程一切险		承包商设备险		人身意外伤害险	强制
3	建筑、安装工程险		安装设备险	强制	货物运输险	
4	建筑意外伤害险	强制	劳工赔偿险	强制	职业责任险	强制
5			一般责任险		施工机具险	
6			产品责任险		工程交付延误及预期利润险	强制
7			职业保险		履约保障险	
8			机动车辆险		雇员忠诚险	
9			综合险		工程质量险	
10			伞险	强制		
11			环境污染险			

（注：表头为"险种及法律性质/国别"）

由表7.1可见，我国的工程险种比美英要少得多，且承保范围也较狭窄；另一方面美英的强制性险种也比较全面，我国只有建筑意外伤害险是强制性险种。

7.1.5.3 我国建筑工程主要险种介绍

建筑工程保险种类较多，也没有具体的分类标准。如果按照保障范围来分，可将其分为建筑工程一切险（Contractor's All Risks）（含第三者责任险）、安装工程一切险（Erection All Risks）、人身保险（Personal Insurance）、保证保险（Guarantee Insurance）、职业责任保险（Professional Liability Insurance）。如果按照实施形式来分，可将其分为自愿保险（Voluntary Insurance）和强制保险（Enforced Insurance），强制保险也称为法定保险。在我国建筑行业中，建筑工程一切险、安装工程一切险、人身意外险、职业责任险应用得相对比较广泛。表7.2和表7.3分别表明了不同主体和项目不同阶段对应的保险险种。

表7.2 不同项目参与主体保险构成

参与主体名称	险种名称
建设单位	建筑工程一切险
	安装工程一切险
施工单位	建筑工程一切险
	安装工程一切险
	意外伤害险
	机械设备险
	货物运输险
监理单位	工程监理责任险
设计单位	工程设计责任险
咨询单位	咨询决策责任险

表7.3　工程项目全过程保险构成

工程项目全周期不同阶段	险　种　名　称
工程决策阶段	咨询决策责任险
工程设计阶段	工程设计责任险
工程施工阶段	建筑工程一切险
	安装工程一切险
	意外伤害险
	机械设备险
	工程监理责任险、设计责任险
	货物运输险
工程竣工阶段	工程质量险

A　建筑工程一切险

a　承保对象

建筑工程一切险承保的是各类建筑工程，包括各类以土木建筑为主体的工业、民用和公共事业用的工程。具体工程包括：

（1）建筑工程，包括永久和临时工程及材料。它指由总承包商和分包商为履行合同而实施的全部工程，包括：准备工程，如便道的土方、水准测量；临时工程，如引水、保护堤、混凝土生产系统；在建的永久性主体工程；全部存放于工地的为施工所需的材料。

（2）施工用机械、设施和设备。它包括：大型陆上运输和施工机械、吊车及不能在公路上行驶的工地用车辆，不管这些机具属承包商所有还是其租赁物资；活动房、存料库、配料棚、搅拌站、脚手架、水电供应设施，以及其他类似实施。

（3）安装工程项目。如果建筑部分占主导地位，也就是说，如果机器、设备或钢结构的价格及安装费用低于整个工程造价的50%，亦应投保建筑工程一切险。如果安装费用高于工程造价的50%，则应投保安装工程一切险。

（4）场地清理费。这是指在发生灾害事故后，为清理工地现场而必须支付的一笔费用。

（5）工地内现有的建筑物。指不在承保的工程范围内的、所有人或承包人所有的工地内已有的建筑物。

（6）所有人提供的物料及项目。

（7）所有人或承包人在工地上的其他财产，要求将这些财产在保险单上列明。

b　建筑工程一切险的投保人与被保险人

建筑工程一切险可由业主或承包商负责投保，在多数合同中规定由承包商负责承保。在这种情况下，若承包商因故未办理或拒不办理投保，业主可代为投保，费用由承包商负担。若总承包商未曾就分包部分投保建筑工程一切险的话，负责分包工程的分包商也应办理其承担的分包任务的这种保险。建筑工程一切险的保险合同生效后，投保人就成为被保险人，但保险的受益人同样也是被保险人。该保险人必须是在工程进行期间承担风险责任或具有利害关系即具有可保利益的人。如果被保险人不止一家，则各家接受赔偿的权利以不超过其对保险标的的可保利益为限。建筑工程一切险的被保险人一般包括：

（1）业主或工程所有人；

（2）总承包商；

（3）分包商；

（4）业主或工程所有人聘用的监理工程师；

（5）与工程有密切关系的单位或个人，如贷款银行或投资人等。

凡有一方以上被保险人存在时，均须由投保人负责交纳保险费，并应及时通知保险人有关保险标的在保险期内的任何变动。

c　建筑工程一切险承保的责任范围

建筑工程一切险承保的责任范围为：承保工程在整个建设期间因自然灾害或意外事故造成的物质损失，以及被保险人依法应承担的第三者人身伤亡或财产损失的民事损害赔偿。具体包括下列几方面的损失：

（1）火灾、爆炸、雷击、飞机坠毁及灭火或其他救助所造成的损失。

（2）海啸、洪水、潮水、水灾、地震、暴雨、雪崩、地崩、山崩、冻灾、冰雹及其他自然灾害。

（3）盗窃和抢劫。但由被保险人或其代表授意或默许，保险人不负责任。

（4）由于工人、技术人员缺乏经验、疏忽、过失、恶意行为或无能力等对保险标的所造成的损失，但恶意行为必须是非被保险人或其代表所为，否则不予赔偿。

（5）原材料缺陷或工艺不妥所引起的事故，仅赔偿原材料缺陷或工艺不妥所造成的其他保险损失，对原材料本身损失不负责任。

（6）保险合同除外责任以外的其他意外事件。

d　建筑工程一切险的除外责任

属于建筑工程一切险的除外责任，即保险人不予赔偿的，通常有以下几种情况：

（1）被保险人及其代理人的严重失职或蓄意破坏而造成的损失、费用或责任。

（2）战争、类似战争行为、敌对行为、武装冲突、没收、征用、罢工、暴动引起的损失、费用或责任。

（3）核反应、辐射或放射性的污染引起的损失、费用或责任。

（4）自然磨损、氧化、锈蚀。

（5）设计错误而造成的损失、费用或责任。

（6）因施工机具本身原因，即无外界原因情况下造成的损失。

（7）换置、保修或校正标的本身原材料缺陷或工艺不善所支付的费用。

（8）全部停工或部分停工引起的损失、费用或责任。

（9）文件、账簿、票据、现金、有价证券、图表资料的损失。

（10）其他情况：各种后果损失，如罚金、耽误损失、丧失合同；领有公共运输用执照的车辆、船舶和飞机的损失；盘点货物当时发现的短缺；建筑工程第三者责任险条款规定的责任范围和除外责任。

e　建筑工程第三者责任险

（1）第三者的内涵。建筑工程第三者指除保险人和所有被保险人以外单位的人员，不包括被保险人和其他承包人所雇佣的在现场从事施工的人员。如果一项工程中有两个以上被保险人时，为避免被保险人之间相互追究第三者责任，由被保险人申请，经保险人同意，可加保"交叉责任"。具体内容有：除所有被保险人的雇员及可在工程险保险单中承保的物质标的外，保险人对保险单所载每一个被保险人均视为单独保险的被保险人，对他们之间的相互责任而引起的索赔，保险人均视为第三者责任赔偿，不再向负有赔偿责任的被保险人追偿。

（2）第三者责任险的保险责任。在保险期内，对因工程意外事故造成的工地上及邻近的地区的第三者人身伤亡、疾病或财产损失，依法应由被保险人负责时，应由保险人赔偿；事先经保险人同意的，被保险人因此而支付的诉讼费用，以及事先经保险人书面同意支付的其他费用等赔偿责任；对每一事故的赔偿金，以法律或政府有关部门裁定的应由保险人赔偿的数字为准，但不得超过保险单列明的赔偿限额。

（3）第三者责任险的除外责任。保险单明细表列明由被保险人自行负责的免赔额；被保险人和其他承包人在现场工作的职工的人身伤亡和疾病；被保险人和其他承包人或他们的职工所有的或由其照管、控制的财产损失；由于震动、移动或减弱支撑而造成的其他财产、土地、房屋的损失或由于上述原因造成的人身伤亡或财产损失；领用公共运输用执照的车辆、船舶和飞机损失；被保险人根据与他人的协议支付的赔偿或其他款项。

f   建筑工程一切险的保险期

建筑工程一切险的保险期（Insurance Period）自工程开工之日或在开工之前工程用料卸放于工地之日开始生效，两者以先发生者为准。施工机具保险自其放于工地之日起生效。保险终止之日应为工程竣工验收之日或者保险单上列出的终止日。同样，两者也以先发生者为准。在实践中，建筑工程一切险的保险终止常有三种情况：

（1）所保工程中有一部分先验收或投入使用。对于这种情况，自该验收或投入使用日起自动终止该部分的保险责任，但保险单中应注明这种部分保险责任自动终止条款。

（2）含安装工程项目的建筑工程一切险的保险单通常规定试车期（一般为一个月）。

（3）工程验收后通常还有一个保修期（一般为一年）。保修期内是否强制投保，各国规定不一样。保修期的保险自工程完工验收或投入使用之日起生效，直至规定的保修期满之日终止。

B   安装工程一切险

安装工程一切险主要承保机械和设备在安装过程中因自然灾害和意外事故所造成的损失，包括物质损失、费用损失和第三者损害的赔偿责任。

a   安装工程一切险的承保范围

（1）安装项目。凡属安装工程和主体内要求安装的机器、设备、装置、材料、基础工程以及未安装工程所需的各种临时设施（如水、电、照明、通信设备等）均包括在安装工程一切险的承保范围内。

（2）土木建筑工程项目。对厂房、仓库、办公楼、宿舍、码头、桥墩等一般不在安装合同以内，但可在安装险内附带投保，如果土木建筑工程项目不超过总价20%，按安装工程一切险投保；介于20%~50%之间，按建筑险投保；若超过50%，则属于建筑工程一切险。

（3）场地清理费用（与建筑工程一切险基本相同）。

（4）业主或承包商在工地上的其他财产。

b 安装工程一切险的除外责任

安装工程一切险的除外责任包括：

（1）由结构、材料或在车间制作方面错误导致的损失。

（2）由安装设备内部的机构或电动性能的干扰，即由非外部原因造成的干扰。但因这些干扰而造成的安装事故则在该保险的承保范围之内。

（3）因被保险人或其代表故意破坏或欺诈行为而造成的损失。

（4）因功率或效益不足而遭受合同罚款或其他非实质性损失。

（5）由战争或其他类似事件，或因当局命令而造成的损失。

（6）因罢工和骚乱而造成的损失（但在国际工程中，有些国家却不视为除外情况）。

（7）由原子核裂化或核辐射造成的损失。

c 安装工程一切险的保险期

安装工程一切险在保险单列明的起始日期的前提下，自投保工程的动工日或第一批被保险项目被卸到施工地点时（以先发生为准），保险责任即行开始。动工日系指破土动工之日（如果包括土建任务的话）：其保险责任的终止日可以是安装完毕验收通过之日或保险单上所列明的终止日，这两个日期同样以先发生者为准。

安装工程一切险的保险期责任可以延至为期一年的保修期期满为止。

安装工程一切险的保险期内一般应包括一个试车考核期。考核期的长短应根据工程合同上的规定来决定，一般对考核的保险责任不超过3个月；若超过了3个月，应另行增加保费。这种保险对于旧机器设备不负考核期的保险责任，也不承担其保修期的保险责任。如果同一张保险单同时还承保其他新的项目，则保险单中仅对新设备的保险责任有效。

C 建筑意外伤害险

意外伤害险由于在建筑工程项目实施中具有强制性，因而在我国建筑业开展得比较普遍，也较为成熟。

a 意外伤害险的内涵及保障项目

意外伤害险是以被保险人因遭受意外伤害造成死亡、残废为给付保险金条件的一种人身保险。它包括三层含义：

（1）必须有客观的意外事故发生，且事故原因是意外的、偶然的、不可预见的。

（2）被保险人必须有因客观事故造成人身死亡或残废的结果。

（3）意外事故的发生和被保险人遭受人身伤亡的伤害结果，两者之间有着内在的、必然的联系，即意外事故的发生是被保险人遭受伤害的原因，而被保险人遭受伤害是意外事故的后果。意外伤害保险的保障项目主要包括死亡给付和残废给付。前者是指被保险人因遭受意外伤害造成死亡时，保险人给付死亡保险金。后者是指被保险日因遭受意外伤害造成残废时，保险人给付残废保险金。意外伤亡给付和意外残废给付是意外伤害保险的基本责任，其派生责任包括医疗给付、误工给付、丧葬费给付和遗族生活费给付等责任。

b 意外伤害保险的可保风险

意外伤害保险承保的风险是意外伤害，但是并非一切意外伤害都是意外伤害保险所能承保的。按照是否可保划分，意外伤害可以分为不可承保意外伤害、特约承保意外伤害和一般可保意外伤害等三种。

（1）不可保意外伤害。不可保意外伤害包括：被保险人在犯罪活动中所受的意外伤害；被保险人在寻衅斗殴中所受的意外伤害；被保险人在酒醉、吸食毒品后发生的意外伤害；由于被保险人的自杀行为造成的伤害等。对此，在意外伤害保险条款中都应明确列为除外责任。

（2）特约承保意外伤害。特约承保意外伤害，是指只有经过投保人与保险人特别约定，有时还要另外加收保险费后才予承保的意外伤害。特约承保意外伤害包括：战争使被保险人遭受的意外伤害；被保险人在从事登山、跳伞、滑雪、江河漂流、赛车、拳击、摔跤等剧烈的体育活动或比赛中遭受的意外伤害；辐射造成的意外伤害；医疗事故造成的意外伤害。

对于上述特约承保意外伤害，在保险条款中一般列为除外责任，经投保人与保险人特别的约定承保后，由保险人在保险单上签注特别约定或出具批单，对该项除外责任予以剔除。

（3）一般可保意外伤害。一般可保意外伤害，即在一般情况下可以承保的意外伤害。除不可承保意外伤害、特约承保意外伤害以外，均属一般可保意外伤害。意外伤害保险的种类因分类标准不同而异。按照保险责任分类，意外伤害保险可分为意外伤害死亡残废保险、意外伤害医疗保险和意外伤害停工保险。按照保险期限划分，意外伤害保险可分为一年期意外伤害保险、极短期意外伤害保险和长期意外伤害保险。长期意外伤害保险的期限一般为3年、5年和8年。按照保险风险分类，意外伤害保险可分为普通意外伤害保险和特定意外伤害保险。普通意外伤害保险是指该保险所承包的保险风险是在保险期限内发生的各种意外伤害，而不限于某类特定的意外伤害。特定意外伤害保险是以特定时间、特定地点或特定原因发生的意外伤害为承保风险的意外伤害保险。按投保动因划分，意外伤害保险可分为自愿意外伤害保险和强制意外伤害保险。前者是投保人和保险人在自愿基础上通过平等协商订立保险合同的意外伤害保险，后者是指国家通过颁布法律、行政法规、地方性法规强制施行的意外伤害保险。按承保方式划分，意外伤害保险可分为个人意外伤害保险和团体意外伤害保险等。

c　意外伤害保险的保险期

在意外伤害保险中，有关于责任期限的规定，且有别于其他险种的规定。只要被保险人遭受意外伤害的事件发生在保险期内，而且自遭受意外伤害之日起的一定时期内（即责任期限内，如90天、180天、360天等）造成死亡伤残的后果，保险人就要承担保险责任，给付保险金，即使被保险人在死亡或确定残废时保险期限已经结束，只要未超过责任期限，保险人就要负责。

d　职业责任险

（1）责任保险及其发展。责任保险是指以被保险人依法应负的民事损害赔偿责任或经过特别约定的合同责任作为承保责任的一类保险。它属于广义财产保险范畴，与一般财产保险具有共同的性质即都属于赔偿性保险，从而适用于广义财产保险的一般经营理论。然而，自然保险承保的又是法律保险，且具有代替致害人赔偿受害人的特点，在实物经营中也有自己的独特之处。因此，在国际市场上，通常将责任保险作为独成体系的保险业务。

责任保险的产生与发展壮大，被西方国家保险界称为整个保险业发展的第三阶段，也是最后阶段。由此可见，责任保险在保险业中的地位是很高的，它既是法律制度走向完善的结果，同时又是保险业直接介入社会发展进步的具体表现。

（2）职业责任险的界定。职业责任保险是以各种专业技术人员在从事职业技术工作时因疏忽或过失造成合同对方或他人的人身伤害或财产损失所导致的经济赔偿责任为承保风险的责任保险。由于职业责任保险与特定的职业及其技术性工作密切相关，在国外又被称为职业赔偿保险或业务过失责任保险，是由提供各种专业技术服务的单位投保的团体业务，个体职业技术工作的职业责任保险通常由专门的个人责任保险来承保。

责任保险在西方被称为现代保险业发展的最高和最后阶段，它在法制健全的基础上产生，又随着法制的进步完善走向发展。由于责任保险的标的是责任，而责任的产生依据是法律，在职业责任中，所依据的主要是有关的专业技术法律法规。所以，专业技术人员在提供技术服务的行为上不得超出这些法律、法规的约束，这种约束就构成了职业责任，没有法律、法规的约束，职业责任也就无从谈起。

（3）职业责任的特点。职业责任保险所承保的职业责任风险，是从事各种专业技术工作的单位或个人因工作上的失误导致的损害赔偿责任风险，它是职业责任保险存在和发展的基础。职业责任的特点在于：

1）它属于技术性较强的工作导致的责任事故。

2）它不仅与人的因素有关，同时也与知识、技术水平及原材料等的欠缺有关。

3）它限于技术工作者从事本职工作中出现的责任事故。如某会计师同时又是医生，若他的单位是会计师事务所，则其行医过程中发生的医疗职业责任事故就不是保险人可以负责的。在建筑行业，勘察设计工程师、监理工程师、建筑结构设计师及其他工种技术人员、检验员、工程管理人员等技术工作者均存在着职业责任风险，都可以通过职业责任保险的方式转嫁其风险，同时也避免在履行职责时的不必要的保守和无谓的浪费。

（4）职业责任保险的承保方式。职业责任保险的承保方式有如下两种：

1）以索赔为基础的承保方式。从职业责任事故的产生或起因到受害方提出索赔，往往可能间隔一个相当长的时期，如工程设计错误在施工后或竣工验收或交付使用后才可能发现。因此，各国保险人在经营职业责任保险业务时，通常采用以索赔为基础的条件承保。所谓以索赔为基础的承保方式，是保险人仅对在保险期内受害人向被保险人提出的有效索赔负赔偿责任，而不论导致该索赔案的事故是否发生在保险有效期内。这种承保方式实质上是使保险时间前置了，从而使职业责任保险的风险较其他责任保险的风险更大。采用上述方式承保，可使保险人能够确切地把握该保险单项下应支付的赔款，即使赔款数额在当年不能准确确定，至少可以使保险人了解全部索赔的情况，对自己应承担的风险责任或可能支付的赔款数额做出较切合实际的估计。同时，为了控制保险人承担的风险责任无限地前置，各国保险人在经营实践中，又通常规定一个责任追溯日期作为限制性条款，保险人仅对于追溯日以后、保险期满日前发生的职业责任事故且在保险期内提出的索赔的法律赔偿责任负责。

2）以事故发生为基础的承保方式。该承保方式是保险人仅对在保险有效期内发生的职业责任事故而引起的索赔负责，而不论受害方是否在保险有效期内提出索赔，它实质上是将保险责任期限延长了。它的优点在于，保险人支付的赔款与其保险期内实际承担的风险责任相适应，缺点是保险人在该保险单项下承担的赔偿责任往往要经过很长时间才能确定，而且因为货币贬值等因素，受害方最终索赔的金额可能大大超过职业责任保险事故发生当时的水平或标志。在这种情况下，保险人通常规定赔偿责任限额，同时明确一个后延截止日期。

（5）职业责任保险的承保对象和责任范围。职业责任保险承保的对象包括被保险人及其雇员，还包括被保险人的前任与雇员的前任。这是职业责任保险区别于其他责任保险的显著的特色。这实质上表明了职业技术服务的连续性和保险服务的连续性。职业责任保险责任包括两项内容：一是被保险人依法对造成财产损失或人身伤亡应承担的经济赔偿责任，这一项责任是基本的保险责任，以受害人的损害程度及索赔金额为依据，以保险单上的赔偿限额为最高赔付额，由职业责任保险人予以赔偿；二是因赔偿纠纷引起被保险人支付的诉讼、律师费用及其他事先经过保险人同意支付的费用，保险人承担上述责任的前提条件是，责任事故的发生应符合保险条款的规定，不承担规定的除外责任，除非在合同中作了特别的约定。

（6）工程质量责任险。工程完工后，依然存在着风险，工程质量责任保险正是基于建筑物使用周期长、承包商流动性大的特点而设立的。该保险标的是合理使用年限内建筑物本身及其他有关的人身财产。

（7）机动车辆险。机动车辆险是将责任险和财产损失险融为一体的综合性的财产保险，其保险责任包括自然灾害或意外事故而造成的投保车辆的损害。除此之外，机动车辆险的标的还包括第三者责任。

（8）信用保险与保证保险。信用保险是权利人投保义务人信用的保险。权利人既是投保人，也是被保险人。信用保险只涉及投保人和保险人两方。例如，由于担心业主不能如期支付工程款，承包商可向保险公司投保，保障业主的支付信用。一旦业主逾期不支付工程款，承包商可从保险公司获得相应的经济赔偿。

保证保险是义务人应权利人的要求，通过保险人担保自身信用的保险。义务人是投保人，权利人是被保险人。保险标的是义务人自身的信用风险。保证保险涉及作为当事人的投保人和保险人以及作为关系人的被保险人。例如，承包商应业主的要求，通过向保险公司投保，保证自己将正常履行合同义务。若承包商毁约，保险公司将向业主赔偿相应的损失。周期长、规模较大、工艺复杂、工序较多，涉及面广说明了工程建设项目是一个完备且复杂的系统，再加上工程项目的多主体性，这两方面就足以决定建筑工程保险需要多险种配合才能满足这个庞大的工程项目系统的投保需求。所以建筑工程保险是由众多项目参与主体保险（表7.2）以及工程项目全周期保险（表7.3）相互影响、互相配合而构成的。

7.2 基于工程保险的事故风险管理模式

保险公司业务经营环节分为工程保险承保前、承保后和理赔三个阶段的风险管理工作。表7.4是工程保险各阶段风险管理内容。

表7.4 工程保险各阶段风险管理内容

工程保险各阶段	承 保 前		承 保 后	理 赔
	现场勘查	核 保		
内容描述	1. 危险辨识与分析 2. 危险评价 3. 制定风险评估报告	1. 保险责任确定 2. 费率厘定 3. 免费额 4. 责任限额 5. 赔偿方式 6. 制定保险合同	1. 风险的定期勘察 2. 教育、培训 3. 对变化的分析和跟踪 4. 制定变化分析报告	1. 事故报告勘察 2. 理赔责任确定 3. 估算损失 4. 制定理赔报告

7.2.1 承保前的风险管理工作

保险公司承保前或者竞标前的风险管理工作主要分为两部分：现场查勘与核保。现场查勘前要进行相关资料的搜集，业内类似工程项目承保资料、国外类似工程项目的技术参数资料、专业研究报告以及国家相关法律法规都可以作为风险查勘的参考依据。现在各家保险公司均有自己的风险查勘表。

核保是保险人对风险进行选择的过程，这一阶段核保人需要根据风险查勘人员带回来的风险查勘资料以及风险查勘报告，采用专业的风险分析评价技术对标的风险进行评价，判断此风险是否可接受，若风险可接受根据其特点以及被保险人需求制定最优的保险方案。

保险风险管理的目标是使公司利润最大化，核保是保险公司进行风险选择和定价的过程，最重要的是保证承保风险的品质。根据标的的风险状况制定保险条件及保险价格，最终得到一个最优覆盖的保险方案。

承保前的风险管理工作关键点主要集中在保险标的的风险查勘、风险评估、承保决定、保险方案制定以及费率厘定。该阶段的风险管理工作详见图7.2。

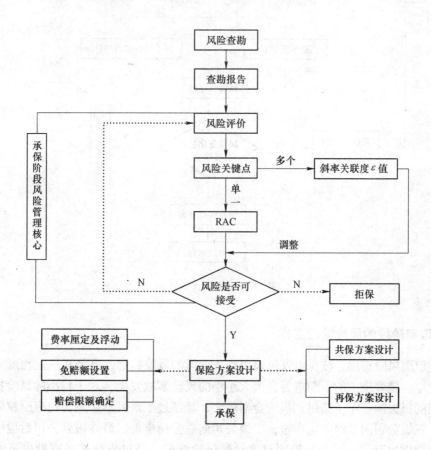

图7.2 风险查勘及核保阶段风险控制

7.2.2 承保后的风险管理工作

工程保险承保后，保险合同生效，保险责任开始。保险人在随后的保险期间内主要工作是跟踪标的风险变化，识别、分析、评价新产生的风险，做好防灾减损工作。工程项目施工环境复杂，人员流动性大，标的组成不断变化，不同施工工序的交叉作业，大型机械作业，自然灾害影响大，施工期长，因此其风险不同于其他财产保险标的风险，对其进行风险跟踪相对比较困难。

工程项目风险跟踪要多部门人员协同进行，包括保险公司风控师、工程监理师、工程项目施工安全工程师等。工程监理师作为独立的第三方参与到工程风险控制中。多方参与风险管理时，还要注意各方工作接口的协调，避免因工作接口不协调带来新的风险。保险人对于核保阶段已识别风险发生的变化，以及新产生的风险，要制定相应的应对措施，并且要联合工程监理和施工现场安全工程师，对一线人员进行定期的培训。对培训、整改结果进行评估，每隔一定的时间撰写实时的风险评估报告。工程保险承保后的风险控制见图7.3。

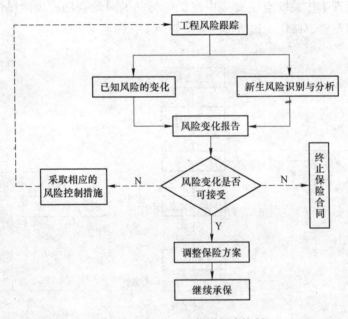

图 7.3 承保后风险控制

7.2.3 理赔阶段的风险管理工作

经过前面风险查勘、核保以及风险跟踪各阶段的风险控制，已经在一定程度上控制了风险的发生。随着施工的不断进行，大大小小的风险事故发生，对于较小的风险损失，低于免赔额的损失额，不予赔付。损失金额较大，且超过了该级别保险公司理赔权限时应逐级上报，三级公司向二级公司申报，二级公司向总公司申报，最终报到公司后援中心进行复审，才能做出赔付。对于工程项目这样的保险标的，经过事故现场查勘以及责任认定后，可以先进行部分赔付，总公司以及后援中心复审通过后，再将余额赔付给被保险人。

7.2.4　工程再保险安排

大型工程项目工程保险保额一般都比较大，一家保险公司的承保能力可能不能独自承保该工程项目，需要几家保险公司共保，共保之后，各家公司根据自己公司的情况可以进行再保。再保险是保险人将所承担风险进行转移的一种手段，在我国发展还不成熟，对于大型工程项目，国家强制进行再保险，一般都向中国再保险集团进行再保，成为法定再保险。保险公司进行再保险分出时的风险点是：分出方式选择，根据标的风险状况判断是采用比例再保还是采用非比例再保；确定分出份额，分出的少了就会将风险自留，分出多了公司盈利会降低。

7.3　建筑工程意外伤害保险案例分析

案例1：

2014年2月13日下午，中铁某局集团有限公司F至Z城际轨道交通铺轨工程中，王某在制梁场（工程指定生产地点）打盖板时摔倒导致头部受伤，后送到医院进行抢救，并入住重症病房。由于被保险人头部外伤导致颅内出血量大，于2014年2月18日22点救治无效死亡。施工企业于2013年12月18日投保了建筑工人意外伤害（死亡、伤残）险，保额为20万元。施工企业在出险当天向保险公司报案，保险公司立刻成立案件调查小组前往施工地点及医院进行事故调查，主要调查内容：事故者身份、职业及工作内容、入职时间及劳动合同或工资单，核实出险时间、原因、经过、出险区域及从事工作，医院核实抢救记录、死亡原因等，经核实确认属承保责任，保险公司给付建筑工人意外事故保险金20万元。

案例2：

2013年6月29日17：25分，中铁某局集团某公司在G火车站进站客运通道改造工程中，张某于吊车操作室跌落（高度1.7m），现场人员立即拨打120，救护车于17：45分到达现场将其送至医院抢救，抢救无效于2013年6月30日死亡。该公司于2013年4月23日为建筑工人投保了建筑工人意外伤害（死亡、伤残）的保险，保额为30万元。6月30日施工单位向保险公司报案，并于7月1日施工单位将事件上报广州市安全生产监督管理部门。保险公司理赔人员立即就案件进行查勘核实出险时间、原因、经过、出险区域及从事的工作，医院核实抢救记录、死亡原因等。经核实确认属承保责任，保险公司给付建筑工人意外身故保险金30万元。

案例3：

2005年9月5日，北京地铁项目西单工程四号工地项目发生坍塌事故，造成8名工人死亡，21人受伤。事故发生后，中国平安财产保险公司北京分公司，成立专案小组快速理赔。截至2005年9月22日，西单工程四号工地项目因意外坍塌事故而遇难的8名工人家属已经全部领取了平安建筑工人意外伤害保险金，总计人民币120万元。随后21名致伤者也得到相应的补偿。

2005年9月6日上午11时许，中国平安财产保险公司北京分公司接到地铁建筑公司的报案，报案方式是通过电话报案。中国平安财产保险公司北京分公司立即成立专案小组、查勘人员马上赶到了现场，到工程所在地进行实地查勘，了解事故经过，拍摄现场照片并做了理赔调查记录,并密切跟踪事故的进展情况。通过核对,确认该事故属于建筑意外保险理赔责任之内。2005 年 9 月 7 日,中国平安财产保险公司北京分公司的工作人员再次与投保方——中国第二十二冶金建设公司洽谈,通报了保险理赔所要提交的必要材料,确保及时、准确赔付。

按照保单约定的内容,该项目每名建筑工人因意外伤害导致身故,可以获得每人 15 万元的赔付,这 15 万元是根据投保方当时投保的保费对应的赔偿金额。此次中国第二十二冶金建设公司向中国平安财产保险公司北京分公司投保的是"平安建筑团体意外伤害保险",与北京建委所发的 23 号文件要求完全符合。这次投保不是按人员投保,而是按照工程的合同造价投保,投保时间是 2004 年 9 月,在保险期内,合同有效,保险合同中的被保险人是所有施工人员。

经确认该事故死亡人数 8 人,其余 21 名伤者均已救出并已脱离生命危险。由于此次遇难的建筑工人都是外来工,经过确认致死人员具体的保险受益人,中国平安财产保险公司北京分公司将 120 万身故赔偿金发放到受益人的手中,对受伤的 21 名工人,保险公司也根据医疗费用和伤残程度给予了相应的保险赔付。

案例 4：

2008 年 11 月 15 日下午 3 点 15 分左右,杭州市的萧山风情大道地铁一号线出口附近发生大面积地面塌陷,杭州地铁坍塌事故造成 8 人身故,13 人失踪。事故所在标段的建筑工人意外险的承保方是中国太平洋财产保险公司。

杭州项目的建筑工人意外险是由相关标段的中标承包商分别购买的,目前国内工人意外险市场流行的是统一投保的模式,施工方以中标工程的合同造价总额作为意外险的总额,为参与施工的人员进行投保,并根据承保条件厘定费率,保险对象是该标段每一位施工者。事发标段承包商——中铁四局选择的承保人是中国太平洋财产保险公司。一般施工工程每个人的保额在 10 万 ~ 50 万元之间,此次地铁工程的保额在 20 万 ~ 30 万元之间,仅遇难者一项,中国太平洋财产保险公司支付的赔款就达到 500 万元。

思 考 题

7 – 1　简述工程保险的特征。

7 – 2　举例简述工程保险的应用原则。

7 – 3　我国建筑工程保险的险种有哪些?

7 – 4　简述建筑工程一切险的承保对象、承保责任和除外责任?

7 – 5　简述工程保险各阶段的风险管理内容。

8 建筑工程安全事故应急救援和调查处理

8.1 建筑工程安全事故的应急救援

建筑工程安全事故应急救援主要包含两大方面内容：一是事故应急救援预案的编制；二是事故应急救援预案的实施，包括应急救援的行动和事故的预防。

8.1.1 事故应急救援系统的任务和特点

事故应急救援是指通过事前计划和应急措施，充分利用一切可能的力量，在事故发生后迅速控制事故发展并尽可能排除事故，保护现场人员和场外人员的安全，将事故对人员、财产和环境造成的损失等降低至最低程度。

典型的事故应急救援系统主要由以下6部分构成：（1）应急救援组织机构；（2）应急救援预案（或称计划）；（3）应急培训与演练；（4）应急救援行动；（5）现场清除与净化；（6）事故后的恢复和善后处理等。从20世纪70年代开始，由于工业事故的发生规模越来越大，一些发达的工业国家便开始了事故应急救援系统的研究，并制定了相关的法律法规来保证应急救援系统的正确实施。新中国成立以后，逐步建立了一些事故应急救援系统，范围涵盖了城市、矿山、化学等多个重点领域。

8.1.1.1 事故应急救援系统的基本任务

（1）要立即组织营救受害人员：首要的应急救援原则就是以人为中心保护人员的安全优先。

（2）迅速控制危险源：迅速控制危险源是解决危险的关键，限制危险源的发生发展，减少有毒有害物质的逸出与扩散，能够有效减少事故的损失。

（3）消除事故的后果：消除事故后果，做好现场恢复，特别是针对一些危险物品的泄漏事故，需要快速消除事故影响，可最大程度降低事故的影响周期。

（4）查清事故原因，评估危害程度：调查事故原因，评估事故造成危害的程度，可为后续的事故分析和事故预防打下基础。

8.1.1.2 事故应急救援系统的特点

事故应急救援是在非常紧急的状况下开展的，且事故的发生通常具有不确定性、突发性、复杂性的特点，还具有后果影响容易催发、激化、放大的特点。因而事故发生后，如果处置不当，各种因素错综复杂，相互影响，有可能导致事故的进一步扩大。所以，针对事故的应急救援的特点要采取正确的行动，要求我们做到以下三点：

（1）迅速。时间就是生命，争取了时间，就能够减少事故损失，包括人员的伤亡及财产损失，所以必须在事故发生后，具备一个迅速应急救援的响应机制，能够快速高效地调动人员和物资，开展应急救援的活动。

（2）准确。针对事故发生的情况，采取正确的应对决策，这样才能保证应急救援的有效进行。在一些重大事故发生以后，往往要成立一个有专家加入的应急救援小组，专家为应急救援提供决策，使其判断准确，有效地进行应急救援。

（3）有效。紧急情况一旦发生，必须保证应急救援行动及时到位，包括人员到位，设备物资准备到位，要保质保量，能够调配到事发现场，能够开展应急救援的行动。

8.1.1.3　事故应急救援的体系结构

一个完整的事故应急救援体系主要由四个组成部分构成：

（1）组织体制。组织体制包括管理机构、功能部门、应急指挥、救援队伍。从组织体制上保证有兵可用，听从指挥。

（2）运作机制。运作机制包括统一指挥、分级响应、属地为主、公众动员。应急救援的组织，也包括对事故所影响到的居民群众，都要有效的运作。

（3）法制基础。法制基础包括紧急状态法、应急管理条例、政府文件、标准等。做到"依法行使，依法行政"，这也是我们国家法制建设的一个基本要求。

（4）保障系统。保障系统包括信息通讯、物资装备、人力资源、经费财务等保障有力。尤其要指出的是，在事故发生以后，要保障各方信息联络的及时性，必须要有通讯及物资、人员和经费的保障，应急救援工作才会顺利地进行。

结合建筑施工安全相关实际，下面主要介绍事故应急救援预案主要内容及实施流程。

8.1.2　建筑工程安全事故应急救援预案类别与策划

事故应急救援预案又称事故应急计划，是事故应急救援系统的重要组成部分。应急救援预案和应急救援实际上是密切联系的，应急救援预案早期称为事故应急计划，它是事故应急救援的一个重要组成部分，现在有时也把预案看成应急救援的一个整体，因为预案当中所包括的内容，就是应急救援所应该解决的内容。

8.1.2.1　建筑工程安全事故应急救援预案的分级与层次

针对对象的不同，可以分为建筑施工企业的应急预案（也称现场应急预案）主管政府部门的现场外应急预案。企业应急预案是建筑施工单位要求编制，一般适用于企业范围之内，根据企业的实际危险情况来进行编制；场外的政府应急预案，是各级政府有关部门依据《安全生产法》中相关规定，所编制的本行政区域内重大伤亡事故的应急预案。

根据可能的事故后果的影响范围、地点及应急方式，可将事故应急预案分为 5 种级别：

（1）Ⅰ级（企业级）应急预案；

（2）Ⅱ级（市、县/社区级）应急预案；

（3）Ⅲ级（地区/市级）应急预案；

（4）Ⅳ级（省级）应急预案；

（5）Ⅴ级（国家级）应急预案。

应急预案可分为 3 个层次，分别是综合预案、专项预案和现场预案，三个预案从上到下逐步细化。

综合预案相当于总体预案，从总体上阐述应急预案的方针、政策、应急组织结构及相应的职责，应急行动的总体思路等。一般来说，企业或政府的有关部门所编制的本单位或部门涵盖全部事故类型的应急救援预案即可称为综合预案。

综合预案下面细分为若干专项预案，是针对某一类型的事故而进行编制的，比如专门针对建筑施工高空坠落危险性来编制的专项应急救援预案，还有防电击、火灾、金属撞击的专项预案等。

现场预案是在专项预案的基础上，根据具体情况而编制的。现场预案是针对特定的具体场所（即以现场为目标），通常是该类型事故风险较大的场所、装置或重要防护区域等所制定的预案，比如正在建设中的建筑工程发生垮塌，需要编制现场应急预案，解决垮塌后伤员的救治、垮塌建筑的人员隔离与紧急处置等。

8.1.2.2 建筑工程安全事故应急救援预案的策划

要编制事故应急预案，首先要把它的前提条件摸清楚，而且要有一个正确有序的程序，才能保证编制工作在符合国家要求的条件下顺利实施。

事故应急救援预案，是事故应急救援系统一个重要的组成部分。制订应急预案的目的是控制事故事态的发展，降低事故造成的危害，减少事故损失。策划应急预案的基本要求有：

（1）科学性。科学性是指按照事故发生发展的规律制定一套行之有效的应急救援方案。

（2）实用性。预案的编制必须针对具体的情况，像火灾发生在不同的地点、不同的类型，它的应急救援的要求是不一样的，必须要针对生产过程当中的实际情况，结合企业的实际情况来编制，才能保证它实用。

（3）权威性。预案必须经由有关部门，以及一些有关专家来进行编制，编制完成以后还要进行审核、评审，才能保证预案具有一定的权威性，能够体现应急救援的各项要求，体现当前事故应急救援各项技术的科学性与权威性。

在进行预案编制的时候，事先要做充分的调查分析，这些调查分析的内容包括：

1）建筑施工项目重大危险源普查的结果，包括重大危险源的数量、种类及分布情况，重大事故隐患情况；

2）建筑施工项目的地质、气象、水文等不利的自然条件及其影响；

3）建筑施工单位及地方行政机构已制定的应急救援预案的情况，以保证现场和非现场（政府）预案之间相互协调一致；

4）建筑施工单位过往安全事故的发生情况；

5）建筑施工项目周边地区重大危险源对本建筑施工项目的可能影响；

6）国家及地方相关法律法规的要求。

8.1.3 建筑工程安全事故应急救援预案的编制流程和主要内容

8.1.3.1 建筑工程安全事故应急预案的编制程序

从调查分析一直到最后预案的实施管理整个过程，都可以看成是编制的整个程序，可以分为下面八个方面的步骤：

（1）编制前的准备。做好事先的分析，比如法律法规的分析、危险性的分析等，都可视为准备阶段。

（2）成立预案编制工作组。预案编制必须要有统一的领导机构来进行实际的编制工作，针对建筑施工企业而言，预案编制工作组必须要包括各有关部门的主要领导和负责人。

（3）资料收集。在编制工作组成立以后，按照编制的要求收集相关的资料，包括施工作业中用到的各类型设备的安全使用情况，应急资源的准备情况，危险点评价的情况等。

（4）危险源辨识和风险分析。对危险源进行辨识，然后在此基础上进行风险的评价分析，是事故应急预案编制中的一个重要的步骤。

（5）应急能力的评估。结合现有实际条件，科学评估自身应急能力的水平，是后续预案编制过程的重要前提之一。

（6）具体的编制。按照事故应急预案编制的框架要求，将预案的详细内容填写完整。

（7）预案的评审与发布。预案编制完成后，需要经过评审，包括内部评审和外部评审。所谓内部评审，就是由企业内部各部门负责人评判应急预案的可行性。外部评审指邀请有关的专家和有关部门的人员来进行评审。预案评审完成以后，进入预案发布环节，需注意发布的及时性和全面性。

（8）应急预案的实施。应急预案的实施包括配备相关的机构和人员，配备有关的物资，进行预案的演练、培训等后续的一系列工作。

8.1.3.2　建筑工程安全事故应急预案的主要内容

通常，完整的应急预案主要包括以下六个方面：

（1）应急预案概况。应急预案概况主要描述生产经营单位概况以及危险特性状况等，同时对紧急情况下应急事件、适用范围和方针原则等提供简述并作必要说明。应急救援体系首先应有一个明确的方针和原则来作为指导应急救援工作的纲领。方针与原则反映了应急救援工作的优先方向、政策、范围和总体目标，此外，方针与原则还应体现事故损失控制、预防为主、统一指挥以及持续改进等思想。

（2）事故预防。预防程序是对潜在事故、可能的次生与衍生事故进行分析并说明所采取的预防和控制事故的措施。应急预案是有针对性的，具有明确的对象，其对象可能是某一类或多类可能的重大事故类型。应急预案的制定必须基于对所针对的潜在事故类型有一个全面系统的认识和评价，识别出重要的潜在事故类型、性质、区域、分布及事故后果。同时，根据危险分析的结果，分析应急救援的应急力量和可用资源情况，并提出建设性意见。

1）危险分析。危险分析的最终目的是要明确应急的对象（可能存在的重大事故）、事故的性质及其影响范围、后果严重程度等，为应急准备、应急响应和减灾措施提供决策和指导依据。危险分析包括危险识别、脆弱性分析和风险分析。危险分析应依据国家和地方有关的法律法规要求，根据具体情况进行。

2）资源分析。针对危险分析所确定的主要危险，明确应急救援所需的资源，列出可用的应急力量和资源，包括：①各类应急力量的组成及分布情况；②各种重要应急设备、物资的准备情况；③上级救援机构或周边可用的应急资源。通过资源分析，可为应急资源的规划与配备、与相邻地区签订互助协议和预案编制提供指导。

3）法律法规要求。有关应急救援的法律法规是开展应急救援工作的重要前提保障。

编制预案前，应调研国家和地方有关应急预案、事故预防、应急准备、应急响应和恢复相关的法律法规文件，以作为预案编制的依据和授权。

（3）准备程序。准备程序应说明应急行动前所需采取的准备工作，包括应急组织及其职责权限、应急队伍建设和人员培训、应急物资的准备、预案的演习、公众的应急知识培训、签订互助协议等。应急预案能否在应急救援中成功地发挥作用，不仅仅取决于应急预案自身的完善程度。还依赖于应急准备的充分与否。应急准备主要包括各应急组织及其职责权限的明确、应急资源的准备、公众教育、应急人员培训、预案演练和互助协议的签署等。

1）机构与职责。为保证应急救援工作的反应迅速、协调有序，必须建立完善的应急机构组织体系，包括城市应急管理的领导机构、应急响应中心以及各有关机构部门等。对应急救援中承担任务的所有应急组织，应明确相应的职责、负责人、候补人及联络方式。

2）应急资源。应急资源的准备是应急救援工作的重要保障，应根据潜在事故的性质和危险分析，合理组建专业和社会救援力量，配备应急救援中所需的各种救援机械和装备、监测仪器、堵漏和清消材料、交通工具、个体防护装备、医疗器械和药品、生活保障物资等，并定期检查、维护与更新，保证始终处于完好状态。另外，对应急资源信息应实施有效的管理与更新。

3）教育、培训与演习。为全面提高应急能力，应急预案应对公众教育、应急训练和演习做出相应的规定，包括其内容、计划、组织与准备、效果评估等。

公众意识和自我保护能力是减少重大事故伤亡不可忽视的一个重要方面。作为应急准备的一项内容，应对公众的日常教育做出规定，尤其是位于重大危险源周边的人群，使他们了解潜在危险的性质和对健康的危害，掌握必要的自救知识，了解预先指定的主要及备用疏散路线和集合地点，了解各种警报的含义和应急救援工作的有关要求。

应急演习是对应急能力的综合检验。合理开展由应急各方参加的应急演习，有助于提高应急能力。同时，通过对演练的结果进行评估总结，有助于改进应急预案和应急管理工作中存在的不足，持续提高应急能力，完善应急管理工作。

4）互助协议。当有关的应急力量与资源相对薄弱时，应事先寻求与邻近区域签订正式的互助协议，并做好相应的安排，以便在应急救援中及时得到外部救援力量和资源的援助。此外，也应与社会专业技术服务机构、物资供应企业等签署相应的互助协议。

（4）应急程序。在应急救援过程中，存在一些必需的核心功能和任务，如接警与通知、指挥与控制、警报和紧急公告、通信、事态监测与评估、警戒与治安、人群疏散与安置、医疗与卫生、公共关系、应急人员安全、消防和抢险、泄漏物控制等，无论何种应急过程都必须围绕上述功能和任务开展。应急程序主要指实施上述核心功能和任务的程序和步骤。

1）接警与通知。准确了解事故的性质和规模等初始信息是决定启动应急救援的关键。接警作为应急响应的第一步，必须对接警要求作出明确规定，保证迅速、准确地向报警人员询问事故现场的重要信息。接警人员接受报警后，应按预先确定的通报程序，迅速向有关应急机构、政府及上级部门发出事故通知，以采取相应的行动。

2）指挥与控制。重大安全生产事故应急救援往往需要多个救援机构共同处置，因此，对应急行动的统一指挥和协调是有效开展应急救援的关键。建立统一的应急指挥、协调和决策程序，便于对事故进行初始评估，确认紧急状态，从而迅速有效地进行应急响应决策，建立现场工作区域，确定重点保护区域和应急行动的优先原则，指挥和协调现场各救援队伍开展救援行动，合理高效地调配和使用应急资源等。

3）警报和紧急公告。当事故可能影响到周边地区，对周边地区的公众可能造成威胁时，应及时启动警报系统，向公众发出警报，同时通过各种途径向公众发出紧急公告，告知事故性质、对健康的影响、自我保护措施、注意事项等，以保证公众能够及时做出自我保护响应。决定实施疏散时，应通过紧急公告确保公众了解疏散的有关信息，如疏散时间、路线、随身携带物、交通工具及目的地等。

4）通信。通信是应急指挥、协调和与外界联系的重要保障，在现场指挥部、应急中心、各应急救援组织、新闻媒体、医院、上级政府和外部救援机构之间，必须建立完善的应急通信网络，在应急救援过程中应始终保持通信网络畅通，并设立备用通信系统。

5）事态监测与评估。在应急救援过程中必须对事故的发展势态及影响进行及时动态的监测，建立对事故现场及场外的监测和评估程序。事态监测与评估在应急救援中起着非常重要的决策支持作用，其结果不仅是控制事故现场，制定消防、抢险措施的重要决策依据，也是划分现场工作区域、保障现场应急人员安全、实施公众保护措施的重要依据。即使在现场恢复阶段，也应当对现场和环境进行监测。

6）警戒与治安。为保障现场应急救援工作的顺利开展，在事故现场周围建立警戒区域，实施交通管制，维护现场治安秩序是十分必要的，其目的是要防止与救援无关人员进入事故现场，保障救援队伍、物资运输和人群疏散等的交通畅通，并避免发生不必要的伤亡。

7）人群疏散与安置。人群疏散是减少人员伤亡扩大的关键，也是最彻底的应急响应。应当对疏散的紧急情况和决策、预防性疏散准备、疏散区域、疏散距离、疏散路线、疏散运输工具、避难场所以及回迁等作出细致的规定和准备，应考虑疏散人群的数量、所需要的时间、风向等环境变化以及老弱病残等特殊人群的疏散等问题。对已实施临时疏散的人群，要做好临时生活安置，保障必要的水、电、卫生等基本条件。

8）医疗与卫生。对受伤人员采取及时、有效的现场急救，合理转送医院进行治疗，是减少事故现场人员伤亡的关键。医疗人员必须了解主要的危险来源，并经过培训，掌握对受伤人员进行正确消毒和治疗的方法。

9）公共关系。重大事故发生后，不可避免地会引起新闻媒体和公众的关注，应将有关事故的信息、影响、救援工作的进展等情况及时向媒体和公众公布，以消除公众的恐慌心理，避免公众的猜疑和不满；应保证事故和救援信息的统一发布，明确事故应急救援过程中对媒体和公众的发言人和信息批准、发布的程序，避免信息的不一致性。同时，还应处理好公众的有关咨询，接待和安抚受害者家属。

10）应急人员安全。重大事故尤其是涉及危险物质的重大事故的应急救援工作危险性极大，必须对应急人员自身的安全问题进行周密的考虑，包括安全预防措施、个体防护设备、现场安全监测等，明确紧急撤离应急人员的条件和程序，保证应急人员免受事故的伤害。

11）抢险与救援。抢险与救援是应急救援工作的核心内容之一，其目的是尽快地控制事故的发展，防止事故的蔓延和进一步扩大，从而最终控制住事故，并积极营救事故现场的受害人员。尤其是涉及危险物质的泄漏、火灾事故，其消防和抢险工作的难度和危险性十分巨大，应对消防和抢险的器材和物资、人员的培训、抢险与救援的方法和策略以及现场指挥等做好周密的安排和准备。

12) 危险物质控制。危险物质的泄漏或失控，将可能引发火灾、爆炸或中毒事故，给工人和设备等带来严重危险。而且，泄漏的危险物质以及夹带了有毒物质的灭火用水，都可能对环境造成重大影响，同时也会给现场救援工作带来更大的危险。因此，必须对危险物质进行及时有效的控制，如对泄漏物的围堵、收容和洗消，并进行妥善处置。

(5) 现场恢复。现场恢复也可称为紧急恢复，是指事故被控制住后所进行的短期恢复，从应急过程来说意味着应急救援工作的结束，进入到另一个工作阶段，即将现场恢复到一个基本稳定的状态。大量的经验教训表明，在现场恢复的过程中仍存在潜在的危险，如余烬复燃、受损建筑倒塌等，所以应充分考虑现场恢复过程中可能的危险。该部分主要内容应包括：宣布应急结束的程序、撤离和交接程序、恢复正常状态的程序、现场清理和受影响区域的连续检测、事故调查与后果评价等。

(6) 预案管理与评审改进。应急预案是应急救援工作的指导文件。应当对预案的制定、修改、更新、批准和发布做出明确的管理规定，保证定期或在应急演习、应急救援后对应急预案进行评审和改进，针对各种实际情况的变化以及预案应用中所暴露出的缺陷，持续地改进，以不断地完善应急预案体系。

以上这六个方面的内容相互之间既相对独立，又紧密联系，从应急的方针、策划、准备、响应、恢复到预案的管理与评审改进，形成了一个有机联系并持续改进的体系结构。这些要素是重大事故应急预案编制所应当涉及的基本方面，在编制时，可根据职能部门的设置和职责分配等具体情况，将要素进行合并或增加，以更符合实际。

8.1.4 建筑工程安全事故应急救援行动

事故应急救援行动，是指在发生火灾爆炸、有毒物质泄漏等生产安全事故时，为及时疏散撤离现场人员、救治伤员、控制事故发展态势、减缓事故后果而采取的一系列救援、救助的行动。

8.1.4.1 现场应急对策的确定和执行

事故应急救援行动是事故应急救援预案中一个重要的内容。应急预案中必须明确规定救援行动的操作程序，不同事故类型的救援方式和手段等。应急人员赶到事故现场以后，首先要做的工作就是确定应急对策。应急对策实际上是正确评估、判断和决策的结果。现场应急对策的确定和执行包括如下步骤：

(1) 初始评估。救援人员到达事故现场后，通过短时间观察，了解事故的种类与危险性，以及事故的范围和扩展的潜在可能性等信息，进而对事故情况形成初步评估。

(2) 危险物质的探测。在条件比较复杂的情况下，救援人员需要使用专门的探测仪器对事故起因、物质状态进行探测，特别是对一些有毒有害或易燃爆物质的泄漏、反应、燃烧数量进行探测。

(3) 建立现场的工作区域。通过探测确定事故的基本情况后，需要确定一个应急救援行动开展的工作区域，以确保有足够的空间方便应急救援人员进行工作。刚开始阶段的工作区域范围应尽可能划大一点，留有一定的余地，然后在必要的时候再进行缩小。

一般要设立三类工作区域：危险区域，指可能造成人员伤害、中毒危险的区域，除了救护人员进入外，严禁无关人员进入；安全区域，指人员不受有毒有害物质的影响，也没有伤害可能性的区域；缓冲区域，界于危险区和安全区域中间，是救援过程当中一些物资临时存放的区域。

这三类区域的大小地点范围，依赖于泄漏物质或事故的类型，以及污染物的特性、天气、地形、地势和其他的一些相关要素等。例如当风刮得很大时，有毒物质扩散的影响范围将扩大，三类区域范围需适当划大一些，如果没有风，三类区域范围就会小一点。

（4）确定重点保护区域。通过事故后果模型和危险物质的浓度，救援人员预计的最有可能导致人员财产伤害的区域。

（5）防护行动。防护行动包括搜寻和营救行动、人员的查点、疏散避难以及危险区的进出管制等工作。

8.1.4.2　事故的现场急救

现场急救是减少人员伤亡的重要措施，受伤害人员若能够及时地进行急救，不但可以有效减少伤害的程度而且能够挽救生命。现场的急救除了专门的医护人员，普通职工如果能掌握一些急救知识也能够达到减轻伤亡的目的。

当发生事故时，防护救护组负责事故期间的防护救护工作，按照事故级别及事故类型进行防护救护工作：

（1）防护救护组人员接到行动命令后，到达指定地点负责指定区域的防护救护。

（2）采取紧急措施，尽一切可能抢救伤员及被困人员，防止事故进一步扩大。

（3）寻找受伤者并及时转移到安全地带。

（4）对抢救出的伤者尽快通过外部通讯将其转移至外部救援机构救护。

在事故过程中如果出现人员受伤，尤其是遇到危及生命的严重现象时，必须当机立断，立即作紧急处理，千万不能等待，以致错失良机。

事故现场急救，必须遵循"先救人后救物，先救命后疗伤"的原则，同时还应注意以下几点：

（1）救护者应做好个人防护。救护者在进入有毒区域抢救之前，首先要做好个体防护，选择并正确佩戴好合适的防毒面具和防护服。

（2）切断危害来源。救护人员进入事故现场后，应迅速采取果断措施切断危害物的来源，防止伤害继续发生或有毒物质继续外逸；对已经逸散出的有毒气体或蒸气，应立即采取措施降低其在空气中的浓度，为进一步开展抢救工作创造有利条件。

（3）迅速将中毒者（伤员）移离危险区。迅速将中毒者（伤员）转移至空气清新的安全地带；在搬运过程中要沉着、冷静，不要强抢硬拉，防止造成骨折，如已有骨折或外伤，则要注意包扎和固定。

（4）采取正确的方法，对伤员进行紧急救护。把伤员从现场中抢救出来后，不要急于联系救护车，应先松解伤员的衣扣和腰带，维护呼吸道畅通，注意保暖；去除伤员身上的毒物，防止毒物继续侵入人体；对伤员的病情进行初步检查，重点检查伤员是否有意识障碍、呼吸和心跳是否停止，然后检查有无出血、骨折等；根据伤员的具体情况，选用适当的方法，尽快开展现场急救。

（5）尽快将患者送就近医疗部门治疗。就医时一定要注意选择就近医疗部门，以争取抢救时间；但对于一氧化碳中毒者，应选择有高压氧舱的医院。

8.2 建筑工程安全事故的调查处理

国务院 2007 年 4 月 9 日颁布的《生产安全事故报告和调查处理条例》（以下简称《条例》），自 2007 年 6 月 1 日起施行。《条例》出台的目的是规范生产安全事故的报告和调查处理、落实生产安全事故责任追究制度、防止和减少生产安全事故。《条例》主要适用于生产经营活动中发生的造成人身伤亡或者直接经济损失的生产安全事故的报告和调查处理。《条例》规定，事故报告应当及时、准确、完整，任何单位和个人对事故不得迟报、漏报、谎报或者瞒报。事故调查处理应当坚持实事求是、尊重科学的原则，及时、准确地查清事故经过、事故原因和事故损失，查明事故性质，认定事故责任，总结事故教训，提出整改措施，并对事故责任者依法追究责任。

事故调查处理的遵循"四不放过"原则，即：

（1）事故原因不查清不放过；

（2）防范措施不落实不放过；

（3）职工群众未受到教育不放过；

（4）事故责任者未受到处理不放过。

8.2.1 生产安全事故等级和分类

（1）生产安全事故的分级。根据生产安全事故（以下简称事故）造成的人员伤亡或者直接经济损失，事故一般分为以下等级：

1）特别重大事故，指造成 30 人以上死亡，或者 100 人以上重伤（包括急性工业中毒），或者 1 亿元以上直接经济损失的事故。

2）重大事故，指造成 10 人以上 30 人以下死亡，或者 50 人以上 100 人以下重伤，或者 5000 万元以上 1 亿元以下直接经济损失的事故。

3）较大事故，指造成 3 人以上 10 人以下死亡，或者 10 人以上 50 人以下重伤，或者 1000 万元以上 5000 万元以下直接经济损失的事故。

4）一般事故，指造成 3 人以下死亡，或者 10 人以下重伤，或者 1000 万元以下直接经济损失的事故。

（2）事故的分类。伤亡事故的分类，分别从不同方面描述了事故的不同特点。根据 1986 年 5 月 31 日发布的《企业职工伤亡事故分类标准》（GB 6441—86），伤亡事故是指企业职工在生产劳动过程中，发生的人身伤害和急性中毒。事故的类别包括：物体打击、车辆伤害、机械伤害、起重伤害、触电、淹溺、灼烫、火灾、高处坠落、坍塌、冒顶片帮、透水、放炮、火药爆炸、瓦斯爆炸、锅炉爆炸、容器爆炸、其他爆炸、中毒和窒息以及其他伤害。对事故造成的伤害分析要考虑的因素有受伤部位、受伤性质（人体受伤的类型）、起因物、致害物、伤害方式、不安全状态、不安全行为。按照事故造成的伤害程度又可把伤害事故分为轻伤事故、重伤事故和死亡事故。

8.2.2　事故报告程序

8.2.2.1　事故报告的时限和部门

生产安全事故发生后，事故现场有关人员应当立即向本单位负责人报告；单位负责人接到报告后，应当于1小时内向事故发生地县级以上人民政府安全生产监督管理部门和负有安全生产监督管理职责的有关部门报告。情况紧急时，事故现场有关人员可以直接向事故发生地县级以上人民政府安全生产监督管理部门和负有安全生产监督管理职责的有关部门报告。如果事故现场条件特别复杂，难以准确判定事故等级，情况十分危急，上一级部门没有足够能力开展应急救援工作，或者事故性质特殊、社会影响特别重大时，就应当允许越级上报事故。

发生事故后及时向单位负责人和有关主管部门报告，对于及时采取应急救援措施，防止事故扩大，减少人员伤亡和财产损失起着至关重要的作用。安全生产监督管理部门和负有安全生产监督管理职责的有关部门接到事故报告后，应当依照下列规定上报事故情况，并通知公安机关、劳动保障行政部门、工会和人民检察院：

（1）特别重大事故、重大事故逐级上报至国务院安全生产监督管理部门和负有安全生产监督管理职责的有关部门。

（2）较大事故逐级上报至省、自治区、直辖市人民政府安全生产监督管理部门和负有安全生产监督管理职责的有关部门。

（3）一般事故上报至设区的市级人民政府安全生产监督管理部门和负有安全生产监督管理职责的有关部门。

安全生产监督管理部门和负有安全生产监督管理职责的有关部门逐级上报事故情况，每级上报的时间不得超过2小时。事故报告后出现新情况的，应当及时补报。自事故发生之日起30日内，事故造成的伤亡人数发生变化的，应当及时补报。道路交通事故、火灾事故自发生之日起7日内，事故造成的伤亡人数发生变化的，应当及时补报。

上报事故的首要原则是及时。所谓"2小时"起点是指接到下级部门报告的时间，以特别重大事故的报告为例，按照报告时限要求的最大值计算，从单位负责人报告县级管理部门，再由县级管理部门报告市级管理部门、市级管理部门报告省级管理部门、省级管理部门报告国务院管理部门，直至最后报至国务院，总共所需时间为9小时。

8.2.2.2　事故报告的内容

报告事故应当包括事故发生单位概况、事故发生的时间、地点以及事故现场情况、事故的简要经过、事故已经造成或者可能造成的伤亡人数（包括下落不明的人数）和初步估计的直接经济损失、已经采取的措施和其他应当报告的情况。事故报告应当遵照完整性的原则，尽量能够全面地反映事故情况。

（1）事故发生单位概况。事故发生单位概况应当包括单位的全称、所处地理位置、所有制形式和隶属关系、生产经营范围和规模、持有各类证照的情况、单位负责人的基本情况以及近期的生产经营状况等。

（2）事故发生的时间、地点以及事故现场情况。报告事故发生的时间应当具体，并尽量精确到分钟。报告事故发生的地点要准确，除事故发生的中心地点外，还应当报告事故所波及的区域。报告事故现场总体情况、现场的人员伤亡情况、设备设施的毁损情况以及事故发生前的现场情况。

（3）事故的简要经过。事故的简要经过是对事故全过程的简要叙述。描述要前后衔接、脉络清晰、因果相连。

（4）人员伤亡和经济损失情况。对于人员伤亡情况的报告，应当遵守实事求是的原则，不作无根据的猜测，更不能隐瞒实际伤亡人数。对直接经济损失的初步估算，主要指事故所导致的建筑物的毁损、生产设备设施和仪器仪表的损坏等。由于人员伤亡情况和经济损失情况直接影响事故等级的划分，并因此决定事故的调查处理等后续重大问题，在报告这方面情况时应当谨慎细致，力求准确。

（5）已经采取的措施。已经采取的措施主要是指事故现场有关人员、事故单位负责人、已经接到事故报告的安全生产管理部门为减少损失、防止事故扩大和便于事故调查所采取的应急救援和现场保护等具体措施。

（6）其他应当报告的情况。

8.2.2.3　事故的应急处置

事故发生单位负责人接到事故报告后，应当立即启动事故应急预案，或者采取有效措施，组织抢救，防止事故扩大，减少人员伤亡和财产损失。

事故发生地有关地方人民政府、安全生产监督管理部门和负有安全生产监督管理职责的有关部门接到事故报告后，其负责人应当立即赶赴事故现场，组织事故救援。

事故发生后，有关单位和人员应当妥善保护事故现场以及相关证据，任何单位和个人不得破坏事故现场、毁灭相关证据。

因抢救人员、防止事故扩大以及疏通交通等原因，需要移动事故现场物件的，应当做出标志，绘制现场简图并做出书面记录，妥善保存现场重要痕迹、物证。

事故发生地公安机关根据事故的情况，对涉嫌犯罪的，应当依法立案侦查，采取强制措施和侦查措施。犯罪嫌疑人逃匿的，公安机关应当迅速追捕归案。

8.2.3　事故调查程序

事故调查处理应当坚持实事求是、尊重科学的原则，及时、准确地查清事故经过、事故原因和事故损失，查明事故性质，认定事故责任，总结事故教训，提出整改措施，并对事故责任者依法追究责任。

本节主要内容包括事故调查权、事故调查组的组成、事故调查组成员具备的资格条件、事故调查组的职责、事故调查组的权利义务、事故调查的时限和事故调查报告的内容等等。因此，全面把握本节规定对事故调查工作的开展意义重大。

8.2.3.1　事故调查的组织

特别重大事故由国务院或者国务院授权有关部门组织事故调查组进行调查。重大事故、较大事故、一般事故分别由事故发生地省级人民政府、设区的市级人民政府、县级人民政府负责调查。省级人民政府、设区的市级人民政府、县级人民政府可以直接组织事故调查组进行调查，也可以授权或者委托有关部门组织事故调查组进行调查。未造成人员伤亡的一般事故，县级人民政府也可以委托事故发生单位组织事故调查组进行调查。

对于事故性质恶劣、社会影响较大的，同一地区连续频繁发生同类事故的，事故发生地不重视安全生产工作、不能真正吸取事故教训的，社会和群众对下级政府调查的事故反响十分强烈的，事故调查难以做到客观、公正等的事故调查工作，上级人民政府可以调查由下级人民政府负责调查的事故。

事故调查工作实行"政府领导、分级负责"的原则，不管哪级事故，其事故调查工作都是由政府负责的；不管是政府直接组织事故调查还是授权或者委托有关部门组织事故调查，都是在政府的领导下，以政府的名义进行的，都是政府的调查行为，不是部门的调查行为。

自事故发生之日起 30 日内（道路交通事故、火灾事故自发生之日起 7 日内），因事故伤亡人数变化导致事故等级发生变化，应当由上级人民政府负责调查的，上级人民政府可以另行组织事故调查组进行调查。

特别重大事故以下等级事故，事故发生地与事故发生单位不在同一个县级以上行政区域的，由事故发生地人民政府负责调查，事故发生单位所在地人民政府应当派人参加。

8.2.3.2　事故调查组的组成和职责

事故调查组的组成应当遵循精简、效能的原则。根据事故的具体情况，事故调查组由有关人民政府、安全生产监督管理部门、负有安全生产监督管理职责的有关部门、监察机关、公安机关以及工会派人组成，并应当邀请人民检察院派人参加。事故调查组可以聘请有关专家参与调查。

事故调查组的成员履行事故调查的行为是职务行为，代表其所属部门、单位进行事故调查工作；事故调查组成员都要接受事故调查组的领导；事故调查组聘请的专家参与事故调查，也是事故调查组的成员。事故调查组成员应当具有事故调查所需要的知识和专长，并与所调查的事故没有直接利害关系。

事故调查组组长由负责事故调查的人民政府指定。事故调查组组长主持事故调查组的工作。由政府直接组织事故调查组进行事故调查的，其事故调查组组长由负责组织事故调查的人民政府指定；由政府委托有关部门组织事故调查组进行事故调查的，其事故调查组组长也由负责组织事故调查的人民政府指定。由政府授权有关部门组织事故调查组进行事故调查的，其事故调查组组长确定可以在授权时一并进行，也就是说事故调查组组长可以由有关人民政府指定，也可以由授权组织事故调查组的有关部门指定。

事故调查组履行的职责包括：查明事故发生的经过、原因、人员伤亡情况及直接经济损失；认定事故的性质和事故责任；提出对事故责任者的处理建议；总结事故教训，提出防范和整改措施；提交事故调查报告。

（1）查明事故发生的经过。事故发生前，事故发生单位生产作业状况；事故发生的具体时间、地点；事故现场状况及事故现场保护情况；事故发生后采取的应急处置措施情况；事故报告经过；事故抢救及事故救援情况；事故的善后处理情况；其他与事故发生经过有关的情况。

（2）查明事故发生的原因。事故发生的直接原因；事故发生的间接原因；事故发生的其他原因。

（3）人员伤亡情况。事故发生前，事故发生单位生产作业人员分布情况；事故发生时人员涉险情况；事故当场人员伤亡情况及人员失踪情况；事故抢救过程中人员伤亡情况；

最终伤亡情况；其他与事故发生有关的人员伤亡情况。

（4）事故的直接经济损失。人员伤亡后所支出的费用，如医疗费用、丧葬及抚恤费用、补助及救济费用、歇工工资等；事故善后处理费用，如处理事故的事务性费用、现场抢救费用、现场清理费用、事故罚款和赔偿费用等；事故造成的财产损失费用，如固定资产损失价值、流动资产损失价值等。

（5）认定事故性质和事故责任分析。通过事故调查分析，对事故的性质要有明确结论。其中对认定为自然事故（非责任事故或者不可抗拒的事故）的可不再认定或者追究事故责任人；对认定为责任事故的，要按照责任大小和承担责任的不同分别认定直接责任者、主要责任者、领导责任者。

（6）对事故责任者的处理建议。通过事故调查分析，在认定事故的性质和事故责任的基础上，对责任事故者提出行政处分、纪律处分、行政处罚、追究刑事责任、追究民事责任的建议。

（7）总结事故教训。通过事故调查分析，在认定事故的性质和事故责任者的基础上，要认真总结事故教训，主要是在安全生产管理、安全生产投入，安全生产条件等方面存在哪些薄弱环节、漏洞和隐患，要认真对照问题查找根源、吸取教训。

（8）提出防范和整改措施。防范和整改措施是在事故调查分析的基础上针对事故发生单位在安全生产方面的薄弱环节、漏洞、隐患等提出的，要具备针对性、可操作性、普遍适用性和时效性。

（9）提交事故调查报告。事故调查报告在事故调查组全面履行职责的前提下由事故调查组完成，是事故调查工作成果的集中体现。事故调查报告在事故调查组组长的主持下完成；事故调查报告的内容应当符合《条例》的规定，并在规定的提交事故调查报告的时限内提出。

8.2.3.3 事故调查组的职权和事故发生单位的义务

事故调查组有权向有关单位和个人了解与事故有关的情况，并要求其提供相关文件、资料，有关单位和个人不得拒绝。事故发生单位的负责人和有关人员在事故调查期间不得擅离职守，并应当随时接受事故调查组的询问，如实提供有关情况。事故调查中发现涉嫌犯罪的，事故调查组应当及时将有关材料或者其复印件移交司法机关处理。

事故调查中需要进行技术鉴定的，事故调查组应当委托具有国家规定资质的单位进行技术鉴定。必要时，事故调查组可以直接组织专家进行技术鉴定。技术鉴定所需时间不计入事故调查期限。

8.2.3.4 事故调查的纪律和期限

事故调查组成员在事故调查工作中应当诚信公正、恪尽职守，遵守事故调查组的纪律，保守事故调查的秘密。未经事故调查组组长允许，事故调查组成员不得擅自发布有关事故的信息。

事故调查组应当自事故发生之日起60日内提交事故调查报告；特殊情况下，经负责事故调查的人民政府批准，提交事故调查报告的期限可以适当延长，但延长的期限最长不超过60日。需要技术鉴定的，技术鉴定所需时间不计入该时限，其提交事故调查报告的时限可以顺延。

8.2.4 事故处理与调查报告

事故调查组向负责组织事故调查的有关人民政府提出事故调查报告后,事故调查工作即告结束。有关人民政府按照《条例》规定的期限,及时作出批复,并督促有关机关、单位落实批复,包括对生产经营单位的行政处罚,对事故责任人行政责任的追究以及整改措施的落实等。

8.2.4.1 事故调查报告的内容

事故调查报告应当包括下列内容:

(1) 事故发生单位概况;

(2) 事故发生经过和事故救援情况;

(3) 事故造成的人员伤亡和直接经济损失;

(4) 事故发生的原因和事故性质;

(5) 事故责任的认定以及对事故责任者的处理建议;

(6) 事故防范和整改措施。

事故调查报告应当附具有关证据材料,事故调查组成员应当在事故调查报告上签名。事故调查报告报送负责事故调查的人民政府后,事故调查工作即告结束。事故调查的有关资料应当归档保存。

8.2.4.2 事故调查报告的批复

事故调查组是为了调查某一特定事故而临时组成的,不管是有关人民政府直接组织的事故调查组,还是授权或者委托有关部门组织的事故调查组,其形成的事故调查报告只有经过有关人民政府批复后,才具有效力,才能被执行和落实。事故调查报告批复的主体是负责事故调查的人民政府。特别重大事故的调查报告由国务院批复;重大事故、较大事故、一般事故的事故调查报告分别由负责事故调查的有关省级人民政府、设区的市级人民政府、县级人民政府批复。

重大事故、较大事故、一般事故,负责事故调查的人民政府应当自收到事故调查报告之日起 15 日内作出批复;特别重大事故,30 日内作出批复,特殊情况下,批复时间可以适当延长,但延长的时间最长不超过 30 日。

有关机关应当按照人民政府的批复,依照法律、行政法规规定的权限和程序,对事故发生单位和有关人员进行行政处罚,对负有事故责任的国家工作人员进行处分。事故发生单位应当按照负责事故调查的人民政府的批复,对本单位负有事故责任的人员进行处理。

有关人民政府对事故调查报告作出批复后,组织事故调查的安全生产监督管理部门应当将事故调查报告或者其节录本抄送事故责任单位和人员,并依法告知有关单位和人员享有的行政复议、行政诉讼权利和期限。

负有事故责任的人员涉嫌犯罪的,依法追究刑事责任。

8.2.4.3 事故调查报告中防范和整改措施的落实及其监督

事故调查处理的最终目的是预防和减少事故。事故调查组在调查事故中要查清事故经过、查明事故原因和事故性质,总结事故教训,并在事故调查报告中提出防范和整改措施。事故发生单位应当认真吸取事故教训,落实防范和整改措施,防止事故再次发生。防范和整改措施的落实情况应当接受工会和职工的监督。

安全生产监督管理部门和负有安全生产监督管理职责的有关部门，应当对事故发生单位负责落实防范和整改措施的情况进行监督检查。事故处理的情况由负责事故调查的人民政府或者其授权的有关部门、机构向社会公布，依法应当保密的除外。

8.2.4.4　事故处理相关法规

事故发生单位及其有关人员在事故处理中有以下行为的，对事故发生单位处100万元以上500万元以下的罚款；对主要负责人、直接负责的主管人员和其他直接责任人员处上一年年收入60%至100%的罚款；属于国家工作人员的，并依法给予处分；构成违反治安管理行为的，由公安机关依法给予治安管理处罚；构成犯罪的，依法追究刑事责任：

（1）谎报或者瞒报事故的；

（2）伪造或者故意破坏事故现场的；

（3）转移、隐匿资金、财产，或者销毁有关证据、资料的；

（4）拒绝接受调查或者拒绝提供有关情况和资料的；

（5）在事故调查中作伪证或者指使他人作伪证的；

（6）事故发生后逃匿的。

事故发生单位对事故发生负有责任的，由有关部门依法暂扣或者吊销其有关证照；对事故发生单位负有事故责任的有关人员，依法暂停或者撤销其与安全生产有关的执业资格、岗位证书；事故发生单位主要负责人受到刑事处罚或者撤职处分的，自刑罚执行完毕或者受处分之日起，5年内不得担任任何生产经营单位的主要负责人。为发生事故的单位提供虚假证明的中介机构，由有关部门依法暂扣或者吊销其有关证照及其相关人员的执业资格；构成犯罪的，依法追究刑事责任。

地方人民政府、安全生产监督管理部门和负有安全生产监督管理职责的有关部门有下列行为之一的，对直接负责的主管人员和其他直接责任人员依法给予处分；构成犯罪的，依法追究刑事责任：

（1）不立即组织事故抢救的；

（2）迟报、漏报、谎报或者瞒报事故的；

（3）阻碍、干涉事故调查工作的；

（4）在事故调查中作伪证或者指使他人作伪证的。

参与事故调查的人员在事故调查中有下列行为之一的，依法给予处分；构成犯罪的，依法追究刑事责任：

（1）对事故调查工作不负责任，致使事故调查工作有重大疏漏的；

（2）包庇、祖护负有事故责任的人员或者借机打击报复的。

思 考 题

8-1　事故应急预案的目标是什么？其有哪些任务和特点？

8-2　简述三种应急救援预案：综合预案、专项预案、现场预案的主要特征。

8-3　生产单位在编制应急预案时应做好哪几方面准备工作？针对建筑施工企业，其应急预案编制需注意哪些方面的内容?

8-4 事故应急预案的核心要素有哪些?

8-5 事故应急预案的基本构成是什么?其主要编制流程有哪些?

8-6 事故现场急救应遵循哪些原则?

8-7 事故发生后,事故现场负责人和现场人员应立即向上级领导及安全主管部门汇报,汇报的具体内容有哪些?

8-8 某化工厂位于 B 市北郊,西距厂生活区约 500m,厂区东面为山坡地,北邻一村,西邻排洪沟,南面为农田。其主要产品为羧基丁苯胶乳。生产工艺流程为:从原料灌区来的丁二烯、苯乙烯、丙烯腈分别通过管道进入聚合釜,生产原料及添加剂在皂液槽内配置好后加入聚合釜;投料结束后,将乳胶从聚合釜转移到后反应釜;反应结束后,胶乳进入气提塔,然后再进入改性槽,经调和后用泵打入成品储罐。生产过程中存在多种有毒、易燃易爆物质。为避免重大事故发生,该厂决定编制应急救援。厂长将任务指派给安全科,安全科成立了以科长为组长,科员甲、乙、丙、丁为成员的五人厂应急救援预案编制小组。编制小组找来了一个相同类型企业 C 的应急救援预案,编制人员将企业 C 应急救援预案中的企业名称、企业介绍、科室名称、人员名称及有关联系方式全部按本厂的实际情况进行了更换,按期向厂长提交了应急救援预案初稿。此后,编制小组根据厂长的审阅意见,修改完善后形成了应急救援预案的最终版本,经厂长批准签字后下发至全厂有关部门。

请根据以上场景,回答下列问题:

(1) 指出该厂应急救援预案编制中存在的不足。

(2) 该厂应针对哪些重大事故风险编制应急救援预案?

(3) 简要说明该厂在编制应急救援预案时,危险分析应提供的结果。

8-9 事故调查处理的原则和目的是什么?

8-10 事故报告后出现哪些新情况时,应当进行及时补报?

8-11 事故调查报告应当包括哪些内容?

8-12 事故发生后,事故现场的有关单位和人员应及时开展哪些工作?

8-13 事故调查组一般由哪些人员组成?参与调查事故的人员在事故调查中出现哪些行为,将依法给予处分和追究刑事责任?

8-14 某单位外出施工,30 名施工人员乘坐一辆大客车在公路上行驶时,不幸翻车,当场造成 1 人死亡,8 人重伤,12 人轻伤,直接经济损失 100 万元。事故后立即组织抢救,伤员很快进入医院,但由于伤势过重,10 天后又有 4 名重伤员相继死亡。问:(1) 该事故性质如何定?(2) 事故报告伤亡人数如何报?

8-15 在新建电力线路工程项目红线内,因征用事主房屋,事主为节省开支自行拆迁房屋,中途请农民工帮助抬预制板,结果不幸发生两死一伤。这件安全事件应如何上报,政府对此事件又有什么责任?

8-16 2002 年 3 月 14 日,北京基恒建筑安装工程公司在朝阳区石佛营小区 18 号住宅楼基础土方开挖施工中,发生土方坍塌事故,造成 4 人死亡、1 人轻伤。朝阳区石佛营小区 18、19 号楼由基恒公司业务二部承建,经顺南公司、运土个体户司机杨顺、凯丰车队多次转包后,由凯丰车队实施挖运土方作业。2002 年 3 月 13 日,凯丰车队进场挖运土方,基恒公司业务二部负责人孙某安排本单位使用的劳务单位——江苏省通州市第五建筑安装公司配合开挖(双方未签劳务合同,无安全教育),该单位即指使一人负责放线测量,6 人跟随挖槽机清槽。由于基恒公司业务二部未对施工人员进行安全技术交底,未派自身管理人员到现场组织指挥且业务二部负责人孙某擅自更改了原施工组织设计中关于放坡措施的内容。当晚 10 时至 11 时,放线员邢某发现基坑坡度严重不足,并向挖掘司机反映了这一情况,但最终也未解决坡度严重不足的这一隐患。次日凌晨 2~3 时,坑壁先后出现了小块土方塌落和坑壁开裂等征兆，但未能引起施工人员的重视。凌晨4时许，放线测量员换班，清土的农民工向换班后的放线员钱某反映土方塌落等情况，钱某认为没事，要求继续施工，也未向现场负责人报告。凌晨5时，基坑南侧坑壁突然大面积坍塌，将在下方作业的7名工人埋住，经抢救3人脱险，1人轻伤，4人死亡。

结合案例，请回答如下问题：

（1）这起事故应由谁组织调查？

（2）事故调查组应由哪些部门参加？

（3）事故调查组的主要职责有哪些？

（4）简述开展该事故调查的程序。

（5）请指出事故调查组应在现场收集哪些方面的证据？

建筑工程安全管理经验

9.1 国外安全管理经验

9.1.1 美国的建筑安全管理

9.1.1.1 安全管理特色

（1）法规、标准齐全。美国建筑安全法规、标准由政府部门发布，有国家即联邦一级的，也有州一级的，各专业协会也都制定有标准。各类法规都在不断补充和完善，如联邦关于用电安全的法规，每三年更新一次。

（2）重视安全。在美国，重视建筑安全首先体现在安全人员有较高的素质、待遇，有很大的权力以及很高的社会地位。在美国，建筑师、工程师甚至律师等的执照均由各州颁发，而且仅限本地区有效，唯有安全人员的执照由联邦政府颁发，并在全国各州有效。

（3）重视安全教育和培训。各工科院校均设置安全课程，如在建筑专科院校，学生三年级开始学习建筑安全课程 60 学时，据介绍比其他一些课程多一倍时间。美国大学使用的教材一般不统一编制，但联邦政府对建筑安全课程实行统一教材，统一考试。

（4）法律责任明确。总承包商即雇主、分承包商（是雇员同时也是雇主）以及施工所有的人员，都有自己明确的法律责任。建筑施工安全主要责任在雇主，政府规定谁控制施工，谁就要负责安全。政府不干涉、企业的管理，像是旁观者，主要是运用法律手段实行宏观调控和监督管理。

（5）重视安全健康计划。承建商需事先制订安全健康计划，确定此安全健康计划的总体管理人（一般是安全经理或者安全工程师）。这个计划必须包含对员工的安全教育培训内容，该计划应在开工前报 OSHA 备案。

（6）建筑施工安全监督管理已形成体系。从联邦政府到各州市政府以及建筑企业、承包商都有人负责安全，并建立了安全管理制度，其中包括安全检查、安全教育、处罚等。

（7）企业安全与效益紧密相关。在美国，建筑企业发生事故造成的经济损失是巨大的，尤其是发生死亡事故，后果更为严重。发生事故的企业信誉下降，保险费率增加，甚至会造成保险公司拒保而接不到任务。也许这就是形成"安全就是效益"观念的既具体又明确的原因。

（8）建筑施工安全建立在科研成果应用和科技进步以及科学管理上。无论是个人防护用品还是现场安全防护设施都有研究和开发。如对噪声防护、对有毒物质、气体的防护等以及保护人体各部位都有系列防护用品。

（9）美国已经建立和实行了较为完整的劳动保险制度。这项制度的实施，实现风险转移，形成了强有力的经济杠杆，迫使雇主、雇员及保险公司都重视施工安全，明确了各方面的责任，推动了安全制度的建立，促进了安全措施的落实以及监督管理工作的开展。

9.1.1.2　安全管理机构

美国业主和总承包商要承担比较大的安全责任。按照美国法律规定，在建筑工程项目建设前，业主和承包商必须办理从事相应业务的有关强制性保险（Forced Insurance）。美国的保险行业也比较成熟，与工程相关的法律规定的险种主要有：承包商险（Builders Risk）、安装工程险（Installation Floater）、劳工赔偿险（Workers Compensation）、职业责任险（Professional Risk）等。

美国社会保健和福利部（HHS）还设置了国家职业安全与健康研究所（NIOSH），专门对各种职业安全与健康问题进行研究分析，为 OSHA 提供技术支持等，以确保职员能拥有一个安全又健康的工作环境。

美国政府采取严格的日常检查制度确保法律的贯彻实施。OSHA 对工作场所实施监督，建立了一套检查优先权体系，分为五级：迫在眉睫的危险（Imminent Danger）、严重伤亡事故（Catastrophes and Fatal Accidents）、来自雇员的投诉或任何渠道的危险信息、计划检查（Programmed Inspections）和跟踪检查（Followup Inspections）。针对建筑业，OSHA 制订了专项检查计划。在建筑承包商实行安全与健康计划的前提下，OSHA 针对主要危害——高处坠落、物体打击、机械伤害、触电等实施专项检查。检查结果上报后，地区主管将视具体情况决定是否发出传票和处罚，如对非严重违规行为，每例最高可处 7000 美元的罚款。

9.1.1.3　安全基本状况

根据美国劳工部劳工统计局的资料，1992～2004 年间，全国及建筑业职业事故死亡情况死亡人数如图 9.1 所示。

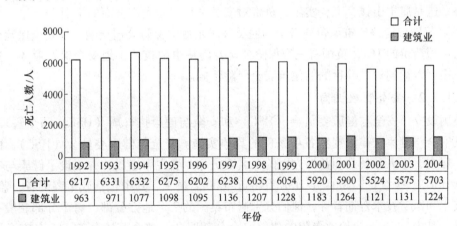

年份	1992	1993	1994	1995	1996	1997	1998	1999	2000	2001	2002	2003	2004
□ 合计	6217	6331	6332	6275	6202	6238	6055	6054	5920	5900	5524	5575	5703
■ 建筑业	963	971	1077	1098	1095	1136	1207	1228	1183	1264	1121	1131	1224

图 9.1　美国建筑业职业事故死亡人数

以 1993 年的统计数据为例，建筑业雇佣的劳动力相当于美国全国总劳动力的 5%，但是却有 11% 的致残事故和 15% 的死亡事故发生于建筑业内。由于建筑事故所造成的经济损失已经占建设项目总成本的 7.9% 或者更多。美国建筑公司的规模一般都比较小，80% 的建筑工程都由仅占建筑公司总数 10% 的较大的公司承担，就业工人的死亡率约为万分之一左右。

按行业分，职业事故死亡人数从高到低的顺序为：建筑业→运输、能源和公共事业→服务业→农林渔业→制造业→零售业→批发业→采矿业→金融、保险和房地产业，其中建筑业死亡人数最多。

9.1.2　英国的建筑安全管理

9.1.2.1　安全管理特色

（1）英国《建筑（设计和管理）规则》将安全生产责任上溯至业主——设计人员，下推至工程完工后的使用者，保护的对象从施工人员推及受建筑工程影响的一般大众。这种理念与我国传统的只是要求施工单位承担全部的安全责任去保护工人——唯一的保护对象不同。

（2）从设计阶段就开展对施工安全进行考虑，并对建筑工程的危险源进行辨识、评估与控制。英国从多年的研究经验中发现，施工单位在施工中所能采取的安全控制方法完全取决于业主、设计人员的设计与施工规范。换言之，若不在规划、设计阶段内考虑施工阶段各作业活动、机具设备等的本质安全，施工单位只能被动地采取外在的安全设施。因此英国规定建筑工程危险源的控制须从业主的构想开始。此种理念也与我国安全生产仅从施工阶段开始有所不同。

（3）英国从 1833 年就开始实行由政府向企业派遣安全监督官员的制度。负责建筑施工安全的监督官员权力很大，可到任何工地监督安全生产情况，有权责令工地停工，对重大安全责任事故者有权向法庭起诉。

（4）英国规定，建筑业用于安全防护设施的开支要占工程造价的 6%，这是法律规定，必须执行。这项经费不但保证了安全防护设施的落实，而且使安全防护设施做到细致周全。

（5）全员培训，持证上岗，经费充足，专家授课。英国规定，培训雇员是雇主的责任，雇主负责安全培训经费的支出，其数额要占利润的 1%，并及时足额交付建筑工会培训中心。这是雇主出钱，工会实施，负责对雇员进行安全生产方面的培训。

（6）英国规定，建筑承包商必须为雇员及时足额向保险公司交纳工地安全保险金，其数额为工程造价的 1%，英国有三家保险公司专门从事建筑业工地安全保险业务。这与我国商业银行以盈利为主要目的的建筑安全保险不同。

9.1.2.2　安全管理机构

英国设立了安全与健康委员会（HSC）和安全与健康执行局（HSE）两个管理机构，以保证安全与健康法律法规和各项条例的具体实施。安全与健康委员会（HSC），由代表雇员、雇主、工人和公共利益四方面的 9 名委员和 1 名主席组成，并下设了健康与安全执行局（HSE）。据统计，2004 年 HSE 有将近 4000 名员工，其中包括政策咨询者、监察员、科学技术和医学技术咨询者等，他们分别遍布英国的 7 个地方分部，每个分部一般有三个办事处，其中有 13 人为伦敦专门的建筑安全分部服务，整个英国共有 116 名安全调查人员。另外，为了对保护建筑从业人员的健康与安全提供咨询，英国政府设立了建筑业咨询委员（CONIAC），2004 年改组后的 CONIAC 包含 6 个组：设计师工作组、安全工作组、"共同做好工作（Working Well Together，WWT）"指导组、职业健康工作组、工人雇佣协议工作组以及 CDM 条例审核工作组，这些小组涵盖了更小的企业会员。

9.1.2.3　安全基本状况

英国是整个欧洲甚至全世界建筑安全状况最好的国家之一，但是其建筑安全形势依然严峻。根据英国安全与健康执行局 2003/2004 年度统计资料，1992～2005 年间，全国及建筑业职业事故死亡情况死亡人数如图 9.2 所示。

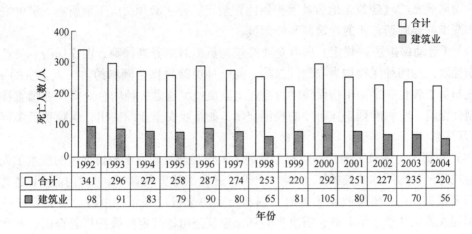

图 9.2 英国建筑业职业事故死亡人数

如图 9.2 所示，建筑业意外事故死亡人数，整体呈上升、下降、再上升、再下降的趋势。其中 1994～1996 年和 1998～2000 年均呈上升趋势，1996～1998 年和 2000～2002 年呈下降趋势，1998 年英国建筑业意外事故死亡人数降至最低点，仅为 65 人，而死亡人数最多的是在 2000 年达到 105 人。

按行业分，职业事故死亡人数从高到低的顺序为：废物循环→采石与采矿→石油和天然气开采→废物处理→农业→建筑业→褐煤、硬煤及泥炭开采→基本金属生产→铁路、公路及管道运输。

9.1.3 德国的建筑安全管理

9.1.3.1 安全管理特色

（1）德国的劳动部门代表国家对包括建筑业企业在内的各行业的安全生产状况进行监督检查。业主在向当地建管局报建的同时，还必须将建设项目以告知书的形式通知当地劳动局，否则将被处以罚款。

（2）《劳动保护法》第七条规定，每个企业必须加入所从事业务的行业协会，并缴纳工伤保险金，亦即承包商的市场准入是通过行业协会认可的，这些行业协会在拟定本行业的发展规划、制定行业标准、开展工伤保险和科研教育、预防和治理职业病、对安全专业人员进行资格认可、进行事故处理等方面发挥着重要的行业管理作用。

（3）建管局在职能上综合了我国现在的规划部门、施工图审查部门以及质量监督机构的工作任务，对建筑队伍或企业的安全管理则由行业协会和劳动保护部门负责。

（4）企业内部的安全保证体系由设立劳动保护委员会、设立安全专职人员来具体负责安全工作。

（5）重罚机制。在德国，因安全问题可以对企业直接罚款的部门有三个：一是劳动局（主要是劳动者个人的安全保护）；二是建管局（主要是结构安全和消防安全）；三是行业协会（主要是工伤保险）。德国的事故成本非常高，如果发生一起死亡 1 人的事故，经法院判定为责任事故后，企业可能要承担上百万马克的损失。

（6）德国政府突出了业主方的安全责任与义务，自 1998 年开始引入了协调员机制，联邦劳动局颁布的《建筑工地劳动保护条例》规定，业主必须负责工地所有人员的安全与健康，开工前要聘请称职的建筑师和协调员。

（7）《劳动保护法》规定，所有企业必须为员工缴纳养老保险、医疗保险、失业保险和工伤保险，这四种保险均为强制性保险。前三种保险投保金额和约占工人工资的40%，由企业与员工各付一半，工伤保险则由企业全额负担，这是一种同企业安全业绩直接挂钩的强制性保险，将影响到企业每年的投保金额，如企业安全业绩突出，保险费最多可以少交50万马克/年。

（8）在德国，建筑工地几乎所有工种的工人均是通过职业学校培训过的技术工人，并称之为技师。德国所称的建筑工人相当于我国建筑工地上的杂工，如打扫卫生之类的杂项。当某建筑公司需要招收新工人时，则与行业协会进行联系，由行业协会发布招工信息。年轻人若想从事建筑职业，需事先同一家建筑公司签订定向委托培养合同，并通过行业协会组织的考试后，进入当地的建筑职业学校学习三年。学生在校学习期间的学费由建筑公司支付并领取生活津贴。

（9）在德国，建筑工地发生伤亡事故后，承包商先报告警察，警察先通知检察院和急救中心，再通知劳动局、行业协会以及安全咨询公司等协助调查。事故由检察院进行调查。在事故调查中，劳动局、建管局和行业协会不直接参与调查；有时亦可能成为被调查的对象。此外，事故发生后承包商还要向行业协会缴纳罚款。若承包商制定了安全措施，并向工人做了交底，仍要处以1.2万马克的罚款。否则将被处以2万～50万马克的罚款，且该承包商5年内不能减少工伤保险费率。

9.1.3.2 安全管理体系

德国的建管局报建和劳动局共同管理建筑企业的职业安全与健康，管理体系如图9.3所示。

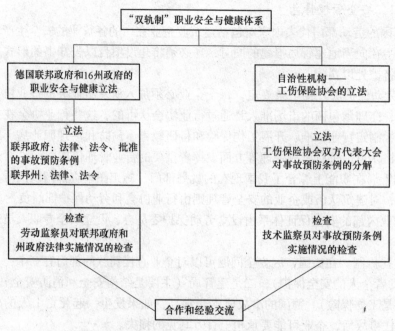

图9.3 德国"双轨制"职业安全与健康体系

9.1.3.3 安全基本状况

德国的职业安全与健康多年来一直处于不断改善的良好状态，在欧洲也是位居前列。不仅有义务报告的工伤事故（指工作事故或上下班途中交通事故导致死亡或丧失工作能力3天以上的事故）逐年大幅度下降，而且新增的达到赔付标准的事故（指工作事故或上下班途中交通事故受到的伤害程度，达到工伤保险机构经济赔付的标准）以及死亡事故也都明显下降。

2000~2003年间，全国及建筑业职业事故死亡情况死亡人数如表9.1所示。

表 9.1　英国建筑业职业事故死亡人数　　　　　　　　（人）

年 份	建筑业死亡人数	合 计
2000	189	825
2001	188	811
2002	169	773
2003	163	735

2003年，德国各行业工伤事故死亡人数为735人，每10万工人死亡率为2.5，创历史最低；其中，建筑业工伤事故死亡人数为163人，每10万工人死亡率为7.7，危险程度是各行业平均水平的3倍。

不同的行业其职业安全健康状况也不一样，根据国际劳工组织统计结果，德国的建筑和采矿业的死亡率最高，建筑行业的死亡率基本保持在全国平均的职业死亡率的2.5~3倍。虽然德国的采矿（采石）行业的死亡率很高，但是由于该行业的就业人口很少，其绝对死亡人数并不高，而死亡绝对人数最高的集中在交通运输、建筑、商业管理和金属行业等。

9.1.4 日本的建筑安全管理

9.1.4.1 安全管理特色

（1）法律、法规健全，为安全管理提供了必要的条件，也使安全管理走上了法制化的轨道。

（2）日本劳动基准监督署代表国家对包括建筑业在内的各行业安全、健康状况进行监督检查。在施工阶段赴工地进行安全检查的比较少，但是一旦发生事故必定到现场，并做相应的处理。

（3）以安全为导向，推进日本建筑业的国际化。一是将日本的安全理念推向其他国家，为日本企业进入其他国家建筑市场作舆论准备；二是掌握其他国家的建筑业情况，为本国的建筑企业服务。所以日本的大型建筑企业如清水、竹中、藤田、熊谷组等，其海外产值都达到本企业总产值的30%~50%，有的甚至更多一些。

（4）建筑工人的人身意外伤害保险得到了普遍的推行。在日本，根据建设主管部门的要求建设工程的人身意外伤害保险必须明示，即在工地外侧必须将"劳动保险关系成立票"悬挂在醒目处，以接受社会各界的监督。

（5）安全意识普遍很强。劳动省在每年的3月进行安全宣传月活动。在日本有中央劳动灾害防止协会，也有建设业劳动灾害防止协会，还有其他产业的劳动灾害防止协会，每个协会财源基本上都是由政府支持的。

（6）工地安全管理"规范、简捷、明了、有效"。

工前安全活动：管理人员每天上班前进行总的工作安排和安全交底，并对个人的安全用品进行检查。工地的全体员工都必须参加这个"早礼"活动。

施工过程中开展"KY"活动：即"危险预防"活动，活动是以作业班组为对象，每天早晨由班长将当天的"作业内容"、"危险事项"及"对策"和"措施"，对全班组的成员讲解并写在一块小铁板上，最后再将这块铁板张挂在规定的地方，以提醒和督促工人实施。

对分包队伍的严密管理：日本工地项目班子的办公室都有一块磁性黑板，黑板上对每个分包作业队伍都做到了定工作人数、定工作场所、定是否动用明火。从而做到对工地的每支分包队伍及其工作内容了如指掌，对安全控制起到了积极作用。

个人工种明示：日本工地上的所有作业人员（包括管理干部）的名字和工作类别，都用一种较厚的纸打印塑封后插入或粘贴在安全帽上，使旁人一目了然，便于了解其工作是否与身份相称，从而对安全管理起到促进作用。

安全设施：日本工地上所使用的安全设施，已做到"工具化、定型化、标准化、产业化"。

施工铭牌公开化、格式化：在日本，要求工地必须将"建设许可票"、"建设计划书"、"劳动灾害保险关系确立票"等铭牌挂在工地的外侧，以接受全社会的监督。

工地围挡的定型化、工具化，周转使用：日本工地周边的一圈围挡基本都采用一片片组合式的钢板组成，包括门也是用定型压制的钢板组成的。

工地现场的办公用房工具式、定型式：工地上的临时仓库、办公室等均采用拼装式的钢结构活动房。

工地作业人员的住宿、就餐社会化：日本工地上除值班人员外，不住其他人员，所以不存在工地住宿问题。作业人员的就餐已做到社会化供应，吃饭时一般就在工地附近的超市买盒饭吃。

9.1.4.2　安全管理机构

1972年，日本颁布《劳动安全卫生法》，政府发布《劳动安全卫生法实行令》，劳动省发布《劳动安全卫生法规则》，细化技术措施。

日本政府设立了"中央劳动安全卫生委员会"，主要负责对生产单位的安全措施落实状况的检查工作，并对生产单位各项责任和义务的履行情况进行指导和督促。另外，依据《劳动灾难防止团体法》，日本还成立了"中央劳动灾难防止协会"，其职能是提供安全卫生信息，进行安全生产教育开展活动，推动"零事故"运动，组织安全生产技术交流会议，以及对安全生产管理人员进行安全知识和安全技能培训等。

日本的建筑安全管理机构主要有厚生劳动省和职业安全管理协会。厚生劳动省由以下几个部分组成：总部、附属机构、审议会、地方分支部局以及外部局。日本的职业安全管理协会组织由日本职业安全健康协会（JISHA）（全行业预防生产事故的组织）、日本国际职业安全健康中心（JCOSH）（支持全球范围的职业安全健康活动）、日本建筑业安全健康协会（JCSHA）（建筑业预防安全事故的组织）组成，并且是由日本主管劳动安全、健康和福利的政府机构部门来支持的。

9.1.4.3 安全基本状况

日本 1953～2004 年建筑死亡人数如图 9.4 所示。

图 9.4　1953～2004 年建筑业死亡人数统计

日本的建筑事故在 20 世纪 60 年代以前，一直呈现上升趋势，1959 年事故死亡人数突破 2000 人，1961 年事故死亡人数为最高峰，达 2652 人。在其后的 10 多年中事故死亡人数一直保持在 2000 人以上，1975 年才降为 1582 人。但图中曲线也反映一个事实，虽然建筑事故死亡人数明显地下降了，但其占全部职业死亡人数的比率仍旧居高不下，甚至还有上升趋势，1978 年高达 47.6%，到 1981 年才又降至 40% 左右，然后一直在 40% 左右波动；直到 1998 年降至 40% 以下。2003 年建筑业死亡 548 人，占全部职业死亡人数的 33.7%。2004 年建筑业死亡人数又有所增加，达 594 人，占全部职业死亡人数的 36.7%。

建筑业是日本安全事故高发的行业，建筑业因伤亡事故所造成的死亡人数在各行业中最多。1973～2003 年日本各行业因事故死亡 82088 人，其中建筑业死亡 34710 人，占各行业死亡总数的 42.28%。从整体趋势看，无论是各行业的事故死亡总人数，还是建筑业的事故死亡人数，都在逐年减少。虽然建筑业的事故死亡人数已经大幅度减少，但建筑业依然是最危险的行业，2003 年建筑业从业人数（493 万人）仅占所有行业就业人数（5335 万人）的 9.24%，但其事故死亡人数却占所有行业事故死亡人数的 33.66%。

9.2　国内安全管理经验

9.2.1　中国香港的建筑安全管理特色

（1）明确的法律责任。施工企业必须遵守一切有关健康和安全的法律规定，并根据工程建设的实际情况制定相应的安全管理制度，其中包括安全计划、危险评估、安全检查、安全稽核、定期安全会议、书面安全工作程序及充分的沟通交流系统等。

（2）健全的组织保证体系。施工企业必须建立与工程项目相适应的安全管理组织体系。项目上配备有工程总经理、注册安全主任和安全督导员等专职安全管理人员，设置项目安全管理委员会、项目安全委员会等安全管理组织机构。

（3）有效的安全管理体系。

评估潜在危险：承建商在各项工作开始之前，须对所有工程建设活动进行正式的潜在危险评估，并由项目的安全主任监察评估的结果。

安全视察：地盘安全主任需进行每周不少于一次的地盘安全视察，每一次视察都须做出详细的记录报告，在24小时内将报告副本送交工程总经理，对视察发现的问题，跟踪落实整改。

安全稽核：地盘安全主任每4个月须制订一份对所有分包商的施工活动进行全面深入检查的安全和健康稽核计划。

安全宣传教育：承建商在施工过程中以印制海报，派发安全和健康传单、资讯通讯和告示等手段进行安全和健康宣传。

安全月报：承建商每月22日向工程总经理递交一份上一个月健康和安全活动的综合报告。

安全奖励：一类是由总承包商对本工程项目在健康和安全方面表现最好的分包商进行奖励，另一类是所有工程人员都可参加的每月安全奖。

事故报告：承建商须根据有关法例及工程合同规定的程序报告受伤及危险事件。

急救：根据中国香港有关法例和合同规定，承建商必须在工作地区内设立医疗中心及急救站，医疗中心和急救站必须提供急救必备的药物和卫生环境，配备一名注册护士及必需的急救工作人员。

（4）针对性的安全技术措施：制定个人防护设施、临时工程、高处作业、建筑机械设备、起重操作、密闭场地、防火和来访人员等安全技术措施。

9.2.2　中国内地的建筑安全管理特色

9.2.2.1　安全管理特色

（1）建立了建筑安全生产法规体系和技术标准体系。我国逐步建立了建筑安全生产法规体系和建筑安全技术标准体系，使建筑安全生产工作开始走向法制化轨道。1998年我国《建筑法》的颁布实施，奠定了建筑安全管理工作法规体系的基础，把建筑安全生产工作真正纳入到了法制化轨道，开始实现建筑安全生产监督管理向规范化、标准化和制度化管理的过渡。2004年2月1日正式实施了《建设工程安全生产管理条例》，这是我国第一部特别针对建筑安全的法律，是对建筑安全法律体系的完善，它标志着我国建设工程安全监管进入了法制化的新阶段。

（2）加强了建筑安全生产的行业管理。初步形成了建筑安全监督管理体系，加强了建筑安全生产行业管理。全国建设系统建立建筑安全生产监督管理机构，开展建筑安全生产的行业管理工作。目前，全国绝大多数省地级城市都成立了建筑安全监督管理机构，初步形成了"纵向到底，横向到边"的建筑安全生产监督管理体系。建筑监督管理体制的形成，加大了建筑安全生产监督检查力度，强化了建筑业企业的安全生产意识，有效地贯彻了"安全第一，预防为主"的安全生产方针。

（3）开展了建筑业安全文化宣传活动。1991年，建设部要求在全国建设工程的施工现场开展安全达标活动，把建筑安全生产的管理重心放在了施工现场，对施工全过程进行安全监督管理；1996年全国建设系统积极开展创建文明工地活动。目前，我国主要通过开展"安全生产月"、"安全生产万里行"等活动倡导宣传建筑安全文化。如 2004 年 6 月开展了以"以人为本，安全第一"为主题、突出"关爱生命，关注安全"为宗旨的"安全生产月"活动。通过这些活动提高了建筑企业和建筑职工的安全意识。

（4）开展了意外伤害保险试点工作。我国的部分城市开展了意外伤害保险试点工作，促进了建筑安全生产保障体系尽快发展。按照《建筑法》关于"建筑施工企业必须为从事危险作业的职工办理意外伤害保险，支付保险费"的要求，借鉴国外保险制度的经验，从 1998 年至今，我国部分省、市如上海、浙江、山西、河北、辽宁等都开展了意外伤害保险试点工作，把意外伤害保险与事故预防相结合，激励企业采取有效措施改善安全生产条件，促进了建筑安全生产保障体系尽快发展。

（5）形成了安全生产管理体制。我国实行"企业负责、行业管理、国家监察、群众监督"的安全生产管理体制。这是我国长期安全生产工作实践经验的总结，是行之有效的安全生产管理体制，对于保障安全生产起到了极其重要的作用。

9.2.2.2　安全管理体制

目前，我国安全管理实行"企业负责、行业管理、国家监察、群众监督"的原则，坚持"安全第一、预防为主、综合治理"的方针，全面落实安全生产责任制，着眼于增加安全生产投入，进一步健全工伤保险机制，建立健康向上的安全生产长效体制。

（1）企业负责。企业负责指安全生产的重心在企业，以企业为主。因为企业是生产的主体，生产过程中劳动者的生活环境和工作条件必须符合卫生、健康和安全标准。因此，企业必须认真执行国家、行业和地方的安全生产的方针政策、法律法规和安全技术标准、规范，建立健全安全生产责任制和安全生产的教育培训制度，加强安全生产的监督检查，控制施工伤亡事故发生。对总包、分包和专业、劳务分包单位的安全生产责任及企业法定代表人和项目负责人的安全生产第一责任人的责任，实行企业安全生产目标管理。

（2）行业管理。行业管理指安全生产的监督管理和组织协调工作以行业为主。行业管理部门必须认真履行安全生产的管理职责，切实加强对安全生产工作的领导，加强行业安全生产的法规建设和制度建设，加大行业管理的执法监督检查力度，组织安全技术、安全管理的研究工作，总结交流经验，预防施工伤亡事故发生。

（3）国家监察。国家监察是指国家安全生产综合管理部门，对安全生产行使国家监察职权，即对国务院各部门行使协调、监督检查职能。

（4）群众监督。要求广泛深入开展宣传教育工作，增强全体职工的安全意识和安全素质以及搞好安全生产的自觉性。通过新闻媒介和工会等群众组织，采取多种有效形式，积极开展生动活泼的安全生产宣传教育工作，提倡和鼓励广大群众对安全生产工作进行监督。

实行上述安全生产管理体制，不仅充分调动了企业重安全、抓安全的积极性，发挥国务院各部门在安全生产中行使行业管理的作用，而且有利于加强安全生产，维护劳动者合法权益，保证安全生产。

在此基础上，国务院于 2004 年在国发〔2004〕2 号文件《国务院关于进一步加强安全生产工作的决定》中指出，要努力构建"政府统一领导、部门依法监督、企业全面负责、群众参与监督、全社会广泛支持"的安全生产工作新格局，这是我国安全管理工作的又一个进步。

　　我国的监督机构也比较完善，目前在各地均成立了建筑安全监督站，逐步形成纵向与横向并行发展的建筑安全生产监督管理体系。监督站已拥有万名执法监督人员，定期开展全国范围的安全抽查、专项治理等工作。尤其在我国，监理安全的责任由监理企业来承担，这是目前其他国家所没有的。根据《建筑安全生产管理条例》第十四条规规定，工程监理单位应当审查施工组织设计中的安全技术措施或者专项施工方案是否符合工程建设强制性标准。工程监理单位和监理工程师应当按照法律、法规和工程建设强制性标准实施监理，并对建设工程安全生产承担监理责任。

9.2.2.3　安全基本状况

　　近些年来，我国经济发展日益迅速，同时作为经济发展重要支柱行业之一的建筑业也是发展巨大，而伴随而来的建筑行业生产安全事故也越来越引起人们的关注，政府坚持"安全发展"的指导原则，贯彻执行"安全第一、预防为主、综合治理"的方针，出台了一系列的安全生产法律法规，安全事故起数与死亡人数也同比下降。

　　图9.5表明我国职业安全事故死亡人数2005～2012年间逐渐下降，建筑业事故死亡人数经历了先上升、后下降的过程。虽然我国及世界建筑安全均存在好转的趋势，但是建筑行业不可否认是一个事故发生频率较高的行业，全世界每天有6000多人死于建筑生产安全事故之中。尽管事故起数与死亡人数有所减少，但建筑安全形势依然严峻。

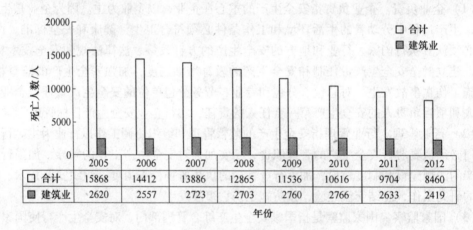

年份	2005	2006	2007	2008	2009	2010	2011	2012
合计	15868	14412	13886	12865	11536	10616	9704	8460
建筑业	2620	2557	2723	2703	2760	2766	2633	2419

图9.5　我国建筑业事故死亡人数

思　考　题

9-1　简述我国大陆建筑安全管理的特色。

9-2　举例比较典型国家建筑安全管理体制的异同。

9-3　试比较典型国家建筑安全管理的基本状况。

参 考 文 献

[1] 景国勋. 安全学原理 [M]. 北京：国防工业出版社, 2014.

[2] 王洪德. 安全管理与安全评价 [M]. 北京：清华大学出版社, 2010.

[3] 罗云, 等. 现代安全管理 [M]. 北京：化学工业出版社, 2010.

[4] 景国勋. 安全管理学 [M]. 北京：中国劳动社会保障出版社, 2012.

[5] 王凯全, 等. 安全管理学 [M]. 北京：化学工业出版社, 2011.

[6] 田水承, 景国勋. 安全管理学 [M]. 北京：机械工业出版社, 2012.

[7] 邵辉. 安全管理学 [M]. 北京：中国石化出版社, 2014.

[8] 饶国宁, 陈网桦, 郭学永. 安全管理 [M]. 南京：南京大学出版社, 2010.

[9] 罗云. 安全行为科学 [M]. 北京：北京航空航天出版社, 2012.

[10] 罗云. 现代安全管理 [M]. 2 版. 北京：化学工业出版社, 2010.

[11] 王欣. 建筑业主施工安全管理模式研究 [D]. 武汉：华中科技大学, 2013.

[12] 黄宁强. 现代建筑企业安全管理模式的研究 [D]. 西安：西安建筑科技大学, 2005.

[13] 杨胜来, 刘铁民. 新型安全管理模式 – HSE 管理体系的理念与模式研究 [J]. 中国安全科学学报, 2002, 12 (6)：66 ~ 68.

[14] 田震. 企业安全管理模式的发展及其比较 [J]. 工业安全与环保, 2006, 32 (9)：63 ~ 64.

[15] 周长江. 论国有大中型企业的安全管理 [J]. 中国安全科学学报, 2003, 13 (5)：17 ~ 19.

[16] 陈赓良. 对壳牌石油公司 HSE 管理体系的几点认识 [J]. 油气田环境保护, 2000, 10 (1)：8 ~ 10.

[17] 刘德智, 梁工谦. 国内外大型企业集团安全管理模式现状研究 [J]. 现代管理科学, 2006 (3)：22 ~ 23.

[18] 王晓秋, 马永红. 国内外石油化工企业 HSE 管理现状比较与分析 [J]. 安全、健康和环境, 2007, 7 (2)：10 ~ 12.

[19] 王志强, 李爱华等. 国外大型石油石化公司的 HSE 管理特色 [J]. 安全、健康和环境, 2006, 6 (6)：6 ~ 8.

[20] 贺辉, 等. 国内外石油化工企业 HSE 管理进展 [J]. 安全健康和环境体系建设, 2010 (1)：22 ~ 24.

[21] 徐尉. 日本企业的 5S 管理手法对我国中小企业管理的启示 [J]. 现代管理科学, 2005, 6：94 ~ 96.

[22] 刘景凯. 中国石油天然气集团公司 HSE 管理体系的发展状况及差距分析 [C]. 西安, 第 14 届海峡两岸及香港、澳门地区职业安全健康学术研讨会暨中国职业安全健康协会 2006 年学术年会, 2006.

[23] 李津, 陈彦玲. 我国石油石化行业的 HSE 管理体系 [J]. 石油化工高等学校学报, 2002, 15 (2)：82 ~ 86.

[24] 高培福, 李晓刚. 0342 安全管理模式的确立及其应用 [J]. 化工劳动保护, 1996, 6：27 ~ 28.

[25] 经翔飞. "0457" 安全管理模式介绍 [J]. 电力安全技术, 2004 (8)：18 ~ 19.

[26] 方桐清. 建筑工程保险机制的研究 [D]. 西安：西安建筑科技大学, 2004.

[27] 陈津生. 建设工程保险实务与风险管理 [M]. 北京：中国建材工业出版社, 2008.

[28] 苗金明. 职业健康安全管理体系与安全生产标准化 [M]. 北京：清华大学出版社, 2013.

[29] 杨勤, 徐蓉. 建筑工程项目安全管理应用创新 [M]. 北京：中国建筑工业出版社, 2011.

[30] 颜剑锋, 武田艳, 柯翔西. 建筑工程安全管理 [M]. 北京：中国建筑工业出版社, 2013.

[31] 张德勇. 关于建立企业规范化安全教育长效体系的探讨 [J]. 会议论文, 41 ~ 44.

[32] 国家统计局. 中国统计年鉴 2012 [M]. 北京：中国统计出版社, 2012.

[33] 张统，等. 2003～2012 年我国建筑业事故统计分析研究［J］. 建筑安全，2013（8）：18～21.

[34] 方东平，黄新宇，黄志伟. 建筑安全管理研究的现状与展望［J］. 安全与环境学报，2001，1（2）：25～32.

[35] 张强. 论我国建筑生产安全法规体系［D］. 北京：中国政法大学，2006.

[36] 唐源. 国内外土木工程安全法律法规体系比较研究［D］. 长沙：中南大学，2012.

[37] 鞠传静，张仕廉，宁延. 中国建筑安全法律制度现状分析及发展框架构想［J］. 建筑经济，2010（3）：18～21.

[38] 中国安全生产协会注册安全工程师工作委员会. 全国注册安全工程师职业资格考试辅导教材——安全生产法及相关法律知识［M］. 北京：中国大百科全书出版社，2008.

[39] 建筑施工企业安全生产资料大全编委会. 建筑施工企业安全生产资料大全［M］. 北京：中国建材工业出版社，2006.

[40] 藏宝华. 建筑施工企业安全生产管理制度全集［M］. 哈尔滨：哈尔滨地图出版社，2005.

[41] 朱晓斌，陆建玲，丁小燕. 建筑工程项目施工六大员实用手册——安全员［M］. 北京：机械工业出版社，2002.

[42] 孙永福. 中国工程院院士咨询课题：中国土木工程安全风险管理法律法规体系研究［R］. 北京：中国工程院，2012.

[43] 建设部工程质量安全监督与行业发展司. 建设工程安全生产法律法规［M］. 北京：中国建筑工业出版社，2004.

[44] 建设部工程质量安全监督与行业发展司. 建设工程安全生产管理［M］. 北京：中国建筑工业出版社，2014.

[45] 吴宗之. 重大事故应急救援系统及预案导论［M］. 北京：冶金工业出版社，2003.

[46] 刘茂，等. 应急救援概论：应急救援系统及计划［M］. 北京：化学工业出版社，2004.

[47] 樊运晓等. 应急救援预案编制实务：理论 实践 实例［M］. 北京：化学工业出版社，2006.

[48] 苗金明. 事故应急救援与处置［M］. 北京：清华大学出版社，2012.

[49] 柴建设. 事故应急救援预案［J］. 辽宁工程技术大学学报（自然科学版），2003，22（4）：559～560.

[50] 王小泓. 重大事故应急救援处理预案［J］. 建筑安全，2004，19（5）：4～8.

[51] 李志超，陈研文. 企业事故应急救援预案编制的探讨［J］. 中国安全生产科学技术，2006，2（4）：123～125.

[52] 孙斌，等. 事故调查理论与方法应用［M］. 北京：中国人民公安大学出版社，2013.

[53] 时训先，等. 重大事故应急救援法律法规体系建设［J］. 中国安全科学学报，2004，14（12）：45～48.

[54] 师立晨，曾明荣，魏利军. 事故应急救援指挥中心组织架构和运行机制探讨［J］. 安全与环境学报，2005，5（2）：115～118.

[55] 王飞跃，等. 企业生产安全事故应急救援预案编制技术的研究［J］. 中国安全科学学报，2005，15（4）：101～105.

[56] 甄亮，等. 事故调查分析与应急救援［M］. 北京：国防工业出版社，2007.

[57] 佟瑞鹏. 《生产安全事故报告和调查处理条例》宣传教育读本［M］. 北京：中国劳动社会保障出版社，2014.

[58] 张玲，陈国华. 国外安全生产事故独立调查机制的启示［J］. 中国安全生产科学技术，2009，5（1）：84～89.

[59] 张玲，陈国华. 事故调查分析方法与技术述评［J］. 中国安全科学学报，2009，19（4）：169～176.

［60］ 王建国，祝少辉，田水承. 生产安全事故调查处理工作存在的问题及建议［J］. 矿业安全与环保，2005，32（5）：70～72.

［61］ 冀成楼，张宏. 工业事故调查与分析的发展历程及趋势［J］. 中国安全生产科学技术，2011，7（6）：151～155.

［62］ 李涛，王飞. 安全事故处理调查组的法律问题分析：以"7·23"甬温线特别重大铁路交通事故为例［J］. 南京工业大学学报（社会科学版），2013，12（1）：21～26.

［63］ 陈津生. 建设工程保险实务与风险管理［M］. 北京：中国建材工业出版社，2008.

［64］ 姬丹. 工程保险的管理模式研究［D］. 沈阳：沈阳航空航天大学，2011.

［65］ Fish C，Risk Avoidance in Construction Contracts. HLK Global Communication Inc. ，1991：35～42.

［66］ 任若恩，等. 保险经济学［M］. 北京：北京航空航天大学出版社，2000：35～52.

［67］ 王建功. 工程保险风险评价研究［D］. 天津：天津大学，2010.

［68］ 李成. 建筑工程安全事故分析与工程保险险种选择研究［D］. 天津：天津大学，2010.

［69］ 王显正. 安全生产与经济社会发展报告［M］. 北京：煤炭工业出版社，2006.

冶金工业出版社部分图书推荐

书　　名	作　　者	定价(元)
冶金建设工程	李慧民　主编	35.00
建筑工程经济与项目管理	李慧民　主编	28.00
土木工程安全管理教程（本科教材）	李慧民　主编	33.00
现代建筑设备工程（第2版）（本科教材）	郑庆红　等编	59.00
土木工程材料（本科教材）	廖国胜　主编	40.00
混凝土及砌体结构（本科教材）	王社良　主编	41.00
岩土工程测试技术（本科教材）	沈　扬　主编	33.00
工程经济学（本科教材）	徐　蓉　主编	30.00
工程地质学（本科教材）	张　荫　主编	32.00
工程造价管理（本科教材）	虞晓芬　主编	39.00
建筑施工技术（第2版）（国规教材）	王士川　主编	42.00
建筑结构（本科教材）	高向玲　编著	39.00
建设工程监理概论（本科教材）	杨会东　主编	33.00
土力学地基基础（本科教材）	韩晓雷　主编	36.00
建筑安装工程造价（本科教材）	肖作义　主编	45.00
高层建筑结构设计（第2版）（本科教材）	谭文辉　主编	39.00
土木工程施工组织（本科教材）	蒋红妍　主编	26.00
施工企业会计（第2版）（国规教材）	朱宾梅　主编	46.00
工程荷载与可靠度设计原理（本科教材）	郝圣旺　主编	28.00
流体力学及输配管网（本科教材）	马庆元　主编	49.00
土木工程概论（第2版）（本科教材）	胡长明　主编	32.00
土力学与基础工程（本科教材）	冯志焱　主编	28.00
建筑装饰工程概预算（本科教材）	卢成江　主编	32.00
建筑施工实训指南（本科教材）	韩玉文　主编	28.00
支挡结构设计（本科教材）	汪班桥　主编	30.00
建筑概论（本科教材）	张　亮　主编	35.00
Soil Mechanics（土力学）（本科教材）	缪林昌　主编	25.00
SAP2000结构工程案例分析	陈昌宏　主编	25.00
理论力学（本科教材）	刘俊卿　主编	35.00
岩石力学（高职高专教材）	杨建中　主编	26.00
建筑设备（高职高专教材）	郑敏丽　主编	25.00
岩土材料的环境效应	陈四利　等编著	26.00
建筑施工企业安全评价操作实务	张　超　主编	56.00
现行冶金工程施工标准汇编（上册）		248.00
现行冶金工程施工标准汇编（下册）		248.00